Methoden der Produktentwicklung

„Einfachheit ist die höchste Form der Vollendung.“

Leonardo da Vinci
1452–1519
Italienischer Maler, Bildhauer und Universalgelehrter

Werner Engeln

Methoden der Produktentwicklung

Technische Produkte kundenorientiert entwickeln

3. Auflage 2020

Bibliografische Information der Deutschen Nationalbibliothek

Die Deutsche Nationalbibliothek verzeichnet diese Publikation in der Deutschen Nationalbibliografie; detaillierte bibliografische Daten sind im Internet über **www.dnb.de** abrufbar.

Methoden der Produktentwicklung
Werner Engeln
3. Auflage 2020
5. Nachdruck 2025

ISBN: 978-3-8356-7427-1 (Print)
ISBN: 978-3-8356-7428-8 (eBook)

Friedrich-Ebert-Straße 55, 45127 Essen, Deutschland
Telefon: +49 201 820 02-0, Internet: www.vulkan-verlag.de
bestellung@vulkan-verlag.de

Projektmanagement und Lektorat: Annamaria Weinert, Vulkan-Verlag GmbH, Essen
Herstellung: Nilofar Mokhtarzada, Vulkan-Verlag GmbH, Essen
Umschlaggestaltung: Daniel Klunkert, Vulkan-Verlag GmbH, Essen
Titelbild: © Werner Engeln und Barbara Gröbe-Boxdorfer, Pforzheim
Satz: Veronika Koppers, Vulkan-Verlag GmbH, Essen
Druck: mediaprint solutions GmbH, Paderborn

Vorwort

„Produktentwicklung ohne Methoden wäre wie das Spiel eines Sinfonieorchesters ohne Partitur. Erst ein planvolles Vorgehen mit Arbeitsschritten und Handlungsanweisungen, aber auch definierten Freiräumen für Improvisation und Phantasie machen ein effizientes, harmonisches Zusammenspiel aller Beteiligten möglich."

Prof. Hermann Krehl
Vater der Wertanalyse in Deutschland

Das Buch beschreibt die wichtigsten Methoden zur Entwicklung eines Produktes und die sinnvolle Abfolge der Arbeitsschritte bei der Entwicklung. Es wendet sich an die Praktiker in der Produktentwicklung, aber auch an Studierende, die sich in ihrem Studium mit der Produktentwicklung befassen.

Die Zusammenarbeit unterschiedlicher Fachdisziplinen prägt die Produktentwicklung. Nur noch selten arbeiten Spezialisten isoliert an der Entwicklung eines Produktes. Damit hängt auch der Erfolg eines Produktes am Markt von der erfolgreichen Zusammenarbeit der Disziplinen ab. Methodisches Vorgehen unterstützt die Strukturierung der Entwicklungsaufgaben und optimiert so die Zusammenarbeit der unterschiedlichen Disziplinen. Außerdem fördert das methodische Vorgehen die Konzentration auf die wichtigen Arbeitsschritte der Produktentwicklung und hilft so, die Entwicklung eines Produktes gezielt voranzutreiben.

Seit dem Erscheinen der ersten Auflage des Buchs im Jahr 2006 hat sich auch die Produktentwicklung verändert. Neue Themen wie Digitalisierung oder Additive Fertigungsverfahren sind stärker in den Fokus gerückt und haben ihren Einfluss auf die Produktentwicklung. Hinzu kommen veränderte Umweltbedingungen, die sich in der Forderung nach nachhaltigen Produkten niederschlagen und so die Produktentwicklung fordern. Systematisches, auf Methoden basierendes Vorgehen hilft, auch mit Blick auf die neuen Themen sowie neuen Vorgehensweisen, Produkte effektiv und effizient zu entwickeln. Methodisches Vorgehen ist dabei unabhängig von den Zielen, die ein Unternehmen mit neuen Produkten verfolgt.

Gegenüber der zweiten Auflage wurde das Buch um wichtige Methoden ergänzt, aktualisiert und neugestaltet. Natürlich können nicht alle, in der Produktentwicklung eingesetzten Methoden in dem Buch beschrieben werden. Jede Fachdisziplin verwendet nochmals spezifische Methoden. Alle zu berücksichtigen, ist im Rahmen eines solchen Buches nicht möglich.

Wie auch schon bei den beiden Auflagen zuvor möchte ich mich an dieser Stelle bei meinem Kollegen Herrn Prof. Jürgen Goos von der Fakultät für Gestaltung der Hochschule Pforzheim sehr herzlich bedanken, der das Kapitel Produktdesign für die neue Auflage ebenfalls überarbeitet hat. Die Mitarbeiterinnen und Mitarbeitern der Krehl & Partner Unternehmensberatung, Karlsruhe, hervorragende Experten auf dem Gebiet der Produktentwicklung, haben sich auch für diese Auflage des Buches wieder die Zeit genommen, kritisch mit mir die beschriebenen Methoden zu diskutieren. Bei der Gestaltung des Buchumschlags hat Frau Barbara Gröbe-Boxdorfer unterstützt, den Text kritisch gelesen hat Frau Alexandra Göhring, beide Mitarbeiterinnen der Hochschule Pforzheim, wofür ich ihnen hier herzlich danken möchte. Dankeschön möchte ich auch dem Vulkan Verlag sagen und dort besonders Frau Annamaria Weinert und Frau Tatjana Holzenhauer für ihre tatkräftige Unterstützung des Buchprojektes.

An dieser Stelle noch ein Hinweis: Nur aus Gründen der besseren Lesbarkeit habe ich, insbesondere auch nach Gesprächen mit Studentinnen und Mitarbeiterinnen, mich dazu entschieden, im Text nur die jeweils männliche Form zu verwenden. Ich bitte um Nachsicht. Ich bin fest davon überzeugt, dass es für die Produktentwicklung eine große Bereicherung wäre, wenn es in Unternehmen mehr Mitarbeiterinnen und an Hochschulen mehr Studentinnen geben würde, die sich mit der Produktentwicklung befassten.

Allen, die mit diesem Buch arbeiten, wünsche ich nun, dass sie darin die Informationen finden, die sie suchen. Für Rückmeldungen, Anmerkungen und Hinweise zu Fehlern im Buch wäre ich allen Leserinnen und Lesern sehr dankbar.

Prof. Dr.-Ing. Werner Engeln

Pforzheim, im Frühjahr 2020

Inhaltsverzeichnis

1 Einleitung

Der Erfolg eines Unternehmens steht in direktem Zusammenhang mit dem Erfolg seiner Produkte im Markt. Daraus leitet sich eine zentrale Rolle der Produktentwicklung im Unternehmen ab. Die Entwicklung neuer Produkte ist für Unternehmen von vielen Unsicherheiten begleitet. Unternehmen entwickeln heute Produkte für den Markt von morgen. Welche Anforderungen der Markt aber morgen an die Produkte stellt, kann nur mit begrenzter Sicherheit vorhergesagt werden. Hinzu kommen wichtige Trends, die heute die Produktentwicklung beeinflussen:

- Die Komplexität der meisten Produkte hat durch zunehmende Funktionalität stark zugenommen, gleichzeitig muss bei kürzeren Produktentwicklungszeiten eine hohe Produktqualität sichergestellt werden.
- Sehr viele Produkte entwickeln sich in Richtung mechatronischer Produkte, die ihre Funktionalität aus dem Zusammenwirken von Lösungen unterschiedlicher Fachdisziplinen wie Maschinenbau, Elektronik und Informatik beziehen.
- Die zunehmende Digitalisierung erfordert Produkte, die sich in eine digitalisierte Umgebung integrieren lassen und mit dieser kommunizieren können.
- Die Nachhaltigkeit von Produkten spielt eine immer wichtigere Rolle. Die Inanspruchnahme natürlicher Ressourcen durch ein Produkt, sowohl bei der Herstellung wie der Nutzung und der Entsorgung, gilt es zu minimieren.
- Unsicherheit bei der Festlegung der Technologie für ein Produkt, da vielfach verschiedene Technologien zur Verfügung stehen, aber nicht sicher ist, welche die Kunden in der Zukunft noch akzeptieren oder gesetzliche Vorgaben erfüllen.
- Die Individualisierung der Kundenwünsche verlangt auf diese Wünsche zugeschnittene Produkte, was zu mehr Produktvarianten führt.
- Die Qualität eines Produktes als Differenzierungsmerkmal ist heute nicht mehr ausreichend. Auch die Wettbewerber liefern Produkte hoher Qualität.
- Die Herstellkosten eines Produktes dominieren vielfach den Entwicklungsprozess, da gut informierte Kunden sich beim Kauf sehr preisbewusst entscheiden.
- Produkte werden häufig in Verbünden mit externen Partnern, Entwicklungsdienstleistern oder Lieferanten entwickelt.

Neben den genannten Punkten sollte nicht übersehen werden, dass aufgrund der demografischen Entwicklung vielen Unternehmen in den kommenden Jahren deutlich weniger Personal für die Produktentwicklung zur Verfügung stehen wird. Komplexere Entwicklungsaufgaben müssen mit weniger Personal bewältigt werden.

Die genannten Trends stellen Herausforderungen dar, denen sich die Produktentwicklung stellen muss, um im Markt erfolgreiche Produkte zu entwickeln. Hinzu kommen noch diverse unternehmensinterne Anforderungen, die erfüllt werden müssen. Es gilt also, im Verlauf der Entwicklung eines Produktes sehr viele externe und interne Informationen zu verarbeiten. Unterstützen kann dabei eine systematische, auf Methoden aufbauende Vorgehensweise der Entwicklung von Produkten, die dabei hilft,

- die notwendigen Informationen zur Entwicklung eines Produktes systematisch und möglichst schnell zu sammeln, dazustellen und zu analysieren,
- die Konzentration bei der Informationsbeschaffung auf die wichtigen Fragestellungen zu lenken,
- sicherzustellen, dass wichtige Aspekte nicht übersehen werden,
- die Effektivität und Effizienz in der Produktentwicklung zu steigern,
- Fehler zu reduzieren und so ungeplante Iterationen zu vermeiden und Kosten und Zeit zu reduzieren,
- die Qualität der Produkte zu verbessern,
- eine bessere Basis für Entscheidungen im Entwicklungsprozess zu schaffen.

Erstaunlich ist allerdings, dass methodisches Vorgehen bei der Produktentwicklung in der Praxis nicht so weit verbreitet ist, wie es aufgrund der beschriebenen Vorteile zu erwarten wäre. Denn auch Untersuchungen zum Methodeneinsatz in der Produktentwicklung [Graner, 2013] belegen deren Nutzen.

Folgende Themen zur methodischen Produktentwicklung werden in den einzelnen Kapiteln des Buchs behandelt:

Kapitel 2	In diesem Kapitel werden die Begriffe Produkt und Wert eines Produktes definiert und wichtige Merkmale eines Produktes dargestellt.
Kapitel 3	Die Unterschiede zwischen Prozessen, Methoden und Werkzeugen der Produktentwicklung werden in diesem Kapitel erläutert sowie grundsätzliche Vorgehensweisen zur Entwicklung von Produkten kurz erklärt.
Kapitel 4	Wettbewerbsstrategien und ihr Einfluss auf die Produktentwicklung werden in diesem Kapitel kurz dargestellt.

Kapitel 5 — In diesem Kapitel wird die Produktdefinition behandelt, in deren Rahmen die Anforderungen an das neu zu entwickelnde Produkt erarbeitet werden, die Differenzierung des Produktes zu den Wettbewerbsprodukten und die Positionierung des Produktes im Markt und dem sich daraus ergebenden Zielmarktpreis.

Kapitel 6 — Dieses Kapitel erläutert Methoden zur Entwicklung von Produktkonzepten ausgehend von der funktionalen Produktbeschreibung sowie Kreativitätstechniken zur Ideenfindung für die Funktionen des Produktes.

Kapitel 7 — Es wird in diesem Kapitel die Gestaltung der ausgewählten Produktkonzepte beschrieben, wobei der Schwerpunkt die geeignete Strukturierung von Produkten zur Beherrschung von Varianten ist.

Kapitel 8 — In diesem Kapitel wird die grundsätzliche Vorgehensweise des Industriedesigns im Rahmen der Entwicklung von Produkten beschrieben.

Kapitel 9 — Quality Function Deployment (QFD) beschreibt eine systematische Vorgehensweise zur Umsetzung von Kundenanforderungen in Produktmerkmale und wird in diesem Kapitel behandelt.

Kapitel 10 — Die Fehlermöglichkeiten und Einflussanalyse (FMEA) und das daraus abgeleitete DRBFM (Design Review Based on Failure Mode als wichtige Methoden zur Qualitätssicherung in der Produktentwicklung werden in diesem Kapitel erläutert.

Kapitel 11 — Zur Beurteilung der Wirtschaftlichkeit von Produktentwicklungsprojekten werden Verfahren der Wirtschaftlichkeitsrechnung genutzt, von denen wichtige in diesem Kapitel erklärt werden.

Kapitel 12 Zielkostenorientierte Produktentwicklung erfordert zeitnahe Informationen über Kosten von Bauteilen und Baugruppen, wozu Verfahren der Kostenschätzung eingesetzt werden, von denen ausgewählte in diesem Kapitel beschrieben werden.

Kapitel 13 Die Digitalisierung wird auch deutliche Auswirkungen auf zukünftige Produkte und damit die Produktentwicklung haben, sodass dieser Aspekt in diesem abschließenden Kapitel kurz betrachtet wird.

Weitere, für die Produktentwicklung wichtige Aspekte werden in diesem Buch nicht behandelt. Für deren Darstellung sei auf entsprechende Fachliteratur verwiesen, so beispielsweise auf das 2019 im gleichen Verlag erschienene Buch „Produktentwicklung“.

2 Produkt

2.1 Definition des Begriffs Produkt

Was versteht man eigentlich unter einem Produkt? In **Bild 2.1** sind Beispiele für Produkte verschiedener Art und unterschiedlicher Komplexität dargestellt.

Bei einem Produkt kann es sich um ein einfaches Objekt handeln, wie beispielsweise um einen Schraubendreher, oder aber um ein hochkomplexes Objekt, wie ein Verkehrsflugzeug. Produkte sind aber nicht nur materielle Objekte sondern auch immaterielle Dinge, wie beispielsweise Software, Entwicklungs- oder Beratungsdienstleistungen. Diese immateriellen Produkte können als eigenständige Produkte im Markt angeboten werden oder als Bestandteil der materiellen Produkte.

Bild 2.1: Produkte unterschiedlicher Komplexität

In der Literatur finden sich eine Vielzahl von Definitionen für den Begriff Produkt. Nachfolgend einige Beispiele:

[Kotler et al., 2017]:

„Umfasst alles, was auf einem Markt angeboten werden kann, um einen Wunsch oder ein Bedürfnis zu erfüllen, einschließlich materieller Güter, Dienstleistungen, Erfahrungen, Ereignisse, Personen, Orte, Eigenschaften, Organisationen, Informationen und Ideen."

[Brockhoff, 1999] definiert:

„...ein Produkt als eine im Hinblick auf eine erwartete Bedürfnisbefriedigung beim bekannten und unbekannten Verwender von einem Anbieter gebündelte Menge von Eigenschaften, die zum Gegenstand eines Tauschs werden soll, um mit der im Tausch erlangten Gegenleistung zur Erfüllung der Anbieterziele beizutragen."

[Ulrich, Eppinger, 2019]:

„A product is something sold by an enterprise to its customers."

In diesem Buch soll folgende einfache Definition verwendet werden:

Als *Produkt* sollen alle Leistungen materieller und immaterieller Art gelten, die ein Unternehmen im Markt anbietet, um seine Unternehmensziele zu erreichen.

Diese Definition umfasst den erweiterten Produktbegriff, der sowohl materielle wie auch immaterielle Güter beinhaltet.

Die nachfolgend dargestellte systematische Vorgehensweise zur Produktentwicklung ist sowohl für materielle Güter wie auch für immaterielle Güter anwendbar, wobei bei der Gestaltung unterschiedlicher Güter im Detail produktspezifische Vorgehensweisen erforderlich sind.

2.2 Wert eines Produktes

Was bewegt nun Kunden dazu, ein Produkt zu kaufen und Unternehmen dazu, ein Produkt zu entwickeln? Kunden können einzelne Personen, Gruppen von Personen oder Organisationen sein. Sie alle möchten mit dem Produkt vorhandene Bedürfnisse befriedigen.

Beschrieben werden kann ein Bedürfnis als Differenz zwischen einem gewünschten Sollzustand, den Kunden erreichen möchten, und einem gegebenen Istzustand. Bedürfnisse aus Kundensicht können beispielsweise sein, mit einem Produkt Aufgaben schneller und sicherer erledigen zu können oder auch den sozialen Status zu verbessern. Produkte dienen dazu, den Mangel zu beseitigen. Folgende Merkmale kennzeichnen Bedürfnisse; sie

- verändern sich mit der Zeit und sind nicht konstant,
- werden von außen beeinflusst,
- können je nach Kunden sehr verschieden sein,
- besitzen unterschiedliche Dringlichkeit,
- sind nicht begrenzt.

Neben der Erfüllung von grundlegenden Bedürfnissen, beispielsweise dem Bedürfnis nach individueller Mobilität, kann es auch ein Bedürfnis sein, diese möglichst umweltfreundlich zu erreichen.

Der Bedürfnisbefriedigung durch das Produkt steht für die Kunden der Aufwand gegenüber, der notwendig ist, das Produkt zu erwerben und das Produkt zu unterhalten. Zum Aufwand zählen in erster Linie der zu zahlende Preis, die Kosten für den Unterhalt des Produktes oder auch der logistische Aufwand zur Beschaffung des Produktes.

Das Verhältnis zwischen Bedürfnisbefriedigung und Aufwand soll hier als Wert des Produktes aus Kundensicht bezeichnet werden.

Wert aus Sicht der Kunden:

Bedürfnisbefriedigung im Verhältnis zum Aufwand

Bezogen auf ein Unternehmen ist die Frage, welche Ziele ein Unternehmen mit einem Produkt erreichen möchte. Folgt es nur dem klassischen Gewinnmaximierungsprinzip [Gutenberg, 1979] oder hat sich das Unternehmen auch der Gemeinwohldienlichkeit verpflichtet und sein Handeln an ethischen Grundsätzen ausgerichtet, beispielsweise der Integrativen Unternehmensethik von Ulrich [van Aaken, Schreck, 2015]?

Wert aus Sicht des Unternehmens:

Zielerreichung im Verhältnis zum Ressourceneinsatz

Das Verhältnis zwischen Zielerreichung und Ressourceneinsatz soll hier als Definition des Wertes eines Produktes aus Unternehmenssicht dienen.

Für den Ressourceneinsatz ist dann die Antwort auf die Frage wichtig, wie dieser abgegrenzt ist. Betrachtet das Unternehmen nur die eingesetzten internen und externen Ressourcen zur Entwicklung und Herstellung eines Produktes mit Blick auf deren Kosten, oder wird auch die Nachhaltigkeit des Ressourceneinsatz mit berücksichtigt?

Eng mit den Bedürfnissen der Kunden verbunden ist die Erwartung an deren Erfüllung durch das Produkt. Daraus folgt dann letztlich die Zufriedenheit der Kunden mit dem Produkt. Werden die Erwartungen an die Bedürfnisbefriedigung vom Produkt getroffen, so führt das zu einer hohen Kundenzufriedenheit; werden die Erwartungen nicht getroffen, so sind die Kunden unzufrieden. In der Realität kann es hier zu Konflikten kommen, wenn die Wertvorstellungen der Kunden und die des Unternehmens nicht zusammenpassen. Beispiele sind Produkte,

- welche nicht die gewünschte Qualität besitzen, da das Unternehmen durch billige Herstellung seinen Gewinn optimieren möchte,
- die nicht die Lebensdauererwartungen erfüllen – Stichwort geplante Obsoleszenz,
- die nicht die geforderten Funktionen besitzen oder deren Funktionen schlecht gelöst und zu kompliziert zu bedienen sind,
- die die geforderten gesetzlichen Vorgaben nicht erfüllen, was den Kunden aber verschwiegen wird,

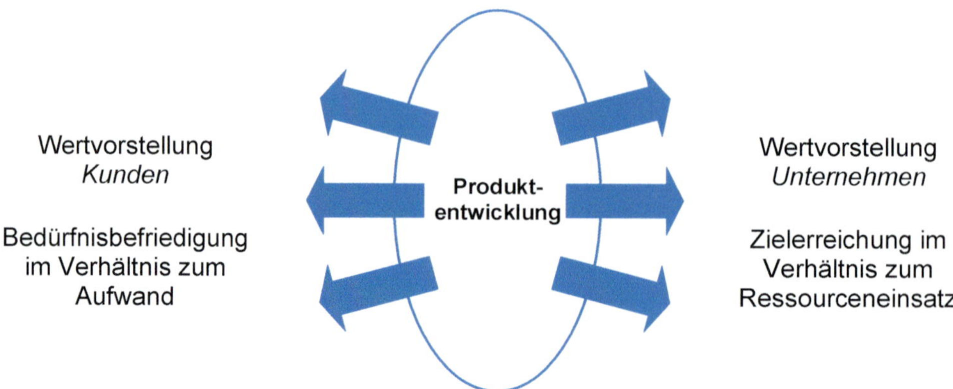

Bild 2.2: Produktentwicklung im Spannungsfeld zwischen den Wertvorstellungen der Kunden und des Unternehmens

weil Unternehmen nur dem Ziel der Gewinnmaximierung folgen. Es könnten sich noch sehr viele weitere Beispiele nennen lassen. Hinzu kommt, dass Kunden heute viel aufgeklärter sind, da Informationen über Produkte weltweit sekundenschnell verfügbar sind.

Die Produktentwicklung findet somit in einem Spannungsfeld zwischen der Wertvorstellung der Kunden und der Wertvorstellung des Unternehmens statt (**Bild 2.2**), die teilweise im Widerspruch zueinander stehen. Wichtig ist es deshalb, vor Beginn der Entwicklung die wertbestimmenden Faktoren des Unternehmens und der Kunden zu kennen.

Die Aufgabe der Produktentwicklung besteht darin, Produkte zu entwickeln, die sowohl der Wertvorstellung der Kunden als auch der Wertvorstellung des Unternehmens entsprechen.

2.3 Merkmale eines Produktes

Die Produktmerkmale beschreiben die Eigenschaften eines Produktes. Sie können in drei Gruppen unterteilt werden: die kundenrelevanten Merkmale, die herstellerrelevanten Merkmale und die umwelt- und gesellschaftsrelevanten Merkmale.

Jedes Produkt stellt eine Kombination aus den Einzelmerkmalen dar (**Bild 2.3**).

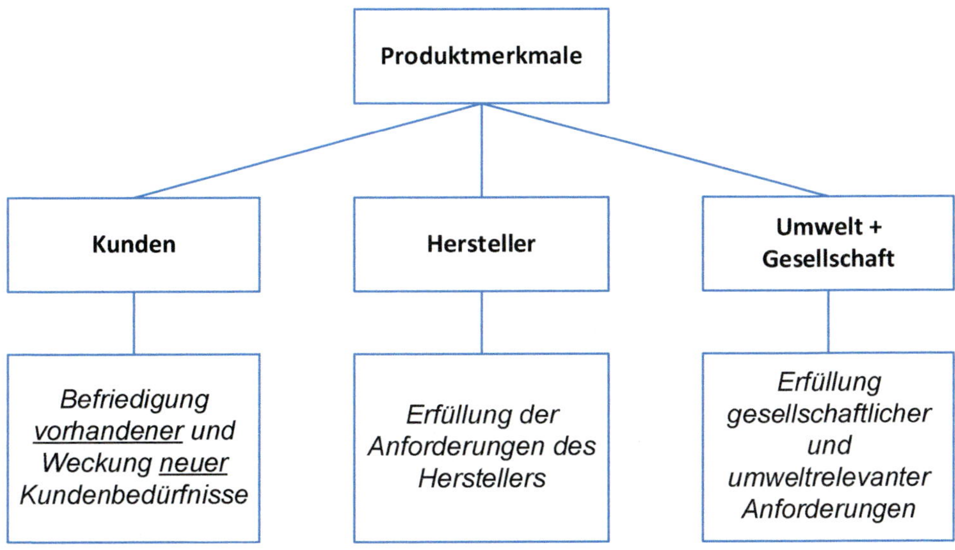

Bild 2.3: Merkmale eines Produktes

Die kundenrelevanten Merkmale dienen dazu, vorhandene Kundenbedürfnisse zu befriedigen und gegebenenfalls neue Kundenbedürfnisse zu wecken. Dabei sind für die Kunden nicht nur die Merkmale des Kernproduktes für die Kaufentscheidung wichtig, sondern bei vielen Produkten auch die Merkmale des erweiterten Produktes (**Bild 2.4**).

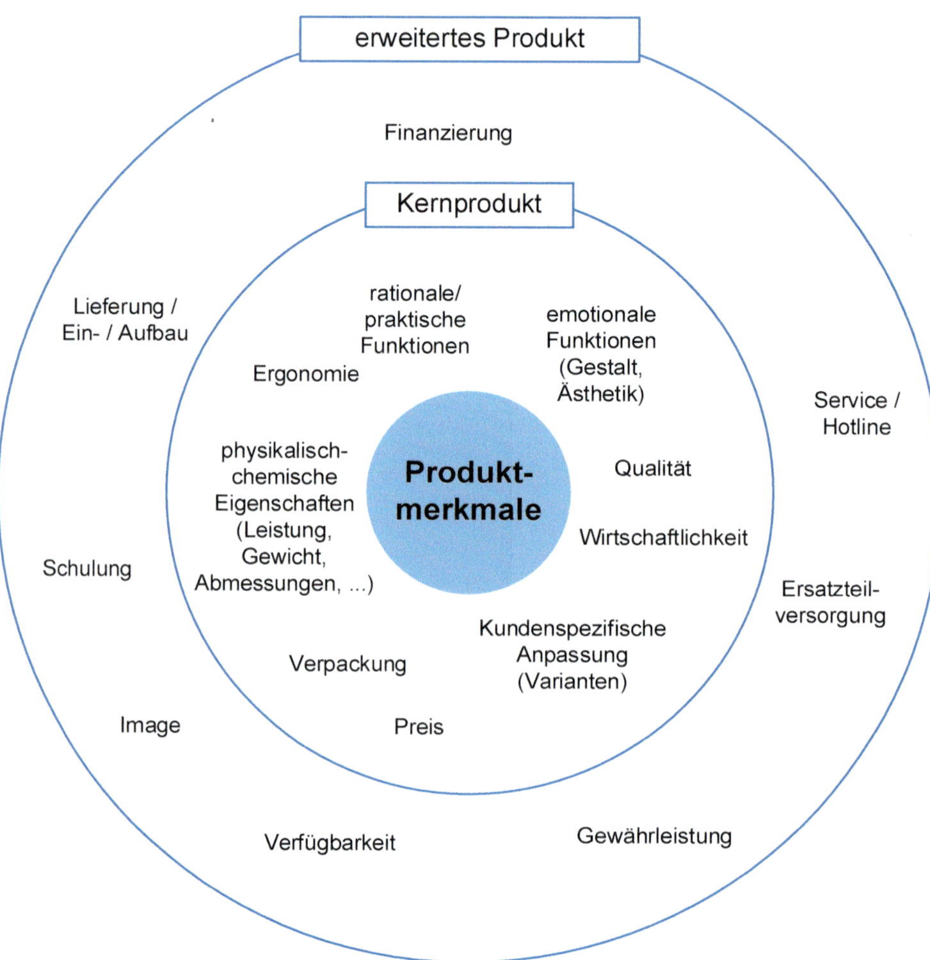

Bild 2.4: Wichtige Merkmale eines Produktes aus Sicht der Kunden

Merkmale des Kernproduktes:

Praktische Funktionen:	Praktische Funktionen dienen der sachlichen Nutzung des Objektes. Sie lassen sich präzise benennen und beschreiben.
Emotionale Funktionen:	Emotionale Funktionen vermitteln sich über die sinnliche Wahrnehmung und entfalten eine psychische Wirkung. Sie sind subjektiv und bieten Spielraum für Interpretation.
Physikalische, chemische, biologische Eigenschaften:	Hierunter sollen alle Eigenschaften des Produktes wie Form, Gewicht, geometrische Abmessungen, Werkstoff, Oberfläche etc. zusammengefasst werden.
Wirtschaftlichkeit:	Fasst alle durch das Produkt während seiner Nutzung verursachten Kosten zusammen: Betriebskosten, Wartungs- und Instandhaltungskosten, Entsorgungskosten etc., soweit diese für das Produkt relevant sind.
Qualität:	Beschreibt, inwieweit die Realisierung der Merkmale des Produktes den Anforderungen der Kunden gerecht wird.

Merkmale des erweiterten Produktes

Verfügbarkeit:	Je nach Produkt ist die Entscheidung zum Kauf auch davon abhängig, ab wann der Kunde das Produkt tatsächlich nutzen kann.
Image:	Image benennt einen Gesamteindruck, der mit dem Produkt oder auch dem Hersteller des Produktes verbunden ist. Kunden erwarten häufig, dass sie mit dem Kauf des Produktes an diesem Image teilhaben.
Finanzierung:	Gerade bei teuren Produkten erwarten Kunden häufig, dass sie zwischen unterschiedliche Finanzierungsmöglichkeiten auswählen können.
Lieferung, Ein-/Aufbau:	Hierin spiegelt sich die Erwartung der Kunden, dass insbesondere größere Produkte geliefert und vor Ort aufgebaut und gegebenenfalls auch in Betrieb genommen werden.

Wie wichtig ein bestimmtes Merkmal für ein bestimmtes Produkt ist, hängt von der Art des Produktes ab. Emotionale Funktionen sind beispielsweise bei einem Pkw wesentlich wichtiger als bei einer Werkzeugmaschine. Unterschiedliche Produktarten erfordern also eine unterschiedlich starke Ausprägung der einzelnen Merkmale. Beim gleichen Produkt können in verschiedenen Marktsegmenten die Merkmale unterschiedlich wichtig sein.

Je besser die Produktmerkmale zu den Kundenbedürfnissen passen, umso größer sind die Chancen des Produktes im Markt. Für die Produktentwicklung bedeutet dies, die Kundenbedürfnisse möglichst genau zu kennen, um die Produktmerkmale so gut wie möglich darauf abzustimmen. Allerdings ist zu beachten, dass die Kundenbedürfnisse nicht statisch sind, sie verändern sich mehr oder weniger schnell mit der Zeit. Diese Veränderung der Kundenbedürfnisse kann ausgelöst werden durch gesellschaftliche Veränderungen, durch Wettbewerbsprodukte, durch grundlegende technologische Veränderungen, durch andere Produkte im Umfeld der Kunden, aber auch durch neue Produkte des eigenen Unternehmens (**Bild 2.5**).

Die Veränderung der Kundenbedürfnisse hat direkte Auswirkungen auf den Produktentwicklungsprozess. Werden die Anforderungen an ein Produkt bei der Entwicklung zu früh eingefroren, so fließen Veränderungen während der verbleibenden Entwicklungszeit nicht mehr in das Produkt ein. Kommt das Produkt dann in den Markt, so entspricht es schon bei der Markteinführung nicht den Kundenbedürfnissen.

Die kundenrelevanten Merkmale eines Produktes sind für dessen Erfolg im Markt und damit für Absatz und Umsatz des Unternehmens relevant. Ob mit dem Produkt aber die Ziele des Unternehmens erreicht werden, ist nicht alleine von der Erfüllung der kundenrelevanten Merkmale abhängig, sondern in sehr großem Maße auch von den herstellerrelevanten Merkmalen, siehe **Bild 2.6**. Diese Merkmale haben sehr großen Einfluss auf die Erreichung der festgelegten Unternehmensziele.

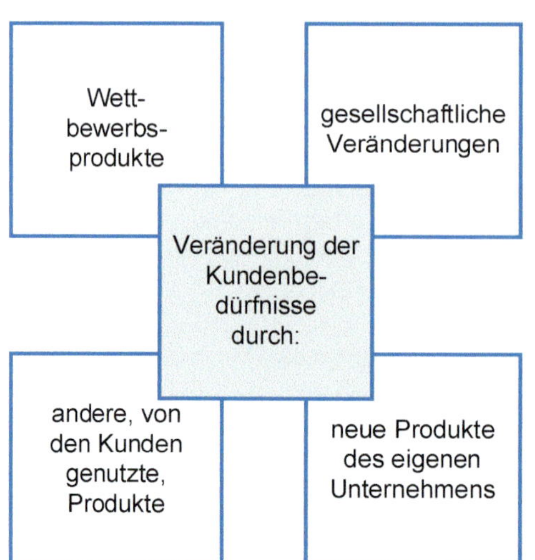

Bild 2.5: Veränderung von Kundenbedürfnissen

Auch bei den herstellerrelevanten Merkmalen kann unterschieden werden zwischen den Merkmalen des Kernproduktes und denen des erweiterten Produktes:

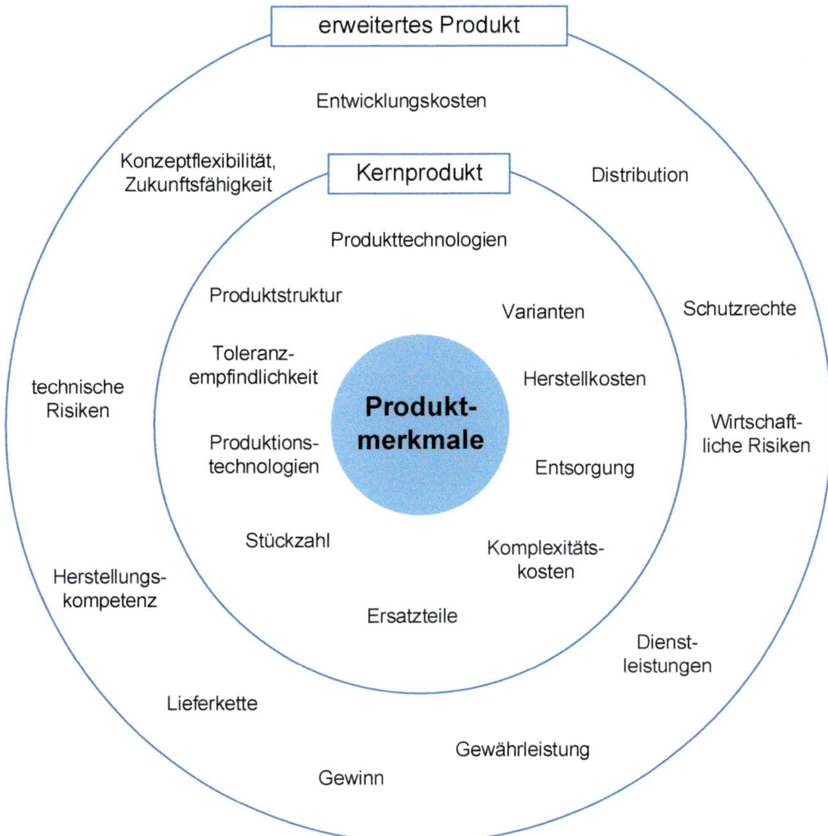

Bild 2.6: Wichtige Merkmale eines Produktes aus Herstellersicht

Komplexitätskosten: Kosten, die sich aus der Produktkomplexität ergeben. Im Wesentlichen handelt es sich um vielfaltsinduzierte Kosten durch Varianten-, Teile-, Lieferanten- und Kundenvielfalt.

Technische und wirtschaftliche Risiken: Jede Produktentwicklung führt zu einem gewissen Maß an Neuerungen. Bei neuen technischen Lösungen besteht immer das Risiko, dass diese noch nicht in ausreichendem Maße in der Serie erprobt sind und damit für die Qualität des Serienproduktes ein Risiko bedeuten. Auch der Markt kann ein neues Produkt ablehnen, obwohl die technische Lösung ausgereift ist. Deshalb ist für ein neues Produkt eine entsprechende Abschätzung der technischen und wirtschaftlichen Risiken notwendig.

Entsorgung:	Aufgrund von Gesetzen sind die Hersteller von Produkten immer häufiger gezwungen, am Ende der Produktlebensdauer für eine umweltgerechte Entsorgung zu sorgen. Diese muss schon bei der Entwicklung durch die Verwendung entsprechender Werkstoffe bzw. die entsprechende Gestaltung des Produktes berücksichtigt werden.
Produktstruktur:	Diese beschreibt den strukturellen Aufbau des Produktes, auch als Produktarchitektur bezeichnet. Über die Produktstruktur wird die Art und Anzahl der Komponenten des Produktes sowie die Art und Anzahl der Beziehungen der Komponenten untereinander beschrieben. Durch eine sinnvolle Strukturierung (Baukasten, Modulbauweise, Plattformen, etc.) kann die Komplexität des Produktes reduziert werden.
Varianten:	Vorhandene Produktvarianten sowie die Möglichkeit, zukünftig Varianten zu bilden. Die Variantenbildung eines Produktes ist eng mit den kundenrelevanten Merkmalen sowie der Produktstruktur verknüpft.
Technologische Komplexität:	Dieses Merkmal erfasst die Komplexität der in dem Produkt verwendeten Technologien.
Herstellbarkeit:	Beinhaltet die fertigungs- und montagegerechte Gestaltung des Produktes sowie die Komplexität der zur Herstellung des Produktes notwendigen Fertigungstechnologien.
Distribution:	Umfasst alle notwendigen Schritte, um das Produkt dem Kunden zur Verfügung zu stellen, d. h. Verpackung, Transport bis hin zur ggf. notwendigen Inbetriebnahme.
Konzeptflexibilität und Zukunftsfähigkeit:	Dieses Merkmal beschreibt die Möglichkeiten, das Produkt ohne grundlegende Weiterentwicklung oder gar Neuentwicklung an sich verändernde Randbedingungen, z. B. Änderung von Gesetzen, Änderung von Kundenbedürfnissen, anzupassen.

Mit den in Bild 2.3 genannten umwelt- und gesellschaftsrelevanten Merkmalen werden Merkmale erfasst, die sich aus Gesetzen, Normen und Richtlinien in den jeweiligen Zielmärkten ergeben und zwangsläufig eingehalten werden müssen. Beispiele sind: Gesetze, die die vom Produkt ausgehenden Gefahren begrenzen

(CE-Konformität) oder Emissionsrichtlinien, welche die Emission von Abgasen und Lärm begrenzen.

Neben der hier dargestellten Form der Merkmalsgliederung von Produkten findet sich in DIN 2330 [DIN 2330, 2013] eine etwas andere Darstellung. Eine Auflistung von unterschiedlichen Produktmerkmalen aus konstruktionswissenschaftlicher Sicht wird in [Hubka, 1973] beschrieben.

2.4 Neuigkeitsgrad eines Produktes

Der Neuigkeitsgrad eines Produktes hat wesentlichen Einfluss auf die Produktentwicklung. Dabei ist es auch hier wichtig, den Neuigkeitsgrad aus der Sicht des Marktes (Kunden) und aus der Sicht des Unternehmens zu sehen, **Bild 2.7**.

Heute fordert der intensive Wettbewerb von den Unternehmen, in kürzeren Zyklen neue Produkte anzubieten. Unternehmen werden aber bestrebt sein, diese neuen Produkte mit möglichst geringem internem Aufwand zu realisieren, also

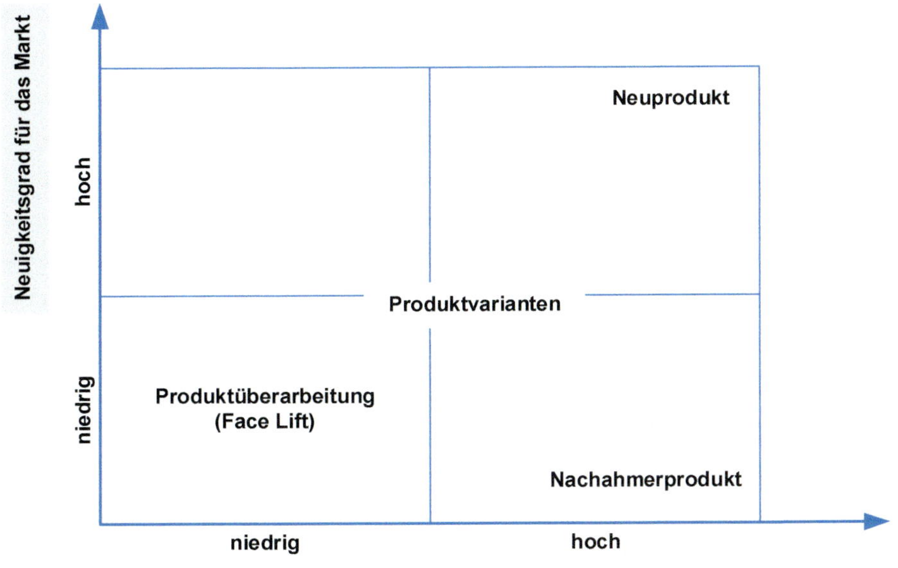

Bild 2.7: Neuigkeitsgrad eines Produktes aus Sicht des Marktes und des Herstellers

möglichst viele Elemente von bestehenden Produkten wieder zu verwenden. Bei einer hohen Wiederverwendungsquote werden weniger neue Elemente benötigt, wodurch Entwicklungsaufwand und Entwicklungsrisiko geringer werden. Ansätze, um schnell Produktvarianten zu realisieren, sind Baukästen, Plattformen oder die Modulbauweise. So lassen sich Produkte mit einem hohen Neuigkeitsgrad für den Markt entwickeln, bei gleichzeitig geringem Neuigkeitsgrad und damit auch geringem Risiko für das Unternehmen.

Natürlich lässt sich dieses nicht immer realisieren, sodass auch in Abständen komplett neue Produkte entwickelt werden müssen, die sowohl für das Unternehmen wie auch für den Markt einen hohen Neuigkeitsgrad besitzen.

Ein hoher Neuigkeitsgrad für das Unternehmen bei niedrigem Neuigkeitsgrad für den Markt ergibt sich beispielsweise bei Nachahmerprodukten. Hat ein Wettbewerber ein neues Produkt mit neuen, bisher nicht bekannten Merkmalen in den Markt gebracht, so sind diese den Kunden bereits bekannt. Die neuen Merkmale können aber für das eigene Unternehmen noch unbekannt sein. Die Entwicklung eines ähnlichen Produktes stellt in diesem Fall für das eigene Unternehmen eine besondere Herausforderung dar. Aus Sicht der Kunden entsteht allerdings ein Produkt, welches nur noch einen niedrigen Neuigkeitsgrad besitzt, da seine Merkmale im Wesentlichen bereits durch das Wettbewerbsprodukt bekannt sind.

3 Produktentwicklung

3.1 Abgrenzung Prozesse, Methoden und Werkzeuge der Produktentwicklung

Eingangs sollen an dieser Stelle die im Zusammenhang mit der Produktentwicklung häufig genutzten Begriffe Methode, Prozess und Werkzeug für die Verwendung in diesem Buch voneinander abgegrenzt werden. Die Begriffe werden in der alltäglichen Nutzung häufig synonym verwendet, sind aber mit Blick auf die Produktentwicklung voneinander zu unterscheiden.

Prozess (Ablauforganisation)

Das Vorgehen zur Entwicklung eines Produktes wird in der Regel als Prozess bezeichnet. Die meisten Unternehmen besitzen heute einen beschriebenen Entwicklungsprozess. In der Organisationsliteratur wird anstelle des Begriffs Prozess meist der Begriff der Ablauforganisation verwendet. Dieser ist nach [Bullinger et al., 2009] wie folgt definiert:

„Mit einer Ablauforganisation werden Teilprozesse oder -aufgaben, die zeitlich nacheinander bzw. simultan oder räumlich hintereinander bzw. parallel ablaufen, aufeinander abgestimmt. Dabei stehen Tätigkeiten, deren Reihenfolgen, benötigte Zeiten sowie der Material- und Informationsfluss ebenso im Mittelpunkt wie die Ausgestaltung und räumliche Anordnung von Arbeitsplätzen.“

Eine etwas anders lautende Definition aus der Organisationslehre findet sich in [Vahs, 2012]:

„Der Ablauf des betrieblichen Geschehens findet seinen Niederschlag in der Ablauforganisation. Sie regelt primär die inhaltliche, räumliche und zeitliche Folge der Arbeitsprozesse.“

Ein Entwicklungsprozess umfasst damit den gesamten Ablauf, alle dazugehörigen Aufgaben und den Fluss von Informationen und Objekten, der zur Entwicklung eines Produktes notwendig ist.

Dabei können Start- und Endpunkt des eigentlichen Entwicklungsprozesses von Unternehmen zu Unternehmen unterschiedlich festgelegt sein. So kann in einem Fall der Prozess den ganzen Ablauf von der Idee für ein neues Produkt bis zur Überprüfung des Markterfolgs beinhalten, im anderen Fall nur den Ablauf der Entwicklung ausgehend von den feststehenden Anforderungen hin zum serienreifen Produkt.

Methoden

Methode ist nach [Blasche und Mittelstrass, 2004] wie folgt definiert:

„(griech. μέθοδος) Nachgehen, der Weg zu etwas hin.

(lat. methodus, via, regula, etc.) ein nach Mittel und Zweck planmäßiges (methodisches) Verfahren, das zu technischer Fertigkeit bei der Lösung theoretischer und praktischer Aufgaben führt.“

Die Methode gilt als Charakteristikum für die wissenschaftlichen Verfahren und damit – pars pro toto – als Kennzeichen der Wissenschaft selbst.

Vergleicht man die Definition der beiden Begriffe Methode und Prozess, so zeigt sich, dass es hier zu Missverständnissen kommen kann bei der Einordnung von Vorgehenswiesen bei der Produktentwicklung.

Methode soll im Zusammenhang mit den Ausführungen in diesem Buch verstanden werden als planvolles, systematisches Vorgehen zur Erledigung von einzelnen Aufgaben oder Gruppen von Aufgaben im Verlaufe eines Entwicklungsprozesses.

Nach [Müller, 2012] lassen sich die für die Produktentwicklung relevanten Methoden in die algorithmischen Methoden und die heuristischen Methoden unterteilen.

Algorithmische Methoden (Algorithmus)

„Endliche geordnete Menge von Vorschriften, die, adäquat angewendet, nach endlich vielen Operationen das anzustrebende (Teil-)Ergebnis sicher erreichen oder begründen lassen, dass abzubrechen ist. Sie können – soweit sinnvoll – bis zum Niveau logischer Elementaroperationen lückenlos korrekt expliziert werden.“ [Klaus et al., 1968]

Heuristische Methoden (Heurismus)

„Endliche geordnete Menge von Vorschriften, die, adäquat angewendet, das anzustrebende (Teil-)Ergebnis zwar nicht sicher erreichen lassen, aber bewirken, dass der Bearbeitungsprozess zielstrebiger, sicherer bzw. effektiver verläuft.“ [Müller, 1968]

In [Müller, 2012] finden sich Erläuterungen zu den heuristischen Methoden. Zwei wichtige sollen hier genannt werden:

- *„Sie sind Ausdruck des Versuchs, Probleme methodenbewusst auch dort zu lösen, wo strikte algorithmische Arbeit nicht mehr möglich ist. Die Unschärfe ist objektiv und im Allgemeinen auch subjektiv bedingt.“*

- *„Begriffe und Vorschriften werden unscharf gebraucht. Auch die Struktur der Methode (Kopplungen, Rückkopplungen, Schleifen) wird unscharf fixiert."*

Als heuristische Prinzipien kommen dabei nach [Blasche und Mittelstrass, 2004] zur Anwendung: Variation der Problemstellung, Zerlegung in Teilprobleme, das Prinzip der Zwecke, also Tatsachen der Natur in einen technologischen Zusammenhang zu bringen, um so Naturgesetze zu finden.

Wird das Charakteristikum der heuristischen Methoden betrachtet, so ist erkennbar, dass diese für die Produktentwicklung eine zentrale Rolle spielen.

Werkzeuge

Als Werkzeug sollen hier alle technischen Hilfsmittel verstanden werden, die zur Bearbeitung von Aufgaben innerhalb eines Produktentwicklungsprozesses genutzt werden. Dazu zählen CAD-Systeme, Berechnungsprogramme wie beispielsweise FEM-Programme oder auch selbst erstellte Tools, beispielsweise zur Anforderungsbewertung im Rahmen der Produktentwicklung. Werkzeuge sind auch technische Einrichtungen wie Messeinrichtungen oder Prüfstände, die zur Erprobung oder Überprüfung von Komponenten oder Produktmodellen verwendet werden.

3.2 Anstoß zur Neu- oder Weiterentwicklung von Produkten

Eine grundlegende Frage im Zusammenhang mit der Produktentwicklung lautet: Warum entwickeln Unternehmen überhaupt neue Produkte oder vorhandene Produkte weiter?

Um seine Ziele zu erreichen, braucht ein Unternehmen wettbewerbsfähige Produkte. Die Wettbewerbsfähigkeit eines Produktes ist aber keine statische Größe. Produkte verlieren am Markt mit der Zeit an Wettbewerbsfähigkeit. Produktentwicklung ist somit eine ständige Aufgabe in einem Unternehmen. Der Anstoß zur Entwicklung kann dabei auf unterschiedliche Arten erfolgen, **Bild 3.1**.

Sehr häufig reagieren Unternehmen mit der Entwicklung von Produkten nur auf unternehmensexterne Veränderungen, die den Verlust von Marktanteilen bedeuten und zur Folge haben, dass Unternehmen ihre Ziele nicht erreichen. Voraussetzung dafür ist, dass Unternehmen geeignete Prozesse und Methoden besitzen, frühzeitig solche Veränderungen zu erkennen.

Andere Unternehmen versuchen selbst aktiv den Markt zu beeinflussen, um ihre Unternehmensziele zu erreichen. Sie benötigen andere Prozesse und Methoden,

Reaktion auf unternehmensexterne Veränderungen:	• Wettbewerbsprodukte, durch die eigene Produkt Marktanteile verlieren • Kundenbedürfnisse, die sich verändern • Neue gesetzliche Vorschriften • Änderung der gesellschaftlichen Rahmenbedingungen • Neue Technologien • Veränderungen von Lieferbeziehungen
Reaktion auf unternehmensinterne Veränderungen:	• Anstieg der Kosten • Veränderte Unternehmensstrategie • Neue Technologien
Intuitiv	• Entwicklung neuer Produkte aufgrund von Ideen einzelner Personen oder von Gruppen
Systematische Suche	• Systematische, methodische Suche nach neuen Produktideen zur aktiven Veränderung des Marktes
Kundenauftrag	• Entwicklung eines Produktes aufgrund des Auftrags von externen oder internen Kunden

Tabelle 3.1: Gründe für die Neu- oder Weiterentwicklung von Produkten

um damit erfolgreich zu sein. Welchen Weg ein Unternehmen gehen möchte, hängt von der gewählten Wettbewerbsstrategie ab, die signifikanten Einfluss auf die Produktentwicklung hat.

3.3 Modelle des Produktentwicklungsprozesses

Die Beschreibung unterschiedlicher Prozessmodelle der Produktentwicklung soll hier nicht vertieft werden. Hier sollen verschiedene Modelle kurz betrachtet werden, die in vielen Unternehmen die Basis der unternehmensspezifischen Produktentwicklungsprozesse bilden.

Phasenmodell mit seriell angeordneten Phasen

Nach diesem einfachen Modell, das u. a. in [Ulrich und Eppinger, 2019] beschrieben wird, wird der Entwicklungsprozess in sechs Phasen aufgeteilt, beginnend mit der Planung bis hin zum Produktionsstart, siehe **Bild 3.1**.

Bild 3.1: Modell des Produktentwicklungsprozesses nach [Ulrich und Eppinger, 2019]

Dieses Modell zeigt die serielle Abfolge der einzelnen Phasen des Prozesses. Die iterative Vorgehensweise bei der Entwicklung, die teilweise parallele Bearbeitung der einzelnen Phasen, geht aus diesem Modell nicht hervor.

Phasenmodell mit parallelen Entwicklungsphasen und Iterationen

Eine Erweiterung des einfachen rein seriellen Modells stellt das sogenannte Wasserfallmodell dar. Dieses Modell zeigt die teilweise zeitlich parallele Bearbeitung der einzelnen Entwicklungsphasen, um so kurze Entwicklungszeiten zu erreichen. **Bild 3.2** zeigt ein solches Modell des Entwicklungsprozesses von der Produktdefinition bis zur Produktgestaltung. Bei diesem ist die zeitliche Abfolge der Phasen erkennbar, die teilweise parallele Bearbeitung der einzelnen Phasen wird deutlich sowie die vielfach notwendigen Rück- und Vorsprünge zwischen den einzelnen Phasen.

Nach dem dargestellten Phasenmodell beginnt die Produktentwicklung mit der Produktdefinition, auch als Produktplanung bezeichnet. In dieser Phase werden

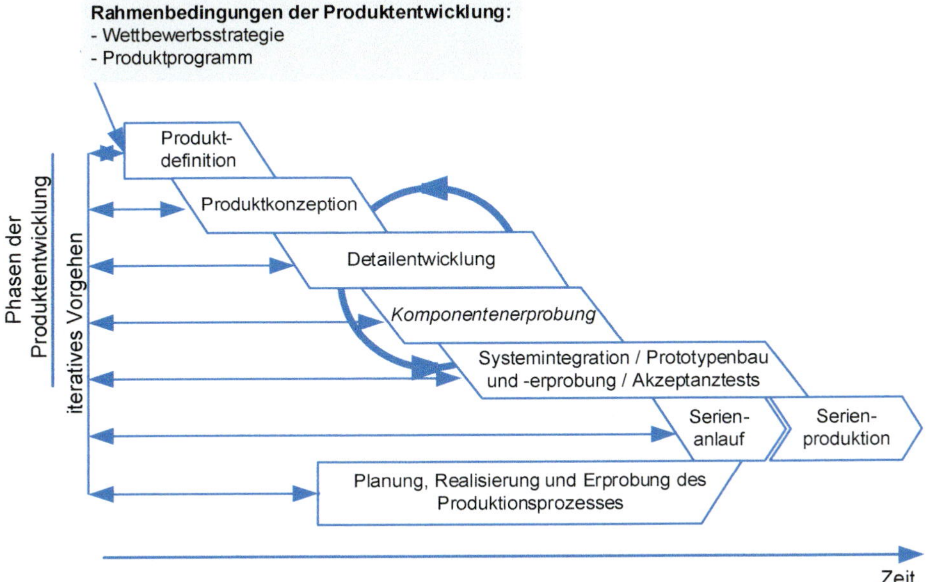

Bild 3.2: Modell mit parallelen Phasen der Produktentwicklung für Serienprodukte

die erforderlichen Eigenschaften des Produktes festgelegt. Eingangsgröße in diese Phase und gleichzeitig Randbedingung für den gesamten Entwicklungsprozess ist die Wettbewerbsstrategie des Unternehmens. Ihre Festlegung erfolgt, abgeleitet aus der Unternehmensstrategie. In einem späteren Abschnitt des Buches werden die unterschiedlichen Optionen der Wettbewerbsstrategie und ihr Einfluss auf die Produktentwicklung beschrieben. Aus der Unternehmensstrategie wird die Wettbewerbsstrategie abgeleitet, die dann als Basis für die Planung des Produktprogramms dient. Darin wird festgelegt, welche Produkte das Unternehmen wann für welche Märkte anbieten will.

Auf Basis der Daten der Produktdefinition werden in der anschließenden Phase der Produktkonzeption prinzipielle Lösungen für das zu entwickelnde Produkt erarbeitet. Hierbei gilt es, ein möglichst breites Lösungsspektrum aufzuzeigen, aus dem dann, mit Hilfe einer systematischen Bewertung, geeignete Konzepte für die nächste Entwicklungsphase ausgewählt werden. An die Konzeptphase schließt sich die Produktgestaltung, auch als Produktentwurf bezeichnet, an. Die ausgewählten Prinziplösungen werden in dieser Phase Schritt für Schritt detailliert. Dabei wird die Produktstruktur festgelegt, geeignete technische Lösungen gesucht und Form, Gestalt, Abmessungen und Werkstoffe des Produktes festgelegt.

Eng verbunden mit der Produktgestaltung sind die verschiedenen Stufen der Erprobungen. Diese dienen dazu, die erdachten Lösungen auf ihre Tauglichkeit hin zu überprüfen. Der Umfang dieser Erprobungen, die der Qualitätssicherung dienen, hängt sehr stark von der Komplexität des Produktes ab. Trotz der heute vorhandenen Möglichkeit, digitale Prototypen sehr früh im Produktentwicklungsprozess aufzubauen, kann nur selten auf reale Prototypen verzichtet werden. Die detaillierte digitale Nachbildung aller Produkteigenschaften und gegebenenfalls der notwendigen Umwelteigenschaften ist meist sehr aufwendig. Deshalb lassen sich alle Eigenschaften eines Produktes letztlich nur mit Versuchen am realen Prototyp ermitteln. Diese Ergebnisse fließen dann wiederum in den Produktentwicklungsprozess ein. Produktgestaltung, Komponentenerprobung, Prototyperprobung sind so iterativ sehr eng miteinander verknüpft. Die Möglichkeiten der virtuellen Versuche, beispielsweise Lebensdauerversuche, dynamische Simulation von Systemen, werden in Zukunft weiter zunehmen, was dann letztlich zu einer Verkürzung der Produktentwicklungszeiten führt.

Für jede Phase gilt, dass Rücksprünge zu vorherigen Entwicklungsphasen notwendig werden können, falls durch Erkenntnisse in der aktuellen Entwicklungsphase festgestellt wird, dass die gewählte Lösung ungeeignet ist. Die Darstellung des Entwicklungsprozesses in Bild 3.2 zeigt, dass mit Blick auf Entwicklungsdauer und -kosten Prozessschritte überlappend bearbeitet werden müssen. Dieses verlangt häufig eine frühzeitige Festlegung auf Lösungen, ohne dass es zu diesem Zeitpunkt möglich ist, die Auswirkungen dieser Festlegung vollständig abzusehen. Treten dadurch im weiteren Entwicklungsverlauf Probleme auf, so hat das Auswirkungen auf die Entwicklungszeit und die Qualität des Produktes.

Parallel zu der Entwicklung des Produktes wird ein Unternehmen die Prozesse für die Herstellung und den Vertrieb des neuen Produktes aufbauen und erproben.

Das im vorherigen Bild 3.2 dargestellte Modell beschreibt den Entwicklungsprozess für Serienprodukte. Das Modell des Entwicklungsprozesses im Sondermaschinen- und Anlagenbau unterscheidet sich davon an einigen Stellen deutlich, siehe **Bild 3.3.** Da der Sondermaschinen- und Anlagenbau im Maschinenbau eine bedeutende Rolle spielt, soll dieses Modell nachfolgend kurz beschrieben werden.

Im Sondermaschinen- und Anlagenbau besteht eine große zeitliche Nähe zwischen der Entwicklung des Produktes und seiner Realisierung. Schon während der Entwicklungsphase wird, mit meist nur geringem Zeitversatz, das Produkt parallel realisiert. So kann es sein, dass aufgrund langer Fertigungs- oder Beschaffungszeiten Teile schon gefertigt werden müssen, ohne dass die Konzeptphase für die Anlage oder Maschine abgeschlossen ist.

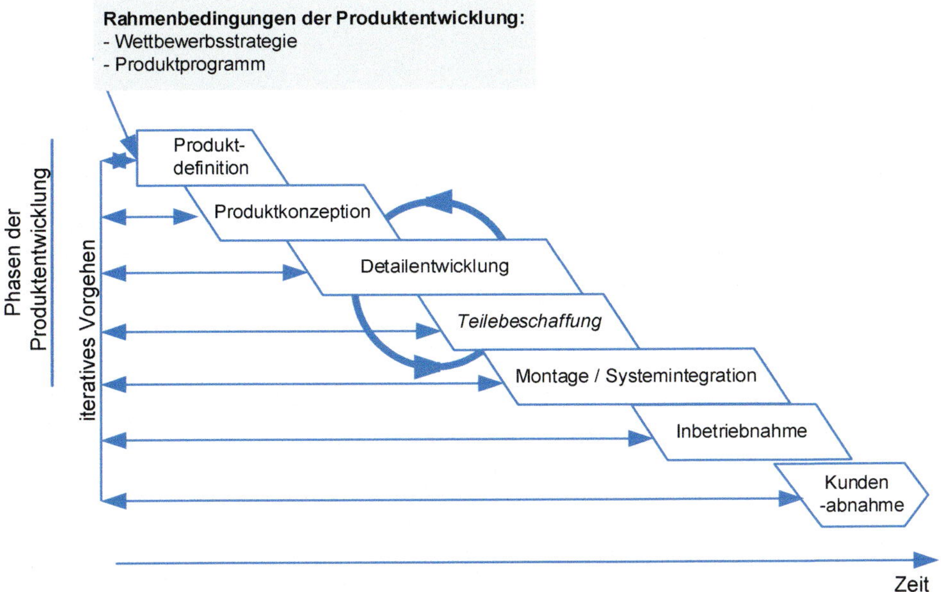

Bild 3.3: Modell mit parallelen Phasen der Produktentwicklung für Produkte des Sondermaschinen- und Anlagenbaus

Eine Absicherung der Ergebnisse der Entwicklungs- und Konstruktionsarbeit mittels Prototypen ist nicht oder nur sehr selten möglich. So ist es sicherlich leicht vorstellbar, dass Fehler in der Entwicklung zu schwerwiegenden Problemen bei der Realisierung der Maschinen und Anlagen führen können, die Zeitverzögerungen, Kostenüberschreitungen und Qualitätsprobleme zur Folge haben. Deshalb bedarf es für solche Produkte einer besonderen Sorgfalt im Rahmen der Entwicklung, die eine besonders enge Abstimmung zwischen den Unternehmensbereichen Entwicklung, Konstruktion, Fertigung, Einkauf und Montage erfordern.

Stage-Gate-Prozess nach Cooper

Nach dem von Cooper entwickelten Stage-Gate-Prozess [Cooper, 2002; Cooper et al., 2002] wird der gesamte Entwicklungsprozess, von der Idee bis zur Markteinführung, in diskrete, klar identifizierbare Abschnitte zerlegt. Typischerweise umfasst der Prozess fünf Abschnitte, siehe **Bild 3.4**, je nach Komplexität kann die Anzahl zwischen drei und sechs Abschnitten variieren. Zwischen den einzelnen Abschnitten (Stages) müssen entsprechende Tore (Gates) passiert werden.

Jeder der Abschnitte beinhaltet Aktivitäten, bei denen Informationen erarbeitet werden, um das nächste Gate zu durchschreiten. Die Gates erfüllen die Funktion eines Checkpoints, an dem die Qualität der bisherigen Aktivitäten überprüft und über Abbruch oder Fortsetzung des Entwicklungsprojektes oder Rücksprung in die vorherige Phase entschieden wird. Bereits zu Beginn des Projektes, spätestens aber zu Beginn eines Abschnitts, werden die Kriterien festgelegt, um die entsprechenden Gates zu passieren. Gates stellen harte und nicht zu überspringende Grenzen dar. Alle Gates weisen ähnliche Strukturen auf. Die Gates dienen ebenfalls dazu, anhand von Kriterien Prioritäten für die weiteren Arbeiten zu setzen. Bei mehreren Projekten wird so die Priorität der Projekte festgelegt.

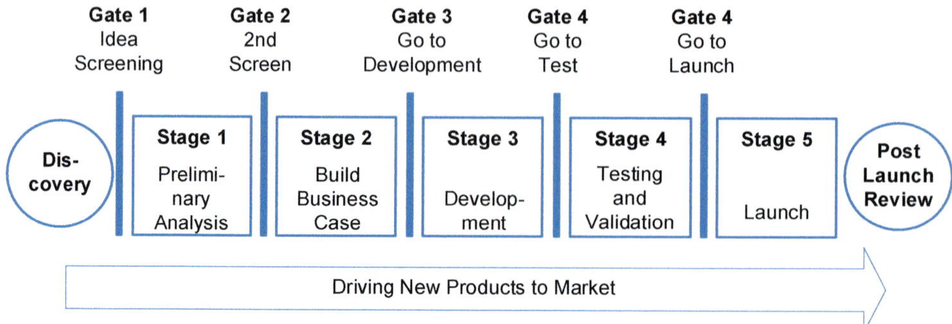

Bild 3.4: Stage-Gate-Prozess nach Cooper [Cooper, 2002]

V-Modell

Das V-Modell wurde ursprünglich als Basis für die Entwicklung von Software definiert, in der VDI-Richtlinie 2206 [VDI 2206, 2004] aber auf die Entwicklung mechatronischer Produkte übertragen, siehe **Bild 3.5**. Da heute im Maschinenbau sehr viele Produkte integrierte Produkte sind, die sowohl Elemente des Maschinenbaus wie der Elektronik und der Informatik enthalten, erscheint die Übertragung des V-Modells auf solche Produkte sinnvoll.

Mit Hilfe des V-Modells soll deutlich gemacht werden, dass jeder Entwicklungsschritt entsprechend zu verifizieren ist, um sicherzustellen, dass die Anforderungen an das Produkt auch erfüllt werden. Schon während der Entwicklung sind so die notwendigen Prüfschritte und -kriterien festzulegen. Die Durchführung eines Entwicklungsprojektes entsprechend dem V-Modell ist somit gleichzeitig ein Beitrag zur Qualitätssicherung.

Bild 3.5 zeigt grob den Ablauf einer Produktentwicklung anhand des V-Modells. Im Abschnitt domänspezifischer Entwurf werden fachspezifisch die mechanischen, elek-

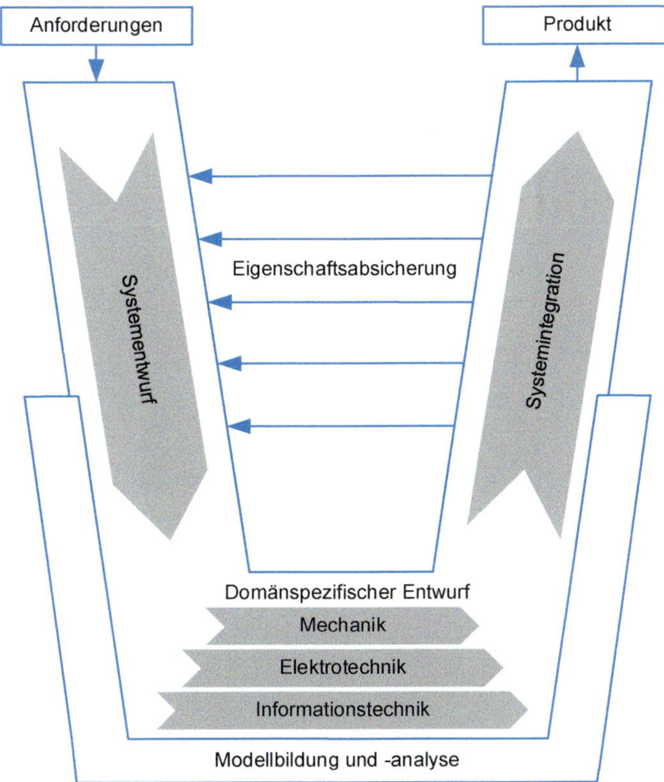

Bild 3.5: V-Modell des Entwicklungsprozesses für mechatronische Systeme nach VDI 2206 [VDI 2206, 2004]

tronischen und informationstechnischen Elemente des Produktes entwickelt. Dort kommen die zum jeweiligen Fachgebiet gehörigen speziellen Methoden und Werkzeuge zum Einsatz.

Das Modell ist fallweise auszuprägen. Ein komplexes mechatronisches Produkt wird dabei nicht innerhalb eines Makrozyklus entstehen, sondern es sind mehrere Durchläufe erforderlich. In der genannten VDI-Richtlinie wird beispielhaft eine Entwicklung gezeigt, bei der im ersten Zyklus, ausgehend von den Anforderungen, ein Labormuster erstellt wird. Im zweiten Zyklus wird das Funktionsmuster realisiert bis hin zum fertigen Produkt.

Spiral-Modell

Die Ursprünge des Spiral-Modells, siehe **Bild 3.6**, finden sich, wie beim V-Modell, in der Softwareentwicklung [Boehm, 1986]. Das Modell beschreibt einen iterativ inkrementellen Entwicklungsprozess. Das Besondere daran ist die Realisierung von Prototypen in unterschiedlichen Phasen der Entwicklung, wobei erste Prototypen schon möglichst früh im Entwicklungsprozess realisiert werden.

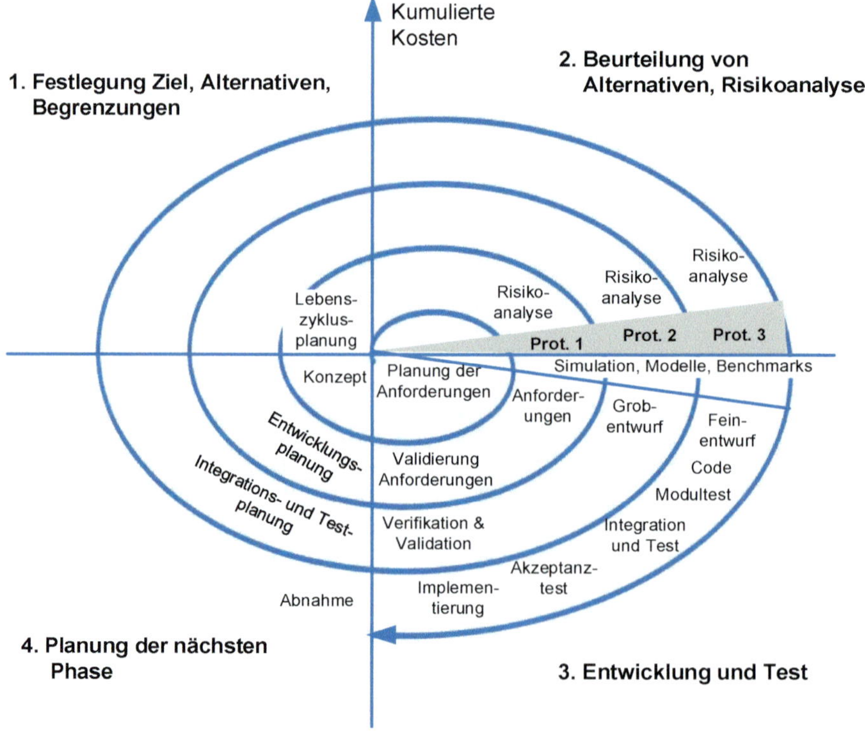

Bild 3.6: Spiralmodell des Entwicklungsprozesses angelehnt an [Boehm, 1986]

Ziel ist es, so möglichst früh den Kunden eine erste Realisierung des Produktes zu zeigen und so von den Kunden frühzeitig eine Rückmeldung zu erhalten, ob das Produkt ihren Anforderungen entspricht. So können frühzeitig geeignete Maßnahmen im Projekt ergriffen werden, um ein zu den Kunden passendes Produkt zu entwickeln oder unter Umständen auch das Entwicklungsprojekt zu beenden.

3.4 Aktivitäten der Produktentwicklung und iteratives Vorgehen

3.4.1 Aktivitäten der Produktentwicklung

Die Produktentwicklung umfasst eine Vielzahl von Aktivitäten [VDI 2221 Blatt 1, 2019], **Bild 3.7**, mit dem Ziel der Entwicklung eines in der geforderten Stückzahl herstellbaren Produktes.

Zu den Kernaktivitäten aus Bild 3.7 kommen noch weitere Aktivitäten hinzu, die im direkten Zusammenhang mit der Entwicklung von Produkten stehen. Diese werden in der VDI 2221, Blatt 1, als Begleitaktivitäten und Querschnittsaktivitäten bezeichnet. Dabei stellen die Begleitaktivitäten projektbezogene Aktivitäten im Rahmen der Produktentwicklung dar. Zu diesen zählen unter anderem:

- Projektmanagement
- Änderungsmanagement
- Konfigurationsmanagement
- Qualitätsmanagement
- Kostenmanagement.

Kern- und Begleitaktivitäten sind auftrags- und projektbezogene Aufgaben. Eine erfolgreiche Produktentwicklungsorganisation verlangt aber weitere Aktivitäten, die in der VDI 2221, Blatt 1, als Querschnittsaktivitäten bezeichnet werden. In [Engeln, 2019] werden diese als spezifische Managementaufgaben im Kontext der Produktentwicklung bezeichnet. Diese sind unter anderem:

- Wissensmanagement
- Innovationsmanagement
- Technologie- und Materialmanagement
- Designmanagement
- Variantenmanagement.

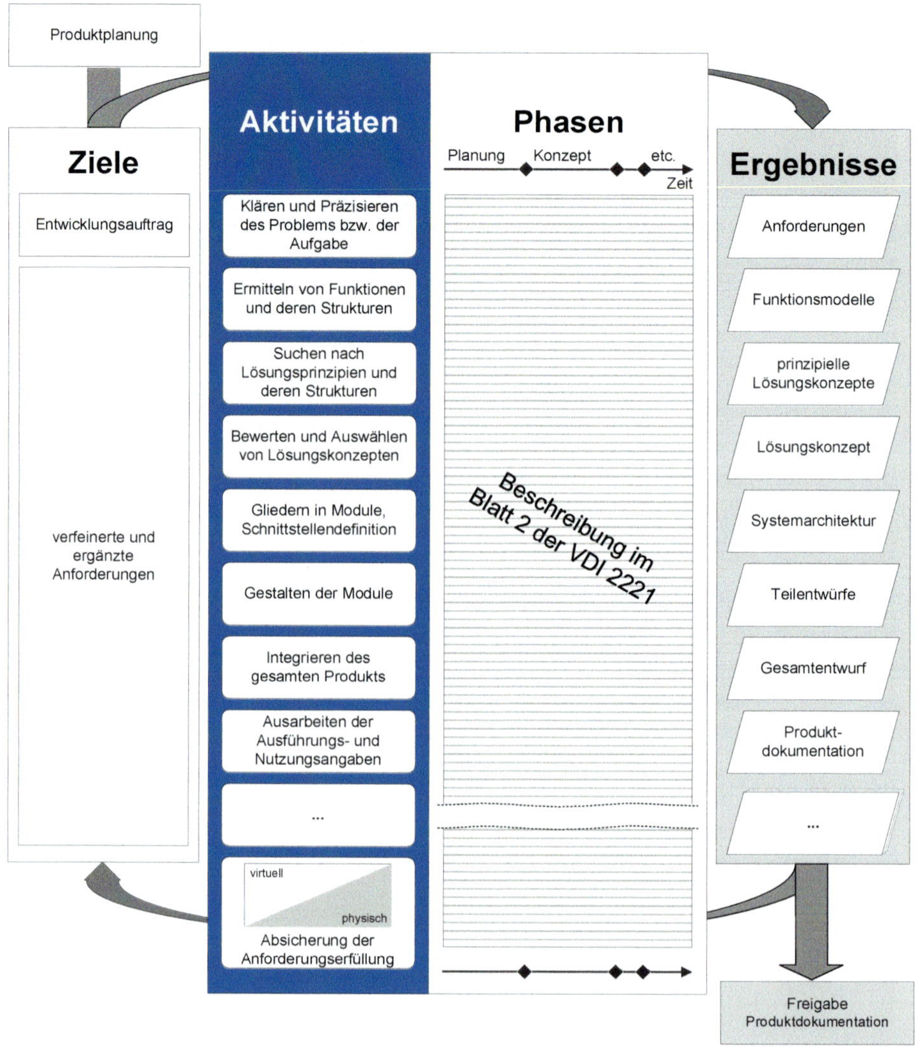

Bild 3.7: Allgemeines Modell der Produktentwicklung nach VDI 2221 Blatt 1, 2019

3

3.4.2 Iteratives Vorgehen

Die Produktentwicklung bedingt, je nach Produkt und Entwicklungsaufgabe, ein mehr oder weniger ausgeprägtes iteratives Vorgehen. So können bestimmte Aktivitäten mehrfach und in unterschiedlichen Phasen eines Entwicklungsprojektes notwendig sein, **Bild 3.8** [VDI 2221 Blatt 2, 2019].

Iteration bedeutet, dass sich in einem nachfolgenden Entwicklungsschritt aufgrund des detaillierten Wissens über das neue Produkt Erkenntnisse ergeben, die es notwendig machen, vorherige Arbeitsschritte nochmals zu wiederholen. So können sich bei der Produktgestaltung aufgrund von durchgeführten Versuchen Erkenntnisse ergeben, die ein neues Konzept bedürfen und so einen Rücksprung in die Produktkonzeption erfordern.

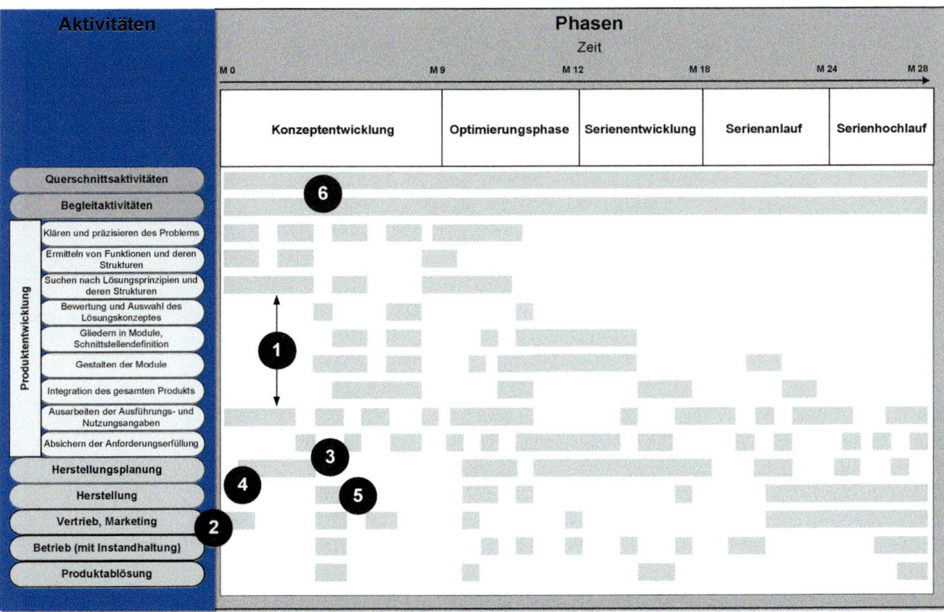

Bild 3.8: Beispiel eines Produktentwicklungsprozesses mit mehrfach zu wiederholenden Aktivitäten nach VDI 2221, Blatt 2

Prinzipiell lassen sich zwei Arten von Iterationen unterscheiden. Die geplanten Iterationen und die ungeplanten Iterationen. Die geplanten Iterationen sind bei der Planung des Entwicklungsprojektes berücksichtigt und es stehen entsprechend Ressourcen zur Bearbeitung zur Verfügung. Kritischer für ein Entwicklungsprojekt sind die ungeplanten Iterationen, da für diese keine Ressourcen eingeplant sind. Treten ungeplante Iterationen in einem Entwicklungsprojekt auf, so führen diese dazu, dass

- Termine nicht eingehalten werden können,
- Projektkosten steigen,
- Projektziele nicht erreicht werden.

Die Gründe für die ungeplanten Iterationen können sehr vielfältig sein, beispielsweise:

- Fehlendes Wissen zu den eingesetzten Technologien
- Unerfahrene Projektleitung
- Aufgaben, die bei der Planung vergessen wurden
- Unvorhersehbare Änderungen der Aufgabenstellung
- Nicht vorhersehbare Veränderungen der Rahmenbedingungen.

Ungeplante Iterationen lassen sich, gerade wenn der Neuigkeitsgrad eines zu entwickelnden Produktes hoch ist, nur sehr schwer ganz vermeiden. Geeignete Ansätze, damit umzugehen, sind:

- Zur Aufgabenstellung passendes Risikomanagement
- Front Loading
- Anwendung des Set Based Engineering.

3.5 Phasen der Produktentwicklung und zugeordnete Methoden

Um die gesamte Produktentwicklung übersichtlicher zu gestalten, wird diese in der Regel in mehrere Phasen unterteilt, die seriell, parallel oder sich teilweise überlappend bearbeitet werden können, wie beschrieben. In welche Phasen die Produktentwicklung unterteilt ist und wie diese Phasen benannt werden, ist dabei nicht einheitlich definiert und unternehmensspezifisch.

Hier in diesem Buch sollen zur Unterteilung die Phasen Produktdefinition, Produktkonzeption und Produktgestaltung genutzt werden (**Bild 3.9 bis 3.11**). So lassen sich die hier beschriebenen Methoden besser klassifizieren und es wird besser erkennbar, wozu die jeweilige Methode einen Beitrag leistet.

Produktdefinition

In Rahmen der Produktdefinition werden die notwendigen Merkmale des zu entwickelnden Produktes festgelegt. Entsprechend gilt es, hier mit besonderer Sorgfalt zu arbeiten. Es ist eine intensive Beschäftigung mit den potenziellen Kunden und den bekannten wie möglichen neuen Wettbewerbern im Markt notwendig. Zu den notwendigen Aktivitäten in dieser Phase zählen: Analyse der Kundenanforderungen, Wettbewerbsanalyse sowie die Ermittlung des Zielmarktpreises, den die Kunden bereit sind, für das Produkt mit der geplanten Merkmalskombination zu zahlen. Diese Phase schließt ab mit einer ersten Wirtschaftlichkeitsberechnung. Damit wird auf der Basis der bis dahin vorliegenden Daten abgeschätzt, ob die Entwicklung des Produktes für das Unternehmen aus wirtschaftlicher Sicht sinnvoll ist und was die Entwicklung als solches kosten darf.

Produktkonzeption

In dieser Phase werden mehrere alternative Produktkonzepte erarbeitet. Konzepte sind prinzipielle Lösungen für das Produkt. Sie beschreiben Lösungen für alle geforderten Funktionen des Produktes (rationale und emotionale) und deren sinnvolle Kombination zur Realisierung der Gesamtfunktion. Konzepte werden repräsentiert durch Skizzen oder Modelle (reale oder virtuelle). Aus ihnen sind der prinzipielle Aufbau des Produktes, die Funktionen und das Zusammenwirken der einzelnen Lösungen erkennbar.

Als Kriterien zur Erstellung alternativer Produktkonzepte können dabei herangezogen werden:

- Kostengünstiges Konzept
- Innovativstes Konzept
- Risikoärmstes Konzept
- Am schnellsten zu realisierendes Konzept.

Zu dieser Phase gehört auch eine Bewertung, inwieweit die erarbeiteten Konzepte die Ziele des Unternehmens erfüllen.

Rahmenbedingungen der Produktentwicklung:

- Wettbewerbs- und Produktstrategie,
- Produktprogramm,
- zusätzlich: erwarteter Absatz des Produktes

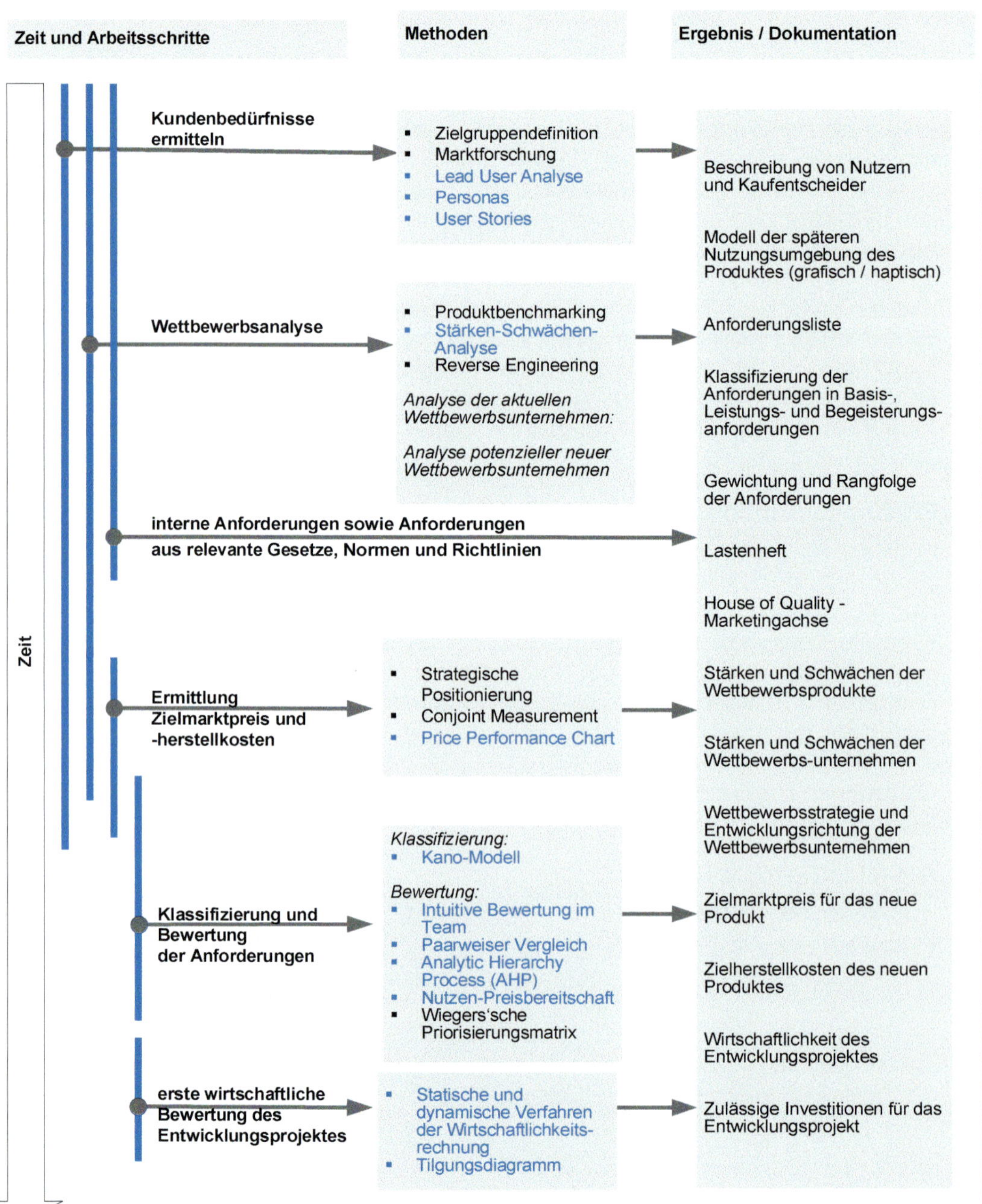

Bild 3.9: Arbeitsschritte und Methoden der Produktdefinition

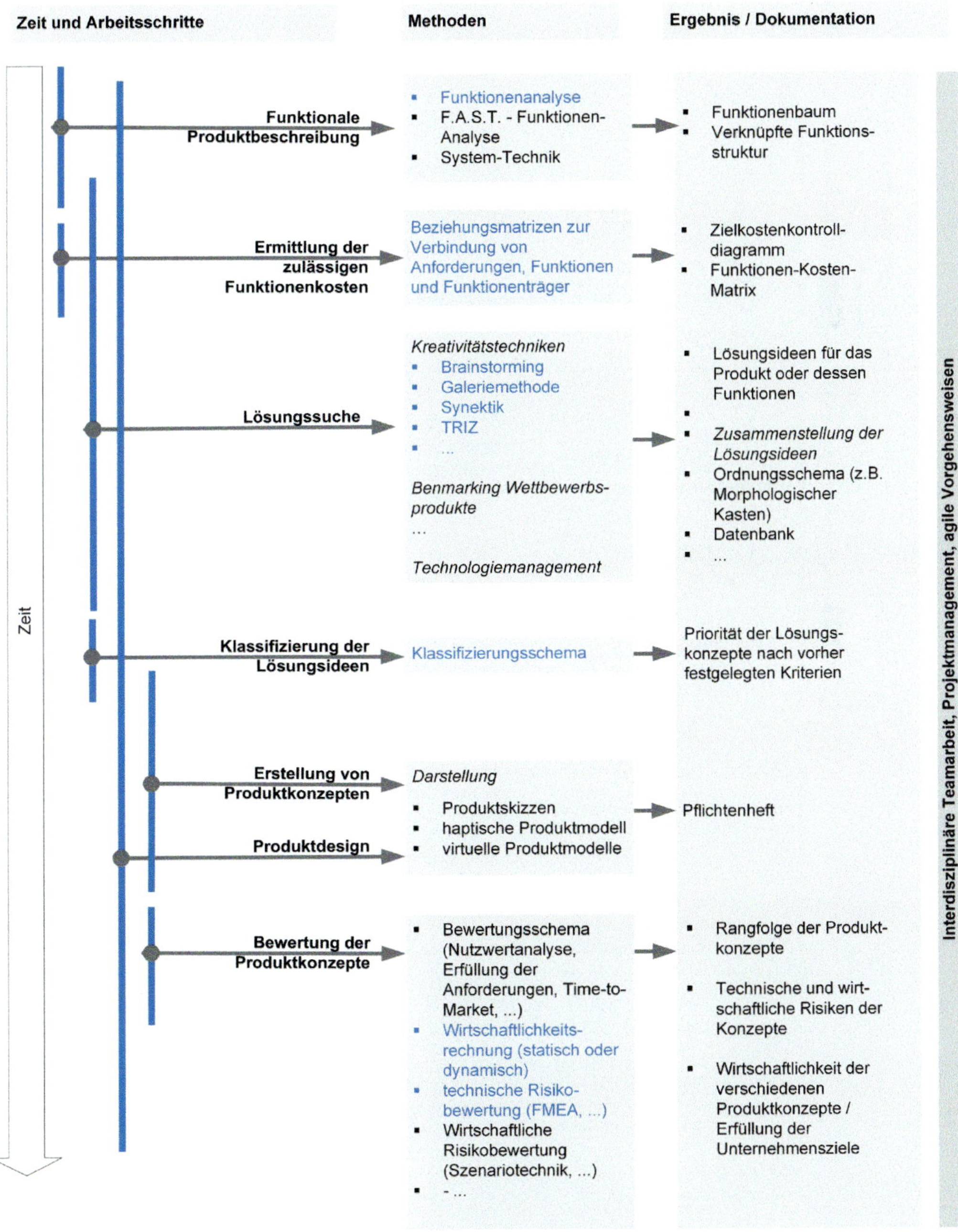

Bild 3.10: Arbeitsschritte und Methoden der Produktkonzeption

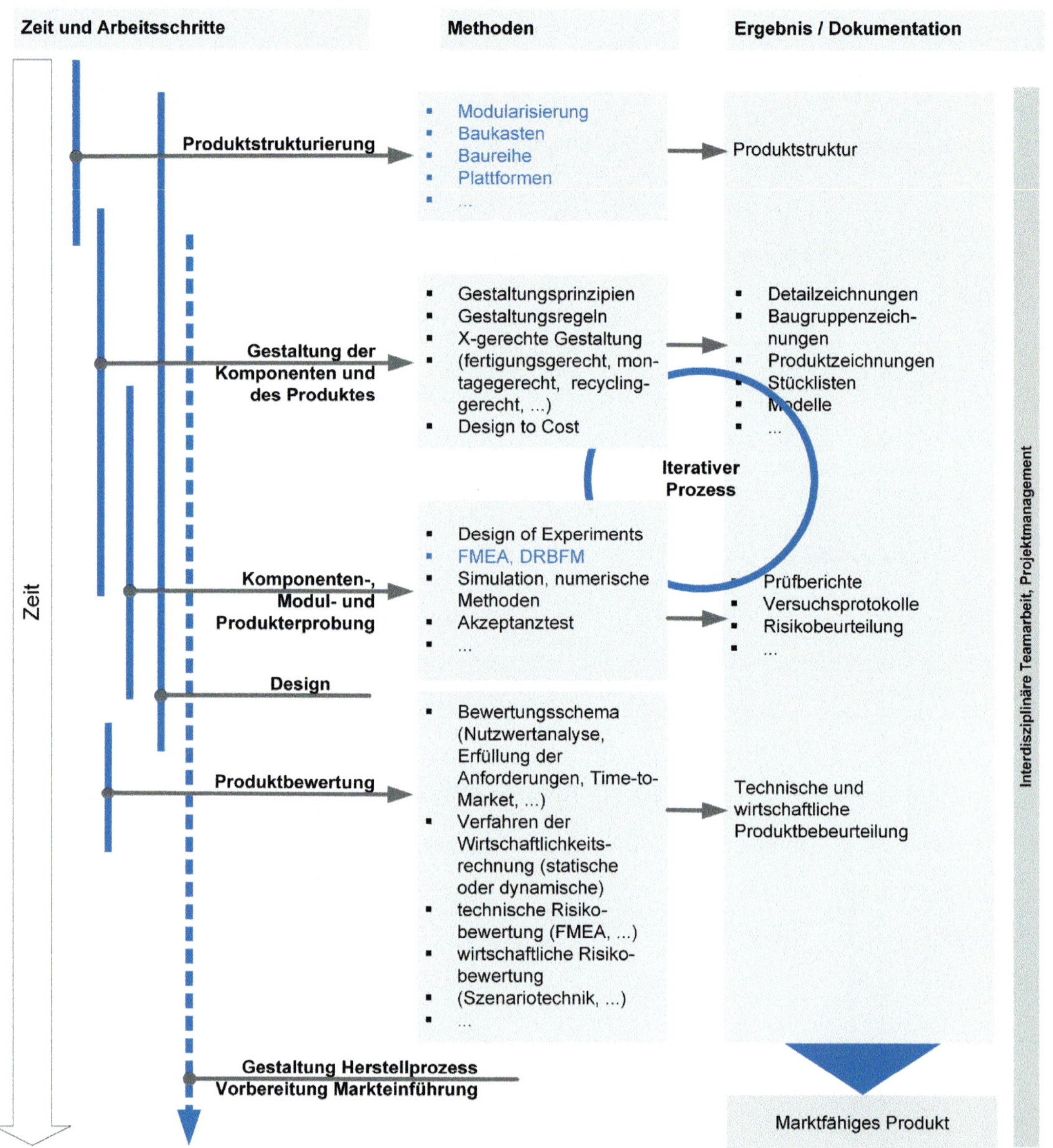

Bild 3.11: Arbeitsschritte und Methoden der Produktgestaltung

Produktgestaltung

„Die Gestaltung eines Produkts umfasst die werkstofftechnische und geometrische Festlegung seiner Baugruppen und Komponenten bis zum Einzelteil von der Makrogestalt bis hin zu den Oberflächen.“ [Feldhusen und Grote, 2013]

„Gestalten oder Entwerfen ist das Überführen einer Prinziplösung in ein dreidimensionales (körperliches), technisch herstellbares Gebilde bzw. in Bauteile und Baugruppen.“ [Koller, 1998]

Beide Definitionen sind sehr bezogen auf die mechanischen Elemente eines Produktes, da sie der Konstruktionslehre entstammen. Deshalb soll hier die Definition etwas erweitert werden.

Als Gestaltung im Zusammenhang mit der Entwicklung eines Produktes sollen folgende Aktivitäten verstanden werden:

- Strukturierung des Produktes. Dabei wird festgelegt, welche Komponenten zu Baugruppen zusammengefasst werden und welche Beziehungen zwischen den Elementen einer Baugruppe sowie zwischen den Baugruppen bestehen sollen.
- Gestaltung der einzelnen mechanischen, elektrischen und softwaretechnischen Teilsysteme und Komponenten des Produktes.
- Festlegung der Schnittstellen – Mechanik, Energie- und Signalübertragung – zwischen den Komponenten des Produktes sowie zwischen dem Produkt und seiner Umwelt (beispielsweise externen Netzwerken).
- Gestaltung der Systemgrenze als Abgrenzung des Produktes zu seiner Umwelt.
- Gestaltung der Kommunikation zwischen dem Produkt und dem Nutzer.

So gehören auch das Produktdesign sowie die Entwicklung von Elektronikelementen und Software mit zur Gestaltung.

Nach Abschluss der Produktgestaltung ist das Produkt so weit entwickelt, dass es produziert werden kann. Allerdings ist auch nach dieser Phase nochmals ein Abgleich notwendig, inwieweit mit dem Produkt die Ziele des Unternehmens tatsächlich erreicht werden können.

Natürlich können hier nicht alle verfügbaren Methoden zur Entwicklung eines Produktes beschrieben werden. Es werden aber wichtige Methoden behandelt, um Produkte zielgerichtet zu entwickeln. Die behandelten Methoden sind in Bild 3.9 bis 3.11 farblich gekennzeichnet.

3.6 Erfolgsfaktoren der Produktentwicklung

Die Produktentwicklung ist immer geprägt durch die vorgegebenen Sachziele in Form der Anforderungen an das Produkt sowie den Kosten- und Zeitvorgaben, **Bild 3.12**.

Bedingt durch den Trend hin zu integrierten Produkten mit mechanischen und elektronischen Komponenten einschließlich Software werden die Sachziele in vielen Entwicklungsprojekten immer vielfältiger. Gleichzeitig steigen die Qualitätsanforderungen der Kunden. Die Dynamik des Wettbewerbs fordert zudem immer kürzere Entwicklungszeiten. Höhere Renditeziele der Unternehmen, aber auch der verschärfte Wettbewerb, zwingen zu niedrigeren Entwicklungs- und Herstellkosten.

Wie kann die Produktentwicklung unter diesen Bedingungen erfolgreiche Produkte hoher Qualität entwickeln? Notwendig sind dazu

- Anwendung geeigneter Methoden,
- interdisziplinäre Zusammenarbeit,
- angepasste Vorgehensweise und
- zur gewählten Vorgehensweise passendes Management des Entwicklungsprojektes.

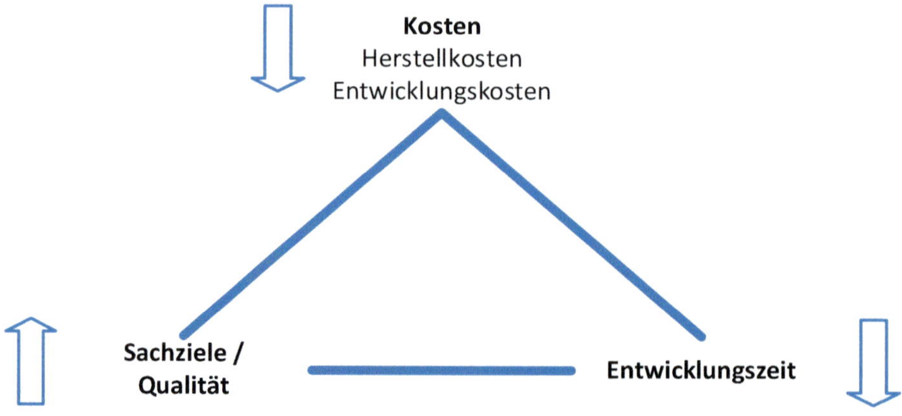

Bild 3.12: „Magisches“ Dreieck der Produktentwicklung (Pfeile zeigen die tendenzielle Entwicklungsrichtung der Einflussfaktoren)

3.6.1 Methodisches Vorgehen bei der Entwicklung von Produkten

Warum ist bei der Produktentwicklung ein methodisches Vorgehen erforderlich? In [Hacker, 2002] werden besondere Merkmale des Vorgehens von leistungsstarken Konstrukteuren im Verhältnis zu leistungsschwächeren Konstrukteuren dargestellt. Danach unterscheiden diese sich bezüglich:

- Art des Erfassens und Analysierens des Auftrags

  Die leistungsstarken Konstrukteure analysieren den Auftrag eingehender, insbesondere bezüglich zu realisierender Funktionen. Sie bestimmen vollständig die zu realisierenden Hauptfunktionen, gewichten beim Zusammenfassen ihrer Analyseergebnisse und fixieren häufiger die Anforderungen.
- Art der Suche nach prinzipiellen Lösungsalternativen

  Leistungsstarke Konstrukteure erzeugen häufiger mehrere Lösungsalternativen, darunter auch neuartige. Danach wählen sie systematisch das zu realisierende Prinzip und befassen sich intensiv mit einer Zerlegung in Teilziele.
- Art des rückkoppelnden Beurteilens der Lösungsschritte

  Bei den leistungsstarken Konstrukteuren erfolgt das Prozess begleitende Bewerten von Lösungsteilen systematischer und auf verschiedenen Ebenen der Konkretisierung.

Diese Untersuchungsergebnisse sprechen deutlich für ein methodisches Vorgehen bei der Produktentwicklung.

Hinzu kommt als wichtiger Aspekt, dass Fehler bei der Produktentwicklung nur mit hohen Kosten durch Maßnahmen bei den nachfolgenden Prozessschritten wieder aufgefangen werden können, **Bild 3.14**. Befindet sich das Produkt bereits im Markt, so sind eventuell teure Rückrufaktionen notwendig, die gleichzeitig auch noch dem Image des Unternehmens schaden können.

Änderungen am Produkt zu einem späten Zeitpunkt verursachen wesentlich höhere Kosten im Vergleich mit Änderungen zu einem frühen Zeitpunkt. Es ist also notwendig, bereits von Beginn des Entwicklungsprojektes an mit großer Sorgfalt und systematisch zu arbeiten, um Fehler zu vermeiden.

Allerdings lassen sich in einem Entwicklungsprojekt Änderungen zu einem späteren Zeitpunkt kaum vermeiden. Man denke dabei nur an die Änderung der Kundenanforderungen durch neue Kundenbedürfnisse kurz vor der Markteinführung des Produktes. Auf diesen Punkt soll in Kapitel 5 noch eingegangen werden.

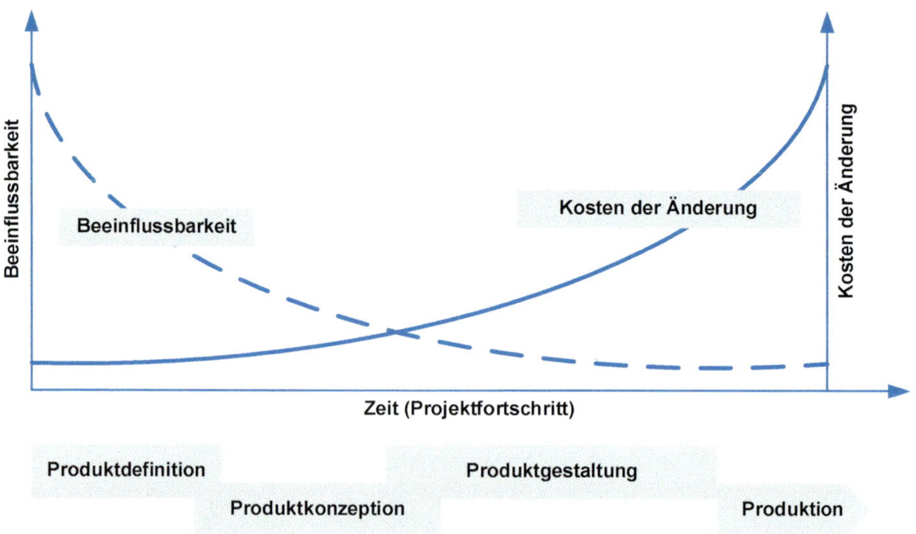

Bild 3.13: Beeinflussbarkeit der Produktmerkmale und Kosten von Änderungen im Verlauf der Produktentwicklung

3.6.2 Interdisziplinäre Teamarbeit

Die Aufgabe der Produktentwicklung besteht darin, Produkte zu schaffen, die unterschiedlichste Merkmale möglichst gut in sich vereinen. Wie sich zeigt, ist dieses aufgrund der vielfältigen Merkmale keine Aufgabe nur einer Fachdisziplin im Unternehmen, sondern kann nur erfolgreich in der interdisziplinären Zusammenarbeit realisiert werden. Nur durch die Zusammenarbeit der Bereiche Entwicklung, Design, Produktion, Marketing, Vertrieb, Einkauf und Controlling eines Unternehmens gelingt es, die geforderten Merkmale auch erfolgreich zu realisieren, **Bild 3.14**.

Neben den genannten Bereichen, die in einem interdisziplinären Team vertreten sein müssen, kann es durchaus sinnvoll sein, auch Kunden und Lieferanten in das Entwicklungsteam einzubinden. Die Kunden nehmen somit direkt an der Definition, Konzeption und Gestaltung des Produktes teil. Die Einbindung von Lieferanten kann dazu genutzt werden, direkt entsprechende Zulieferkomponenten zu definieren. Die Zusammenarbeit konzentriert sich dabei im Wesentlichen auf die Auswahl der geeigneten Komponenten. Die Einbindung kann aber auch so weit gehen, dass der Lieferant die Entwicklungsverantwortung für einzelne Teile oder Baugruppen erhält und diese eigenständig entwickelt. Dabei ergibt sich zwangsläufig eine enge Einbindung in den Entwicklungsprozess des Unterneh-

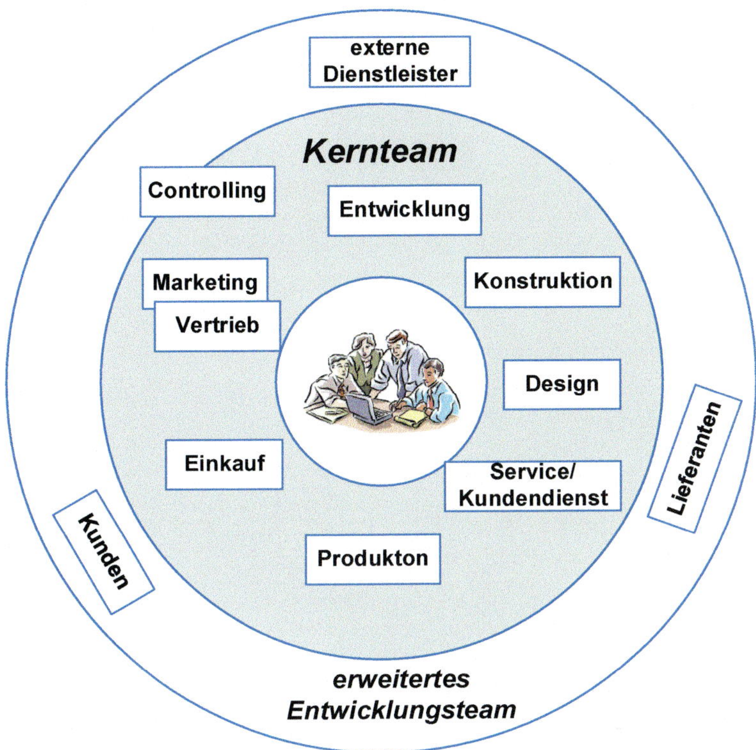

Bild 3.14: Produktentwicklung als interdisziplinäre Teamarbeit

mens, da hier die Schnittstellen zu anderen Baugruppen oder Teilen definiert und realisiert werden müssen.

Die Einbindung externer Dienstleister, die dann Einzelteile oder Baugruppen entwickeln, wird genutzt, um größere Flexibilität bei der Entwicklungskapazität zu erreichen, aber auch um Know-how hinzuzugewinnen.

Die Einbeziehung unterschiedlicher Fachdisziplinen in den Entwicklungsprozess führt durch die verschiedenen Sichtweisen der Beteiligten auch zu abweichenden Vorstellungen, wie das neue Produkt letztendlich auszusehen hat, wie Bild 3.15 plastisch zeigt.

Dieses führt zwangsläufig zu Spannungen innerhalb des Entwicklungsteams. Im Team muss man sich deshalb grundsätzlich vor Augen halten, dass die Entwicklung nur in der interdisziplinären Zusammenarbeit zum Erfolg führt. Dominiert ein Bereich das Entwicklungsprojekt, so ist die Gefahr groß, dass das Produkt letztlich an den Kundenbedürfnissen vorbei entwickelt wird.

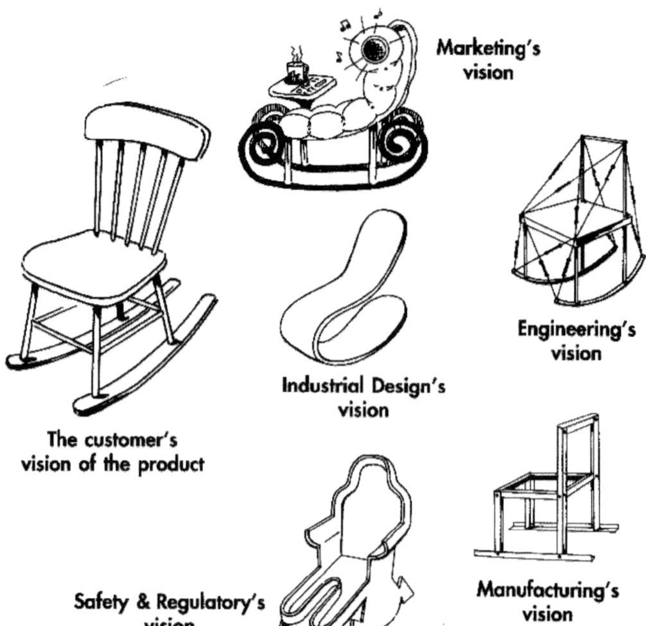

Bild 3.15: Unterschiedliche Vorstellungen über die Gestaltung eines Stuhls [Smith und Reinertsen, 1998]

3.6.3 Unterschiedliche Vorgehensweisen zur Produktentwicklung

In einem Entwicklungsprojekt gilt es, Sach-, Kosten- und Zeitziele miteinander in Einklang zu bringen. In den beiden letzten Abschnitten wurde gezeigt, dass für eine erfolgreiche Produktentwicklung eine systematische, auf Methoden basierende Vorgehensweise und eine enge interdisziplinäre Zusammenarbeit notwendig sind. Dies erfordert als Klammer und „Treiber“ eine geeignete Vorgehensweise. Die Frage ist nun, welches die jeweils geeignetste Vorgehensweise zur Bearbeitung einer Entwicklungsaufgabe ist?

Welche Vorgehensweise zur Bearbeitung zum Einsatz kommt, hängt sehr stark von der Aufgabenstellung als solcher ab. Prinzipiell lassen sich die folgenden Vorgehensweisen unterscheiden:

- *Arbeitsplan:* Die Entwicklungsaufgabe wird nach einem festgelegten Arbeitsplan bearbeitet, der die einzelnen Schritte zur Entwicklung des Produktes klar definiert. Diese Vorgehensweise eignet sich besonders für häufig wiederkehrende, einfache Entwicklungsaufgaben.

- *Projektmanagement:* Hierbei wird die Bearbeitung der Entwicklungsaufgabe mit den Methoden des Projektmanagements geplant und durchgeführt. Diese Vorgehensweise eignet sich besonders für Entwicklungsaufgaben, die einen hohen Neuigkeitsgrad besitzen und deutlich von anderen Entwicklungsaufgaben abweichen.
- *Agiles Vorgehen:* Diese Vorgehensweise ist besonders für Entwicklungsaufgaben geeignet, bei denen sich die Aufgabenstellung, die Anforderungen und/oder die Rahmenbedingungen während der Bearbeitung verändern.

Allerdings gibt es keine strengen Kriterien, wann welche Vorgehensweise zu wählen ist. Als Orientierungshilfe kann die in **Bild 3.16** dargestellte Klassifizierung dienen. Dabei werden die Entwicklungsaufgaben durch die zwei Merkmale Komplexität und Dynamik der Veränderungen während der Bearbeitung der Entwicklungsaufgabe unterschieden. Die dargestellte Klassifizierung lehnt sich dabei an die in [Ulrich und Probst, 1990] beschriebenen Bausteine eines ganzheitlichen Denkens, den in [Snowden und Boone, 2007] beschriebenen Ansatz zur Entscheidungsfindung im Management sowie die Beschreibung der Systemkomplexität in [Engeln, 2019] an.

Klar ist, dass sich hier keine harten Grenzen festlegen lassen, wann welche Vorgehensweise den besten Erfolg bringt und zwischen den einzelnen Klassen in Bild 3.16 gibt es Übergangebereiche. Wichtig ist, dass die gewählte Vorgehensweise zum Entwicklungsteam und der Unternehmenskultur passen muss.

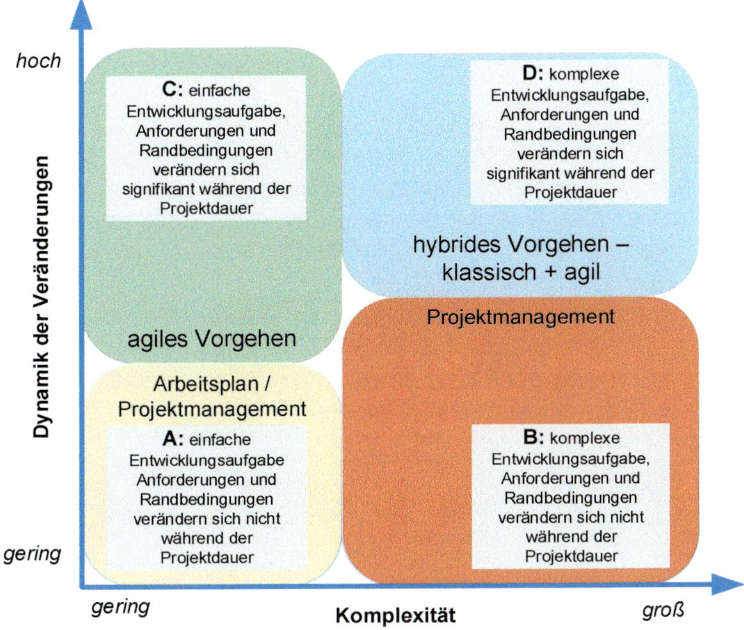

Bild 3.16: Auswahl einer geeigneten Vorgehensweise zur Bearbeitung einer Entwicklungsaufgabe

3.6.3.1 Projekte – Definition und Merkmale

Ein Projekt ist nach [DIN 69901-5, 2009] definiert als:

„Vorhaben, das im Wesentlichen durch Einmaligkeit der Bedingungen in ihrer Gesamtheit gekennzeichnet ist“ [DIN 69901-5, 2009]

Wichtige Merkmale, die ein Projekt kennzeichnen sind:

- Zielvorgabe
- Zeitvorgabe
  Die Aufgabenstellung ist zeitlich befristet. Anfangs- und Endtermin sind vorgegeben.
- Einmaligkeit/Neuartigkeit der Aufgabenstellung
- Die Gesamtaufgabe besteht aus einer Anzahl verschiedenartiger, untereinander verbundener und voneinander abhängiger Teilaufgaben, die zumeist eine fachübergreifende Zusammenarbeit erfordern.
- Ressourcenbegrenzung
  Erforderliche Ressourcen wie Kapital, Mitarbeiter, Maschinen, ... sind nur begrenzt verfügbar.
- Risiko
  Aufgrund ihrer Einmaligkeit der Aufgabenstellung sind Projekte zwangsläufig risikobehaftet.

Diese Projektdefinition ist wichtig, da sie es erlaubt, zwischen wirklichen Entwicklungsprojekten und zwischen sich wiederholenden, immer wieder ähnlichen Entwicklungsaufgaben zu unterscheiden, welche nicht die Merkmale eines Projektes besitzen.

Welche Vorgehensweise zur Bearbeitung einer Entwicklungsaufgabe am besten geeignet ist, hängt sehr stark von der spezifischen Aufgabenstellung ab. Nicht zwangsläufig folgt aus der Festlegung einer Entwicklungsaufgabe als Projekt auch das Vorgehen nach dem klassischen Projektmanagement.

Grundsätzlich muss eine Entwicklungsorganisation so aufgestellt sein, dass sie flexibel und schnell zwischen unterschiedlichen Vorgehensweisen wechseln kann. Und dazu gehört auch die Fähigkeit, innerhalb eines Entwicklungsprojektes Vorgehensweisen anzupassen, wenn es die Rahmenbedingungen erfordern.

Was die Methoden zur Produktentwicklung anbelangt, so sind diese nicht an spezifische Vorgehensweisen gebunden, können also bei unterschiedlichen Vorgehensweisen genutzt werden.

3.6.3.2 Agiles Vorgehen

Heute passen die üblichen Vorgehensweisen bei der Produktentwicklung nicht mehr zu vielen Entwicklungsaufgaben. Bedingt durch dynamische Veränderungen im Umfeld der Unternehmen und in den Unternehmen selbst und bei der Entwicklungsaufgabe sind andere, agile Vorgehensweisen notwendig.

Die Forderung nach anderen Vorgehensweisen bei den Entwicklungsabläufen hin zu agilem Vorgehen ist nicht neu. Bereits 1986 forderten Takeuchi und Nonaka in „The New New Product Development Game" [Takeuchi und Nonaka, 1986] eine Veränderung der Vorgehensweise bei der Produktentwicklung. Die beiden Autoren beschreiben darin die Notwendigkeit, dass die Produktentwicklung deutlich dynamischer werden muss, um die gegebenen Herausforderungen zu meistern. Ihren Ansatz lehnten sie damals ans Rugby an und nutzen aus dieser Sportart auch den Begriff SCRUM.

In [Scheller, 2017] wird in Anlehnung an [Sidky, 2015] Agilität als „Mindset" beschrieben. Dabei wird unterschieden in „agil sein" und in „agil machen". Ersteres bedeutet die Werte und Prinzipien der Agilität in die eigene Handlungsweisen und Denkmuster zu übernehmen, damit einhergehend ist der zweite Punkt „agil machen", wobei Agilität als Tool begriffen wird, **Bild 3.17**. Darunter fallen die agilen

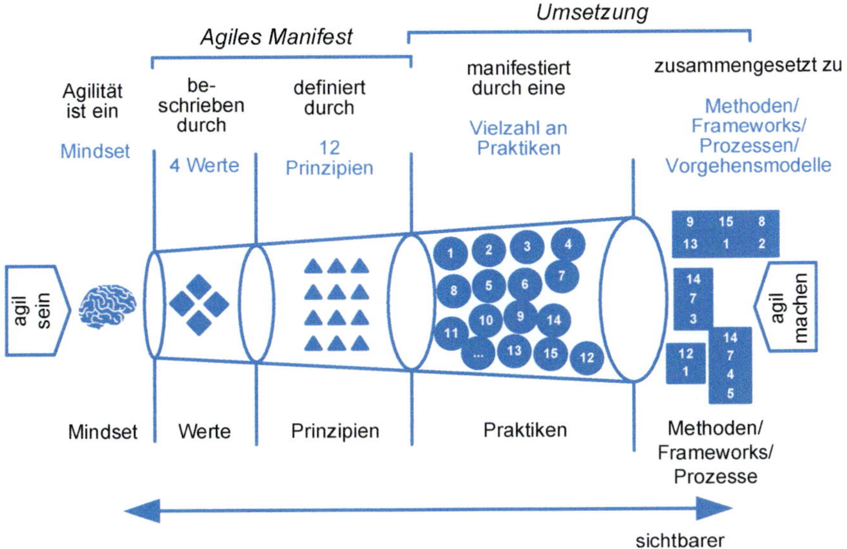

Bild 3.17: Agilität – vom Mindset zu den Methoden, Frameworks, Prozessen, Vorgehensweisen [Engeln, 2019] in Anlehnung an [Scheller, 2017]

Praktiken und Methoden, wie z. B. SCRUM, Extreme Programming oder auch Crystal, anhand derer Agilität im Unternehmen nicht nur eine Denkart bleibt, sondern das nötige Werkzeug für die Umsetzung bietet.

3.6.3.3 Projektmanagement

Die beiden wichtigsten Elemente des Projektmanagements sind

- die Projektplanung in der Vorphase und
- das Projektcontrolling während des laufenden Projektes.

Die Projektplanung umfasst die

- klare Zieldefinition für das Entwicklungsprojekt,
- Strukturierung des Projektes und Darstellung in einem Projektstrukturplan,
- Festlegung von Meilensteinen mit klar formulierten Zielen, die an diesen Meilensteinen erreicht sein müssen,
- Ressourcen- und Kostenplanung,
- Zeitplanung für das Projekt und Darstellung in Form eines Balkendiagramms oder Netzplans, wobei die entsprechenden Meilensteine einzutragen sind.

Bereits in der Planungsphase, bevor die eigentliche Projektarbeit beginnt, werden häufig Fehler gemacht, die zum Misserfolg des Projektes führen. Dazu zählen eine nicht ausreichende Ressourcenausstattung des Projektes, eine zu optimistische Zeitplanung oder ungenügende Detailkenntnisse über die im Projekt durchzuführenden Arbeiten.

Wird die Projektplanung mit Festlegung der Projektstruktur, des Kosten- und Zeitplans (**Bild 3.18**) meist noch durchgeführt, so fehlt häufig im Projekt selbst ein straffes Projektcontrolling, welches dafür sorgt, dass die Sach-, Zeit- und Kostenziele auch erreicht werden. Dabei umfasst das Projektcontrolling, wie mit dem Begriff Controlling zum Ausdruck gebracht wird, sowohl die Überwachung der Projektaktivitäten als auch die aktive Steuerung des Projektes. Gerade die heute vielfach mit externen Dienstleistern und Zulieferern vernetzte Entwicklung von Produkten stellt eine besondere Herausforderung für das Projektcontrolling dar. Außerdem führen Veränderungen der Projektpriorität während der Entwicklung und nicht getroffene oder unklare Entscheidungen im Verlaufe des Projektes vielfach dazu, dass Ziele nicht oder nur ungenügend erreicht werden.

Ein Ansatz des unternehmensübergreifenden Projektmanagements ist das in der Automobilindustrie eingesetzte und in [Hab und Wagner, 2017] beschriebene „Cross-Company-Collaboration-Projektmanagement“, abgekürzt als „C3PM“ bezeichnet.

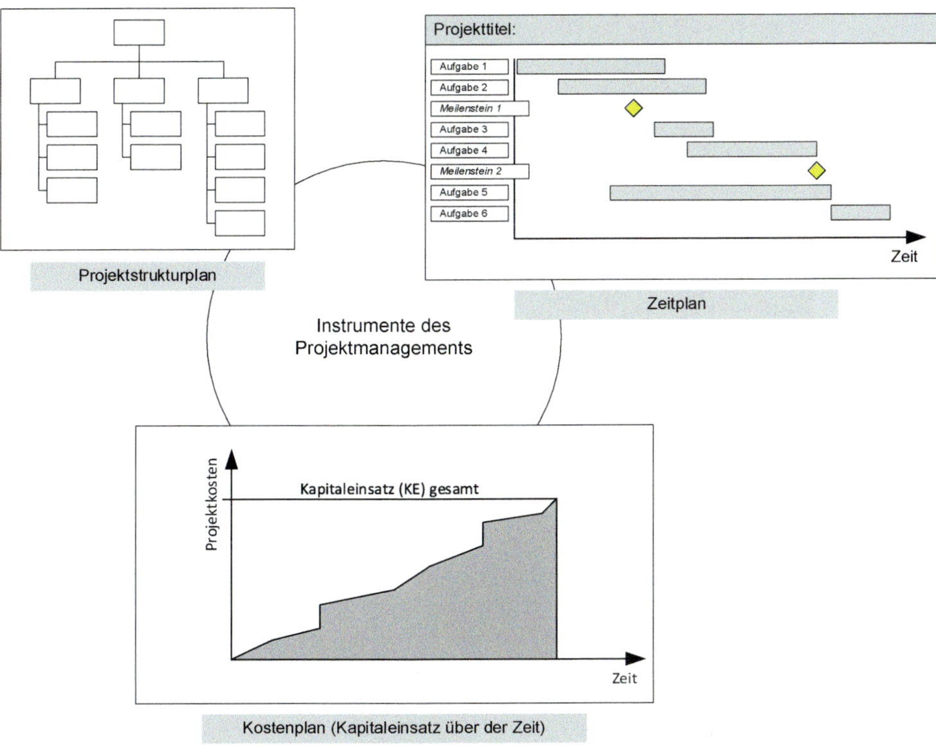

Bild 3.18: Instrumente des Projektmanagements als Basis für die Überwachung und Steuerung eines Entwicklungsprojektes

Für eine weiterführende und ausführliche Darstellung des Themas Projektmanagement sei hier auf entsprechende Fachliteratur hingewiesen, so beispielsweise [Boy et al., 2003] oder [Diethelm und Bernhard, 2000-2001]. In [Lörz und Techt, 2015] wird der etwas andere Ansatz des Projektmanagements beschrieben, das „Critical Chain"-Projektmanagement. Der Ansatz ist leider noch wenig verbreitet in der Praxis, bietet aber Lösungsansätze für die Unzulänglichkeiten des klassischen Projektmanagements. Kernelement dieses Ansatzes sind mögliche Engpässe in einem Projekt.

Häufig wird heute jegliche Entwicklungsarbeit als Projekt definiert und bearbeitet. Das führt dann zu einer großen Anzahl von parallel zu bearbeitenden Projekten. Entsprechend arbeiten die Mitarbeiter gleichzeitig in mehreren Projektteams. Die teamorientierte Arbeitsweise erfordert Zeit für Teambesprechungen. Dadurch, dass die Mitarbeiter gleichzeitig in mehreren Projektteams mit vielleicht wöchentlicher Projektsitzung arbeiten, fehlt ihnen häufig die Zeit für die eigentliche Entwicklungsarbeit. Darunter leidet dann die Qualität des zu entwickelnden Produktes.

Jedes Unternehmen ist bei der Produktentwicklung deshalb gut beraten,

- sich auf die wirklich wichtigen Entwicklungsprojekte zu konzentrieren. Dazu bedarf es einer systematischen Bewertung und Auswahl der Entwicklungsprojekte.
- eine klare Priorität der Projekte festzulegen und diese auch über einen längeren Zeitraum beizubehalten.
- Entwicklungsprojekte, die keine hohe Priorität besitzen, zu streichen oder an externe Dienstleister zu vergeben.

Nur so ist ein Unternehmen in der Lage, Projektmanagement sinnvoll und erfolgreich zu nutzen und Produkte mit hoher Qualität und klar erkennbarem Kundennutzen zu realisieren!

3.6.3.4 Hybride Vorgehensweisen

Hybride Vorgehensweisen nutzen Elemente des agilen Vorgehens und des klassischen Projektmanagements. Diese Vorgehensweisen sind besonders für Entwicklung komplexer Produkte geeignet, die aus einer großen Anzahl verschiedener Elemente, wie mechanischen und elektronischen Elementen sowie Software bestehen. Ein rein agiles Vorgehen ist bei diesen Produkten häufig nicht möglich, da die Entwicklung und notwendige Absicherung einzelner Elemente eine längere Arbeitsphase und die Nutzung spezifischer Werkzeuge verlangt. Beispiel einer möglichen hybriden Vorgehensweise sind die in [Engeln, 2014] vorgestellten Spurts (Bild 3.19). Diese werden bewusst als Spurts bezeichnet, um die hybride Vorgehensweise von agilen Vorgehensweisen wie SCRUM zu unterscheiden.

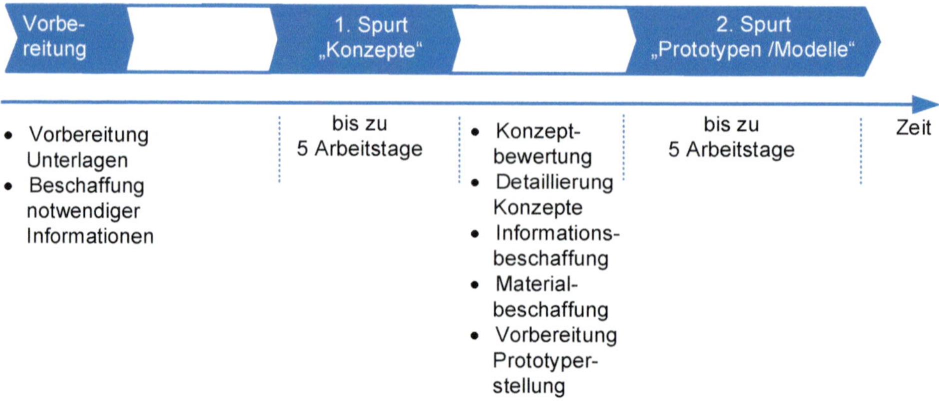

Bild 3.19: Zeitliche Abfolge eines Spurts in der Produktentwicklung

Spurts können dabei zur Bearbeitung unterschiedliche Aufgabenstellungen innerhalb eines Entwicklungsprojekts genutzt werden, so beispielsweise zur Klärung der Kundenanforderungen, zur Erarbeitung von Lösungsideen, zur Konzepterstellung. Andere Aufgabenstellungen werden bei einer solchen Vorgehensweise wiederum unter Nutzung des klassischen Vorgehens bearbeitet.

4 Wettbewerbsstrategie und Produktentwicklung

4.1 Ziele des Unternehmens

Die Produkte eines Unternehmens sind wesentliche Elemente zur Umsetzung seiner Wettbewerbsstrategie. Aus diesem Grund muss die Wettbewerbsstrategie bei der Entwicklung eines Produktes unbedingt Berücksichtigung finden, da sie wesentliche Randbedingungen für die Produktentwicklung festlegt. Sie hat sowohl Einfluss auf die Gestaltung des Entwicklungsprozesses wie auch auf die Entwicklung des Produktes als solches.

Was versteht man nun unter der Wettbewerbsstrategie? Die Wettbewerbsstrategie ist ein wichtiges Element der Unternehmensstrategie. In dieser legt das Unternehmen fest, wie es seine Ziele erreichen möchte. Die Unternehmensziele werden durch die Interessengruppen im Unternehmen bestimmt. Diese Interessengruppen, auch als Anspruchsgruppen bezeichnet, formulieren Ansprüche an das Unternehmen, aus denen sich dann die Unternehmensziele ableiten. Zu den Anspruchsgruppen zählen:

- Eigentümer (Einzelunternehmer, Gesellschafter, Aktionäre)
- Fremdkapitalgeber (Banken, Beteiligungsgesellschaften, Risikokapitalgeber)
- Mitarbeiter
- Kunden und Lieferanten
- Unternehmensumwelt (allgemeine Öffentlichkeit).

Die formulierten Ansprüche der einzelnen Gruppen können sehr unterschiedlich, ja sogar widersprüchlich, sein, was sich letztlich dann auch auf die Produktentwicklung auswirkt.

4.2 Optionen der Wettbewerbsstrategie und deren Einfluss auf die Produktentwicklung

Die Wettbewerbsstrategie beschreibt das Verhalten des Unternehmens am Markt mit dem Ziel, sich Vorteile gegenüber den Wettbewerbern zu verschaffen, um so seine Unternehmensziele zu erreichen.

Die prinzipiellen Optionen zur Schaffung von Wettbewerbsvorteilen sind:

- Schaffung von Kostenvorteilen
- Schaffung von Leistungsvorteilen.

Diese können abzielen auf:

- Abdeckung des Gesamtmarktes
- Abdeckung eines Erfolg versprechenden Teilmarktes (Marktsegment).

Daneben muss sich ein Unternehmen mit Blick auf die Produktentwicklung auch darüber klarwerden, welche Rolle es im Markt spielen möchte. Möchte das Unternehmen eher den Markt bestimmen und als Motor von Veränderungen auftreten (Pionier) oder sieht es seine Rolle eher darin, auf Veränderungen des Marktes zu reagieren (Konformist), wie im Kapitel 4.4 beschrieben? Die Entscheidung für eine der Positionen spielt stark in die Gestaltung der Entwicklungsprozesse in einem Unternehmen hinein und beeinflusst direkt die Entwicklung eines Produktes.

4.3 Schaffung von Wettbewerbsvorteilen

Die Schaffung von Wettbewerbsvorteilen für das eigene Produkt kann nach [Porter, 2008] durch die in **Bild 4.1** dargestellten Merkmale erfolgen. Diese wettbewerbsstrategischen Ziele sind wichtige Randbedingungen für die Arbeit der Produktentwicklung. Die darin genannten Ziele lassen sich nur durch eine entsprechende Gestaltung der Produkte und damit eine entsprechende Arbeit der Produktentwicklung erreichen.

Bei den Wettbewerbsvorteilen durch Kostenführerschaft versucht das Unternehmen der kostengünstigste Anbieter zu sein. Dazu müssen die Herstellkosten des Produktes entsprechend niedrig sein, was nur durch ein geeignetes Produktkonzept, passende Produktgestaltung sowie eine darauf ausgerichtete Produktion des Produktes gelingen kann. Die Produktentwicklung muss sich im Wesentlichen auf möglichst kostengünstige Lösungen konzentrieren.

Differenzierung bedeutet, das eigene Produkt durch geeignete Merkmale unterscheidbar von denen der Wettbewerber zu machen, so dass sich für die Kunden ein erkennbarer Unterschied zwischen den Produkten ergibt. Ziel ist meist ein höherer Nutzen für die Kunden. Die Differenzierung geschieht über die Merkmale des Produktes, nicht über dessen Preis am Markt. Die gewünschte Differenzierung zu erreichen und umzusetzen, ist Aufgabe der Produktentwicklung.

Zur Differenzierung eines Produktes eignen sich prinzipiell alle in **Bild 2.4** genannten kundenrelevanten Merkmale. Die Differenzierung kann über ein einzelnes

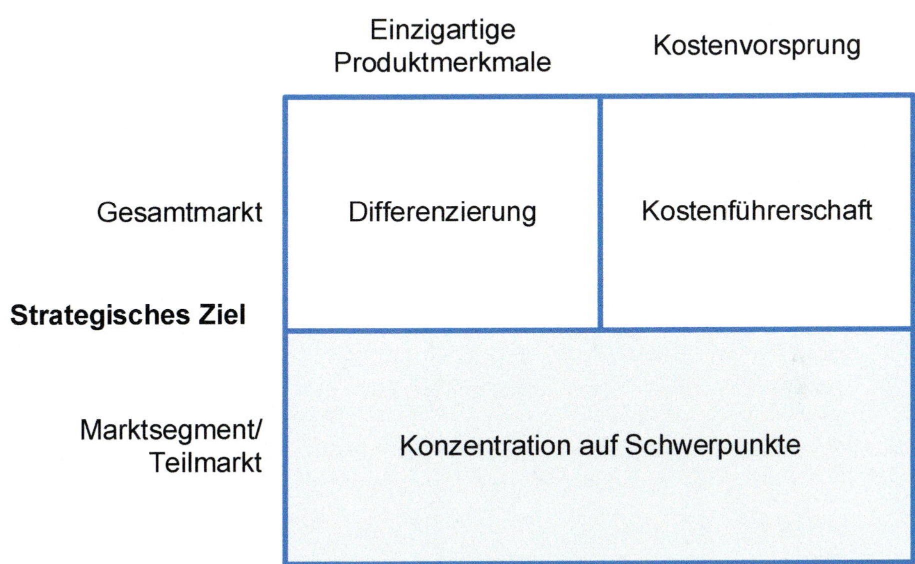

Bild 4.1: Mögliche strategische Vorteile und Ziele im Rahmen der Wettbewerbsstrategie [Porter, 2008]

Merkmal oder eine Kombination von Merkmalen erfolgen. Dabei ist unbedingt zu beachten, dass die Differenzierung für den Kunden erkennbar sein muss, denn nur so kann ein Wettbewerbsvorteil entstehen. Die Produktentwicklung muss sich bei dieser Entwicklungsaufgabe darauf konzentrieren, Lösungen zu schaffen, die sich von denen der Wettbewerber unterscheiden und für den Kunden einen Nutzenunterschied bedeuten.

Das Verhalten der Kunden hat sich in der Vergangenheit stark verändert und unterliegt auch weiterhin deutlichen Veränderungen. Dabei ist der Trend zu individuelleren Kundenbedürfnissen, ob im Business to Consumer (B2C)- oder Business to Business (B2B)-Geschäft, klar erkennbar. Das liegt wesentlich daran, dass aufgrund der Wettbewerbssituation und der Marktsättigung die meisten Märkte Käufermärkte sind und die Kunden zwischen einer Vielzahl von Alternativen wählen können. Produkte ohne Wettbewerbsprodukte sind sehr selten.

Die individuellen Bedürfnisse schlagen sich im Kaufverhalten der Kunden nieder. Jeder möchte gerne Produkte, die genau seinen Vorstellungen entsprechen. Der Gesamtmarkt teilt sich deshalb immer mehr auf in eine Vielzahl kleinerer Teilmärkte. Wettbewerbsstrategisch bedeutet dies, dass ein Unternehmen seine Produkte im Gesamtmarkt anbietet oder sich auf bestimmte Schwerpunkte konzentriert und damit nur bestimmte Marktsegmente bedient. Das Marketing befasst sich mit dieser Aufteilung des Gesamtmarktes in kleinere Teilmärkte unter dem Stichwort der Marktsegmentierung. Der Begriff der Marktsegmentierung wird wie folgt definiert:

„Unter Marktsegmentierung wird die Aufteilung eines Gesamtmarktes in bezüglich ihrer Marktreaktion intern homogene und untereinander heterogene Untergruppen (Marktsegmente) sowie die Bearbeitung eines oder mehrerer dieser Marktsegmente verstanden." [Meffert et al., 2019]

Für die Produktentwicklung ist es wichtig, mit Hilfe der Marktsegmentierung Kundengruppen zusammenzufassen, welche die gleichen Anforderungen an ein Produkt stellen. Jedes Marktsegment beschreibt also eine spezifische Zielgruppe, auf deren Bedürfnisse das Produkt zuzuschneiden ist.

Welche Merkmale eignen sich nun zur Segmentierung des Marktes? In [Meffert et al., 2019] werden folgende Segmentierungsmöglichkeiten beschrieben:

- Geographische Segmentierung – geordnet nach Zielländern, Regionen innerhalb eines Landes, etc. Diese Art der Segmentierung greift vielfach im Maschinenbau; einerseits durch unterschiedliche Kundenanforderungen, andererseits durch unterschiedliche Gesetze in den Zielmärkten.
- Branchenorientierte Segmentierung – geordnet nach unterschiedlichen Branchen, in denen die Produkte eines Unternehmens eingesetzt werden.
- Demographische Segmentierung – geordnet nach Geschlecht, Alter, Familienstand, Haushaltsgröße und Zahl der Kinder, die ein Produkt nutzen.
- Sozioökonomische Segmentierung – geordnet nach Ausbildung, Beruf und Einkommen.
- Verhaltensorientierte Segmentierung – geordnet nach dem beobachteten Verhalten bei Kaufentscheidungsprozessen, z. B. Nutzungsverhalten von Medien.
- Lifestyle Segmentierung – geordnet nach dem beobachteten Verhalten bezüglich Freizeit, Gewohnheit und psychische Variablen, Werten, allgemeinen Einstellungen, Meinungen.
- Segmentierung auf Basis von Nutzenvorstellungen – Aufteilung einer Konsumentengesamtheit in bezüglich ihrer Nutzenvorstellung hinsichtlich bestimmter Leistungen intern homogene und untereinander heterogene Marktsegmente, z. B. Nutzen einer Fernreise mit der Bahn – minimale Reisezeit, möglichst preisgünstige Reise, möglichst komfortable Reise.

Die meisten Unternehmen reagieren mit unterschiedlichen, zu den spezifischen Segmenten passenden Produkten auf die Marktsegmentierung.

homogener Markt

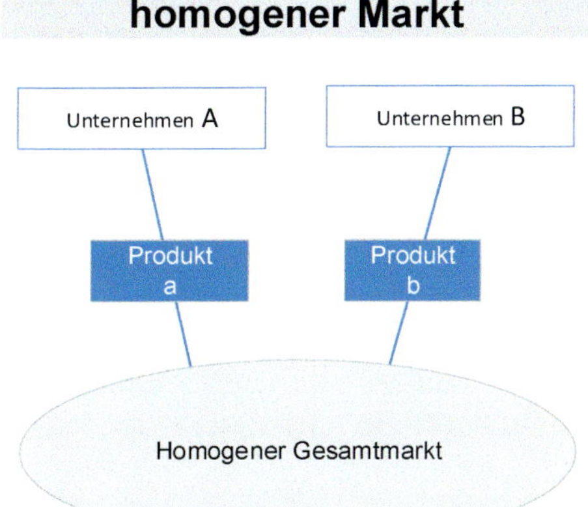

- Homogene Kundenbedürfnisse
- Produkte für einen Massenmarkt
- Vorteile gegenüber den Wettbewerbern durch ein Produkt mit klaren Preisvorteilen, besseren Eigenschaften (Produktdifferenzierung)

segmentierter Markt

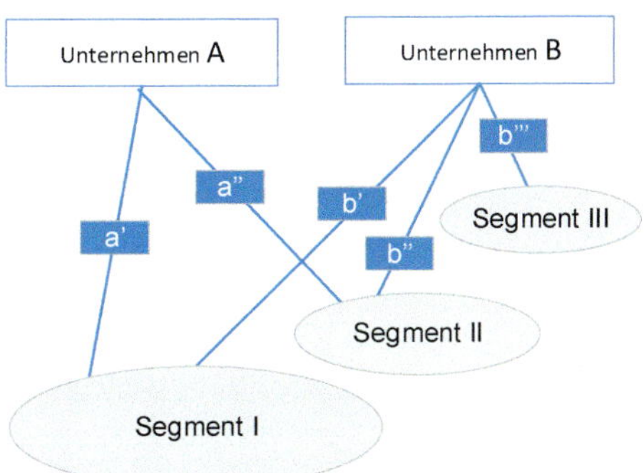

- Heterogene Kundenbedürfnisse
- Spezifische Produkte für die einzelnen Marktsegmente
- Vorteile gegenüber den Wettbewerbern durch einzigartige, segmentspezifische Produkte
- Höhere Margen mit spezifischen Produkten möglich

Bild 4.2: Merkmale eines homogenen und eines segmentierten Marktes als Anhaltspunkte für die Produktentwicklung

Das Bestreben, mit immer mehr Produktvarianten immer mehr und kleinere Marktsegmente zu bedienen, findet sich heute in fast allen Branchen. Dieses hat Auswirkungen auf die Produktentwicklung. Sie muss eine Vielzahl von Produkten und Produktvarianten entwickeln und pflegen. Die Stückzahlen, die in den einzelnen Marktsegmenten abgesetzt werden können, sind aber häufig klein. Damit muss die Investition für die Entwicklung und Produktion eines neuen Produktes reduziert werden, um überhaupt noch eine Amortisation zu erreichen.

Um die entstehenden Kosten und die steigende Komplexität aus der zunehmenden Variantenvielfalt noch beherrschen zu können, sind spezielle Ansätze bei der Produktgestaltung erforderlich, so beispielsweise die Modularisierung der Produkte, Baukastensysteme und Plattformen. Die zu erwartende weitere Individualisierung der Kundenwünsche dürfte eine der wesentlichen Herausforderungen an die Produktentwicklung in der Zukunft sein.

Eine ausführlichere Betrachtung der zunehmenden Variantenvielfalt und den damit verbundenen Herausforderungen für die Produktentwicklung findet sich im weiteren Verlauf des Buches.

4.4 Pionier oder Konformist

Eine weitere, sehr wichtige Randbedingung mit Einfluss auf die Arbeit der Produktentwicklung ist die Frage, ob das Unternehmen eher als Pionier oder als Konformist, **Bild 4.3**, im Markt auftreten möchte. Dabei kann ein Unternehmen durchaus bei unterschiedlichen Produkten unterschiedlich agieren.

Markteintrittsverhalten [Bleicher, 2011]

imitativ	Man glaubt sich in einer Wettbewerbssituation des Markt-„followers“ besser aufgehoben. Dies verlangt weniger Intensität in der Inanspruchnahme knapper Ressourcen, erscheint weniger riskant, weil man alle Fehler des Marktführers vermeiden und alle positiven Strategien nachahmen kann.

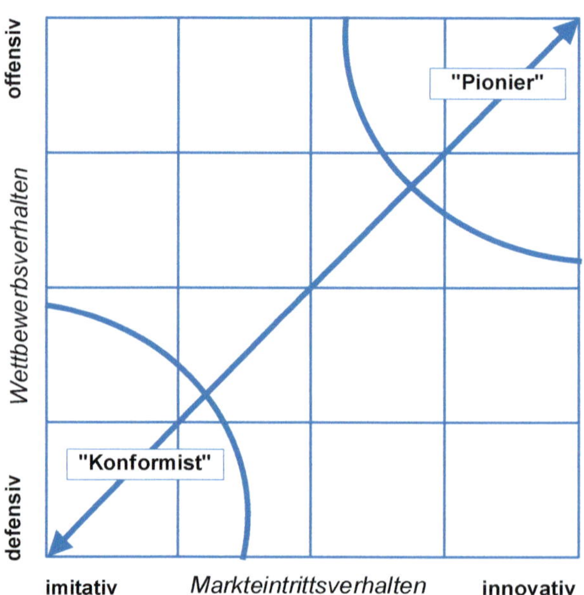

Bild 4.3: Mögliche Formen des Markteintritts- und Wettbewerbsverhaltens nach [Bleicher, 2011]

Die Pionierkosten der Leistungsentwicklung und Markteinführung können durch Nachahmung des Marktführers gesenkt werden, was allerdings durch deutlich höhere Kosten der Leistungserstellung bei geringerem Leistungsumfang gegenüber dem Marktführer teilweise kompensiert wird.

innovativ — Durch Innovationen strebt man die Marktführerschaft an, um auf diesem Wege Autonomie für das eigene Wettbewerbsverhalten zu gewinnen.

Die Innovationsstrategie wird als eine Strategie gesehen, um über niedrige Kosten (Erfahrungskurve) einen preisstrukturellen Abstand gegenüber den Wettbewerbern sicherzustellen.

Wettbewerbsverhalten [Bleicher, 2011]

defensiv — Das Verhalten der Unternehmung im Wettbewerb ist reaktiv, da man sich an den Wettbewerbsvorteilen der Konkurrenz orientiert und diese zu kopieren versucht.

Das Wettbewerbsverhalten ist in dem Sinne retrospektiv, da es sich stark nach bisher erfolgreichen Verhaltensweisen oder Wettbewerbsvorteilen richtet und auch unter zunehmendem Wettbewerbsdruck an diesen festhält.

offensiv — Das Wettbewerbsverhalten der Unternehmung ist aktiv, da Wettbewerbsstrukturen und Marktdefinitionen laufend in Frage gestellt werden.

Das Wettbewerbsverhalten ist prospektiv, da auch bisher erfolgreiche Wettbewerbsvorteile aufgegeben werden, wenn es darum geht, neue Möglichkeiten zu finden, sich von der Konkurrenz zu differenzieren.

Als Pionier agiert ein Unternehmen am Markt und ist Motor der Veränderungen, das Marktverhalten ist eher offensiv: Es werden vom Unternehmen neue, innovative Produkte entwickelt und in den Markt gebracht. Damit versucht ein Unternehmen bei den Kunden neue Bedürfnisse zu wecken. Über die geweckten Bedürfnisse schafft sich das Unternehmen seinen Markt.

Dazu zählen auch sogenannte technologieorientierte Entwicklungen, bei denen ein Unternehmen auf Basis neuer Technologien neue Produkte entwickelt, mit denen die Möglichkeiten der Technologien demonstriert werden. Aktuelle Anforderungen des Marktes spielen dabei eine untergeordnete Rolle.

Das Risiko einer solchen Entwicklung ist höher als bei der Reaktion auf Veränderungen. Dem höheren Risiko bei dieser Art der Entwicklung stehen auch größere Chancen gegenüber. Es gibt eine Vielzahl von Produktbeispielen für diese Vorgehensweise, die für die Unternehmen sehr erfolgreich waren. Erfolgreiche Beispiele aus der Vergangenheit sind der PC, 3M Post-It, Smartphones.

Im Gegensatz zum Pionier reagiert ein Konformist, auch als Follower bezeichnet, auf Veränderungen der Anforderungen von Seiten des Marktes. Sein Marktverhalten ist eher defensiv. Um auf diesem Weg erfolgreich zu sein, muss ein Unternehmen möglichst frühzeitig die Veränderungen der Anforderungen erkennen, damit Produkte entwickelt werden können, die den neuen Anforderungen gerecht werden. Dazu ist eine intensive Beobachtung der Veränderungskräfte notwendig. Sind diese Voraussetzungen erfüllt und schafft ein Unternehmen die Umsetzung der veränderten Anforderungen in neue Produkte, so ist das Risiko eines Misserfolges am Markt gering. Allerdings können ebenso alle Wettbewerber die Veränderung der Anforderungen erfassen und in Produkte umsetzen, sodass der Wettbewerbsvorteil eher klein ist. Dieser ist dann abhängig von der Geschwindigkeit, mit der ein Unternehmen die neuen Produkte in den Markt bringen kann.

Die gewählte Wettbewerbsstrategie hat Auswirkungen auf die Organisation der Produktentwicklung im Unternehmen. Pionier und Konformist brauchen andere Schwerpunkte in der Entwicklungsorganisation.

5 Produktdefinition

5.1 Anforderungen ermitteln

Anforderungen beschreiben die notwendigen Merkmale, die ein Produkt besitzen soll. Sie bilden das Fundament der Produktentwicklung. Das Entwicklungsteam hat die Aufgabe, diese Anforderungen in ein Produkt umzusetzen. Fehlerhafte oder fehlende Anforderungen führen zu einem Produkt, welches Kunden nicht zufriedenstellt, da es geforderte Merkmale nicht besitzt. Für das Unternehmen heißt das dann, dass mit dem Produkt die geplanten Ziele nicht erreicht werden können. Die genaue Klärung der Anforderungen an ein Produkt ist daher ausschlaggebend für seinen späteren Erfolg im Markt, unabhängig von der späteren Vorgehensweise bei seiner Entwicklung.

Die Softwareentwicklung kennt die Anforderungsanalyse unter dem Begriff Requirements Engineering, ein eigenständiges Thema in Forschung und Lehre. Dazu wurden dort spezielle Methoden zur Analyse der Anforderungen erarbeitet, da Fehler in Softwareprodukten in den letzten Jahren häufig zu größeren Störungen in komplexen Systemen geführt haben. Entsprechend gibt es zu diesem Thema auch eine Fülle an Literatur, beispielsweise [Bergsmann und Unterauer, 2018], [Pohl, 2010].

Die wichtigsten Merkmale eines Produktes resultieren aus den Anforderungen der Kunden, wobei mit Kunden häufig die Nutzer des Produktes gemeint sind. Zu beachten ist, dass ein Produkt durchaus sehr unterschiedliche Nutzer mit unterschiedlichen Anforderungen haben kann. Und neben den Nutzern eines Produktes gibt es bei vielen Produkten weitere Kunden, die bei der Definition der Anforderungen zu berücksichtigen sind. Dazu zählen:

- Käufer des Produktes, die nicht die späteren Nutzer sind
- Einkäufer in Unternehmen, insbesondere bei Investitionsgütern
- Vermieter, die die Produkte an die Nutzer vermieten.

Eine besondere Kundengruppe, die deshalb hier auch gesondert genannt werden soll, sind die Absatzmittler. Viele Produkte bedürfen der Absatzmittler, um zu den Kunden zu gelangen. Absatzmittler sind beispielsweise Zwischenhändler, Handelsorganisationen oder auch Handwerker, über die die Produkte letztlich zum Käufer kommen. Abhängig von der Vertriebsorganisation des Unternehmens kann es mehrere Absatzmittler zwischen Unternehmen und Kunden geben. Die Produktentwicklung muss berücksichtigen, dass Produkte auch für die Absatzmittler interessant sein müssen, damit diese die Produkte auch in ihr Programm

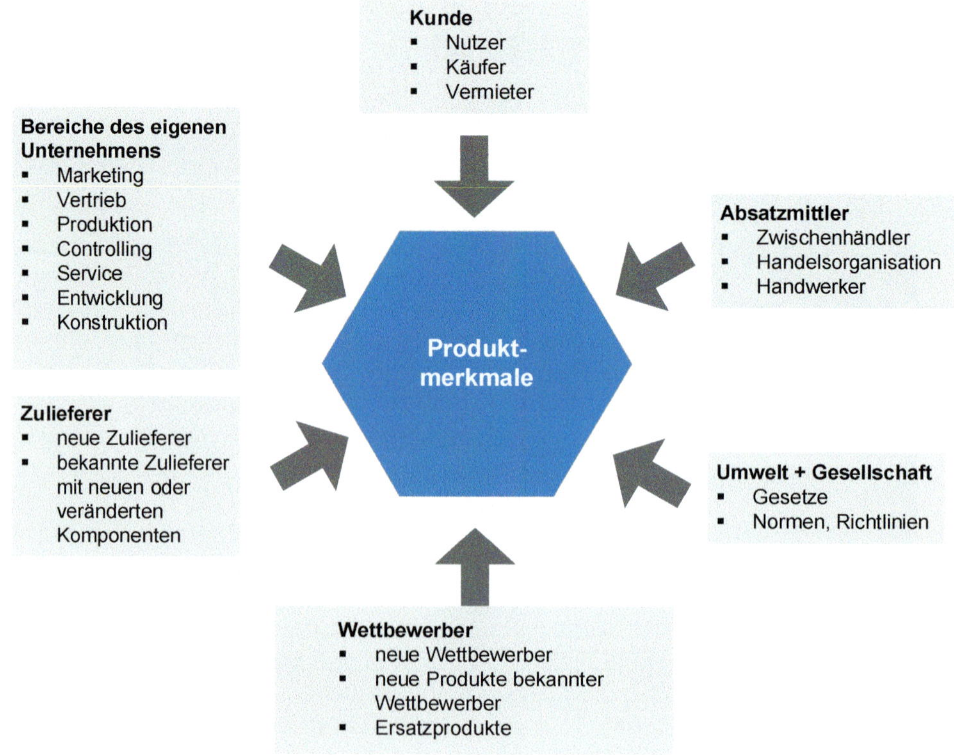

Bild 5.1: Quellen der notwendigen Merkmale eines Produktes

aufnehmen. Anforderungen der Absatzmittler sind deshalb im Rahmen der Anforderungsanalyse zu erfassen und zu berücksichtigen.

Die erforderlichen Produktmerkmale haben aber noch weitere Quellen:

- Unternehmensumwelt, welche in Form von Gesetzen und Richtlinien Anforderungen festlegt. Beispiele dafür sind Produkthaftungsgesetz, Maschinensicherheitsrichtlinie, EMV-Vorschriften, Abgasvorschriften, Rücknahmeverpflichtung für Altprodukte
- Wettbewerber, die neue Produkte in den Markt bringen, deren Merkmale wiederum Merkmale für das eigene neue Produkt definieren
- Zulieferer, deren Komponenten Merkmale des eigenen Produktes definieren, so beispielsweise Leistungsmerkmale, Einbauraum oder Schnittstellen
- Bereiche des eigenen Unternehmens, wie Marketing, Vertrieb, Produktion, Controlling, Service, Entwicklung und Konstruktion, die Merkmale für das neue Produkt vorgeben.

Wichtig für die Produktentwicklung ist an dieser Stelle die Frage, wie die notwendigen Produktmerkmale und die sie beschreibenden Anforderungen ermittelt werden können.

5.1.1 Beschreibung der Anforderungen

Entsprechend den Merkmalen eines Produktes lassen sich die Anforderungen unterteilen in solche an

- die praktischen Funktionen eines Produktes,
- die Ästhetik und Ergonomie eines Produktes,
- die physikalischen, chemischen und biologischen Eigenschaften eines Produktes,
- das erweiterte Produkt.

Die Beschreibung einer Anforderung erfolgt grundsätzlich in der Form:

Anforderung + Ausprägung

Die Anforderung selbst sind kurz und mit eindeutiger Formulierung zu beschreiben, sodass diese für alle später an der Entwicklung Beteiligten verständlich sind. Mit der Ausprägung wird eine zur Anforderung gehörige, verifizierbare Größe festgelegt, anhand derer die Erfüllung der Anforderung während der Entwicklung oder am fertigen Produkt überprüft werden kann.

Beispiele:

- Geringes Gewicht / <= 10 kg
- Geringer Drift eines Messwertes / ±0,1% innerhalb von 30 Tagen

Die Ausprägungen einzelner Anforderungen können, je nach Kunde oder Marktsegment, unterschiedlich sein.

Eine Anforderung ohne zugehörige Ausprägung ist nicht überprüfbar und lässt Raum für Interpretationen, unnötige Diskussionen und falsche Entscheidungen im Entwicklungsprojekt. Problematisch kann die Beschreibung der Ausprägung bei ergonomischen aber insbesondere ästhetischen Anforderungen werden, da sich diese meist nicht durch überprüfbare Zahlenwerte beschreiben lassen.

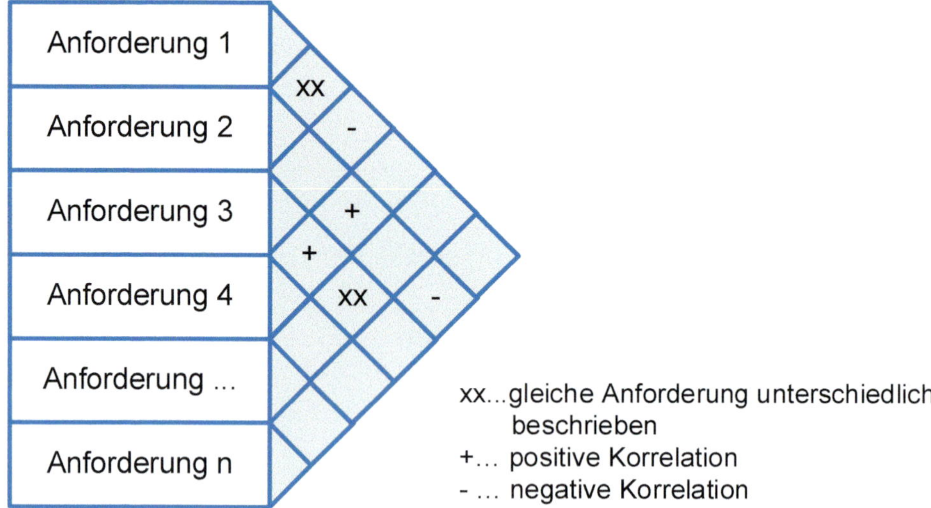

Bild 5.2: Analyse der gegenseitigen Abhängigkeit von Anforderungen

Da die Anforderungen die Basis der Entwicklung eines Produktes bilden und nur die vollständige und korrekte Analyse der Anforderungen später auch zu einem guten Produkt führt, muss die Analyse systematisch durchgeführt werden. Ein hilfreicher Ansatz wird dazu in [Saatweber, 2018] beschrieben.

Sind die Anforderungen beschrieben, so ist deren gegenseitige Abhängigkeiten zu untersuchen. Die Anforderungen an ein Produkt müssen daraufhin untersucht werden,

- ob sie sich gegenseitig bedingen,
- ob sie unabhängig voneinander sind und so auch unabhängig voneinander bearbeitet werden können,
- ob eine Anforderung die Voraussetzung für eine andere Anforderung ist,
- ob sie sich widersprechen,
- ob nicht ein und dieselbe Anforderung, nur unterschiedlich beschrieben, mehrfach in der Anforderungsliste auftaucht.

Insbesondere der letzte Punkt ist wichtig, da durch die Mehrfachnennung einer Anforderung diese bei der nachfolgenden Anforderungsgewichtung überproportional viel Gewicht erhalten und so die Entwicklung in eine falsche Richtung beeinflussen würde.

Die Abhängigkeit der Anforderungen lässt sich, wie in **Bild 5.2** gezeigt, darstellen. Dabei wird gekennzeichnet, welche Anforderungen eine Abhängigkeit besitzen.

Die wichtigste Aufgabe besteht nun darin, Anforderungen, die unterschiedlich beschrieben mehrfach in der Liste zu finden sind, auf eine Anforderung zu reduzieren. Zudem sind Anforderungen zu identifizieren, die sich gegenseitig widersprechen. Des Weiteren kann gekennzeichnet werde, ob und wie sich Anforderungen gegenseitig beeinflussen. Gibt es eine positive oder eine negative Korrelation zwischen den Anforderungen. Bei einer positiven Korrelation führt die Verbesserung der Ausprägung einer Anforderung gleichzeitig auch zu einer Verbesserung bei der anderen Anforderung, bei einer negativen Korrelation zu einer Verschlechterung.

5.1.2 Kundenanforderungen

Zur Ermittlung der Kundenanforderungen gibt es eine Vielzahl unterschiedlicher Ansätze. Nachfolgend sollen einige davon erläutert werden. Dabei sollen sowohl etabliert klassische Ansätze wie die Marktforschung betrachtet werden, wie auch Ansätze, die insbesondere im Zusammenhang mit neuen Vorgehensweisen, agiler Produktentwicklung, angewendet werden.

Der Art des Kontaktes zwischen dem Unternehmen und seinen Kunden ist eng mit der Produktionsmenge des Produktes verbunden (**Bild 5.3**). Im Sondermaschinen- und Anlagenbau wird häufig ein Produkt nur einmal für einen spezifischen Kunden hergestellt. Der Kontakt zwischen dem Hersteller und dem Kunden ist sehr eng, häufig erstellt der Kunde ein Lastenheft, auf dem dann die Produktentwicklung ihre Arbeiten aufbauen kann. Direkte Kontakte zwischen dem Kunden und den Entwicklern sind meist die Regel.

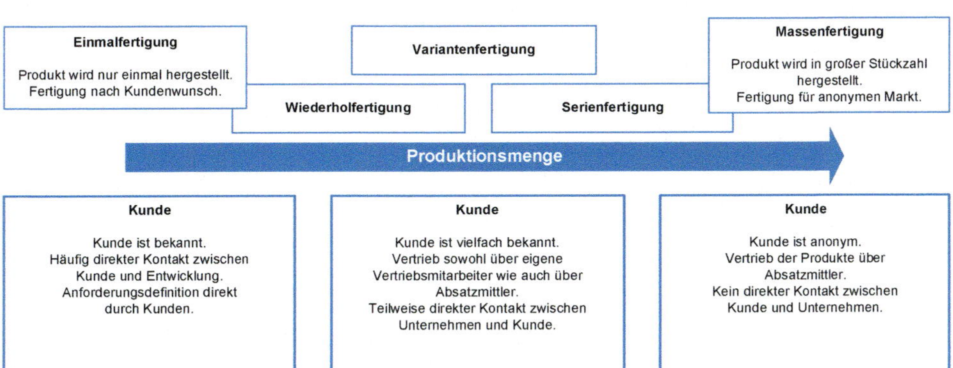

Bild 5.3: Kundenkontakt der Entwicklung abhängig von der Produktionsmenge des Produktes

Das andere Extrem ist die Massenfertigung eines Produktes, beispielsweise bei Mobiltelefonen oder Personenwagen. Hier gibt es im Normalfall keinen direkten Kontakt zwischen den Kunden und dem Unternehmen, der Vertrieb der Produkte erfolgt über Absatzmittler (Groß- und Einzelhandel). Um in diesem Fall die Kundenwünsche zu erfassen und in ein neues Produkt umzusetzen, werden die Methoden der Marktforschung benötigt.

Trotz des Wissens über die zentrale Bedeutung der Kundenanforderungen für den späteren Erfolg eines Produktes im Markt, besteht in vielen Entwicklungsbereichen ein deutliches Defizit beim Wissen über die Kunden und deren Anforderungen.

5.1.2.1 Marktforschung

Die Methoden der Marktforschung lassen sich generell in die Primär- und die Sekundärerhebung unterteilen, **Bild 5.4**:

- Sekundärerhebung: Diese greift auf bereits vorhandenes Datenmaterial über den relevanten Markt in Form von Statistiken zurück, wobei amtliche Statistiken, Statistiken von Verbänden, Verlagen, Instituten und innerbetriebliche Daten verwendet werden. Anforderungen an neue Produkte werden durch die Auswertung der vorhandenen Daten definiert. Die Sekundärerhebung liefert allerdings eher globale Aussagen zu neuen Produkten.
- Primärerhebung: Bei der Primärforschung werden direkt Informationen von dem für das Produkt relevanten Personenkreis eingeholt. Dabei kommen drei Hauptmethoden bei der Primärerhebung zum Einsatz: die Beobachtung, die Befragung und das Experiment.

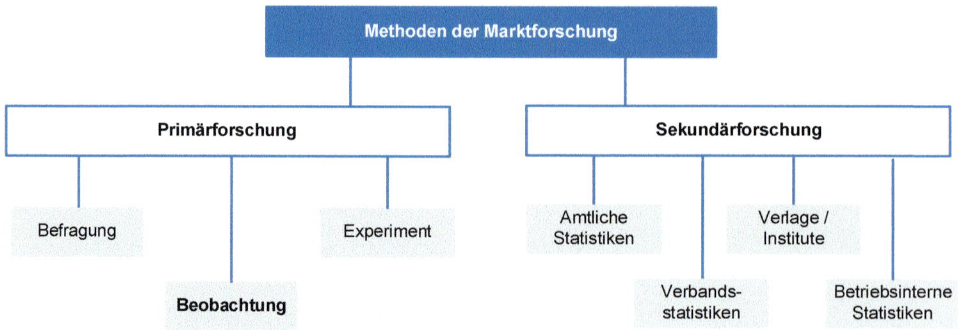

Bild 5.4: Gliederung der Methoden der Marktforschung

Innerhalb der Primärforschung kommen folgende Methoden zur Anwendung:

- *Beobachten:* Beobachtung von sinnlich wahrnehmbaren Sachverhalten wie z. B. physischen Aktivitäten, Verhaltensweisen. Die Beobachtung des Kunden beim alltäglichen Umgang mit Geräten, Maschinen und Anlagen liefert wertvolle Informationen über deren Nutzung und deren Mängel. Zudem können so Probleme und Schwachpunkte vorhandener Lösungen erkannt werden, die der Kunde selbst nicht bewusst erlebt, und deshalb bei der Befragung auch nicht nennen würde. Das Beobachten von Kunden / Nutzern kann als eine der verlässlichsten Methoden angesehen werden, um Anforderungen an zukünftige Produkte zu ermitteln und bestehende Produkte weiterzuentwickeln. Deshalb sollten auch Mitarbeiter der Produktentwicklung regelmäßig die Gelegenheit nutzen, sich vor Ort bei Kunden den Umgang mit den eigenen Produkten oder denen der Wettbewerber anzusehen.
- *Befragen:* Befragen ist die wohl bekannteste Methode der Primärerhebung. Dabei kann die Befragung mittels persönlicher Interviews, telefonisch, schriftlich oder online übers Internet durchgeführt werden.
- *Experiment:* Dabei handelt es sich um eine wiederholbare, unter kontrollierten, vorher festgelegten Bedingungen durchgeführte Versuchsanordnung. Zwischen Beobachtung und Experiment gibt es einen fließenden Übergang.

Eine ausführliche Darstellung des Themas Marktforschung findet sich u. a. in [Meffert et al., 2019] und [Salcher, 1995].

5.1.2.2 Lead User

Der Lead User-Ansatz wurde durch von Hippel [von Hippel, 1988] entwickelt. Lead User sind eine spezifische Gruppe von Kunden, die aufgrund ihrer Nutzung der Produkte sehr früh einen Bedarf an Produkten mit neuen Merkmalen haben, **Bild 5.5**.

Lead User unterscheiden sich durch folgende Merkmale vom Großteil der anderen Kunden. Sie

- sind mit den heutigen Lösungen unzufrieden,
- sind in der Lage, eine genaue Einschätzung ihrer Bedürfnisse zu liefern,
- sind meist einem hohen Effizienzdruck bei der Produktnutzung ausgesetzt,
- entwickeln Bedürfnisse Monate oder Jahre früher als die Masse der Kunden,
- verfügen über überdurchschnittliches Produktwissen und
- verfügen über ein hohes Potenzial, um kreative Produktideen zu entwickeln.

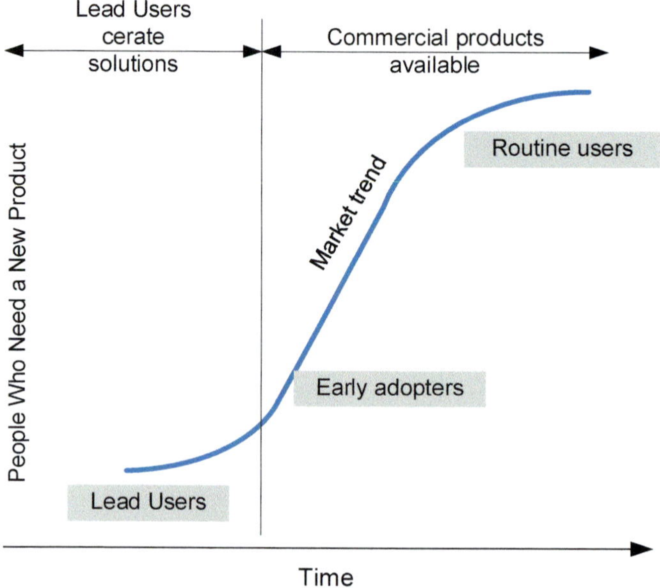

Bild 5.5: Unterschiedliche Nutzer und ihr Bedarf an neuen Produkten [von Hippel et al., 1999]

Lead User stellen somit eine besondere Quelle zur Formulierung von Anforderungen an zukünftige Produkte dar. Die Schwierigkeit besteht in der Regel darin, die Lead User unter den potenziellen Kunden des neuen Produktes zu finden. Lead User unter den Bestandskunden des Unternehmens zu finden, setzt einen sehr intensiven Kontakt mit den Kunden voraus, um zu erkennen, welche davon tatsächliche Lead User sind. In [von Hippel et al., 2009] wird dazu der Ansatz des Pyramiding beschrieben (**Bild 5.6**), der nachfolgend kurz erläutert werden soll.

Der Pyramiding-Ansatz nutzt die Tatsache, dass sich Nutzer von Produkten doch häufig untereinander kennen. Solche sozialen Netze gibt es unter den unterschiedlichsten Gruppen von Nutzern, seien es private oder professionelle Nutzer. Die Nutzer tauschen sich häufig untereinander aus und kennen so die Nutzung des Produktes durch die jeweils anderen. Medien wie das Internet haben diesen Austauschen deutlich erleichtert und sehr viel schneller gemacht. Ausgangspunkt bei Pyramiding ist die Befragung eines beliebigen Nutzers aus dem Netzwerk. Die Befragung hat das Ziel, Nutzer zu identifizieren, die auch Sicht des Befragten die genannten Charakteristika eines Lead User erfüllen. Im nächsten Schritt wird dann der vom Befragten genannte Nutzer befragt. Schritt für Schritt tastet man sich so an den oder die Nutzer heran, welche die Kriterien am besten erfüllen.

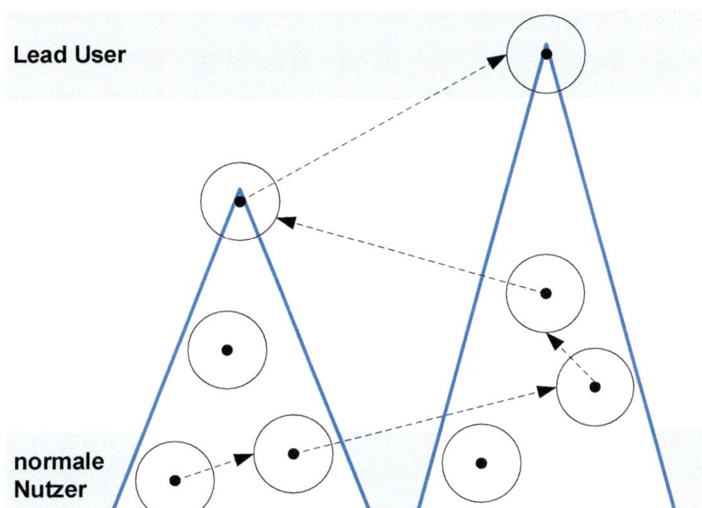

Bild 5.6: Pyramiding als Ansatz zur Suche nach Lead Usern, in Anlehnung an [von Hippel et al., 2009]

Sind Lead User gefunden, so ist es wichtig, diese sehr früh in den Entwicklungsprozess einzubinden. Eine eher späte Einbindung, beispielsweise im Rahmen einer Prototypenvorstellung, wie sie in den klassischen Abläufen häufig zu finden ist, ist kein Lead User-Ansatz und nutzt nicht das Potenzial der Lead User.

Weitere Informationen zum Lead User-Ansatz finden sich in einer übersichtlichen Zusammenfassung in [Wagner und Piller, ca. 2010].

5.1.2.3 Szenario-Technik

Einen weiteren Ansatz, die Bedürfnisse der Kunden in der Zukunft zu ermitteln bietet die Szenario-Technik, siehe [Fink et al., 2002], [Wilms, 2006]. Sie erlaubt einen Blick in eine weitere Zukunft, der mit anderen Methoden, beispielsweise der Marktforschung, nur schwer möglich ist.

Die Szenario-Technik versucht, ein möglichst klares Bild über die zukünftige Umwelt des Unternehmens und der Kunden zu erzeugen. Hierzu werden die für das Unternehmen nicht lenkbaren Umweltparameter gemeinsam betrachtet und verschiedene mögliche Szenarien für deren Entwicklung in der Zukunft beschrieben

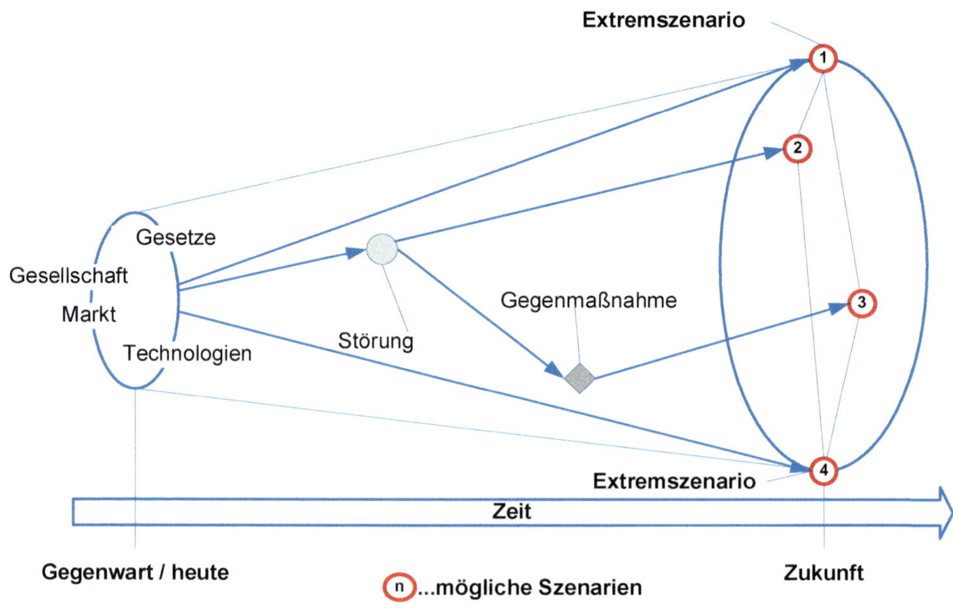

Bild 5.7: Szenario-Trichter

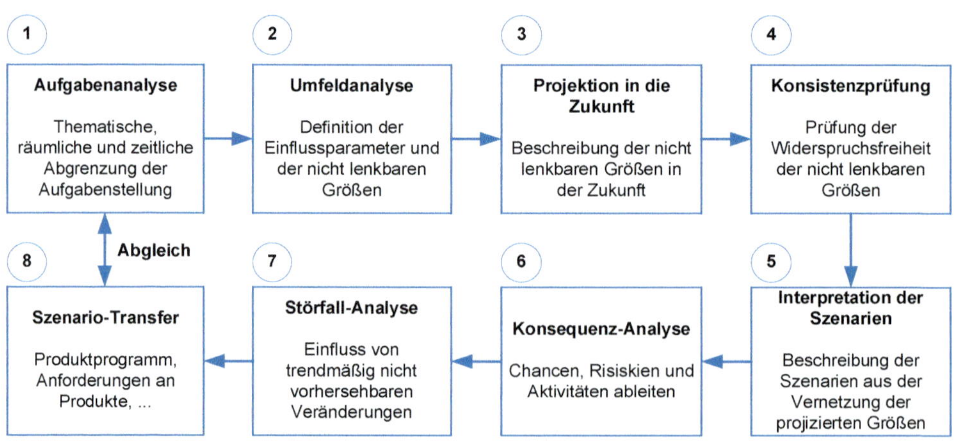

Bild 5.8: Ablauf einer Szenario-Analyse

(**Bild 5.7**). Daraus ergeben sich mögliche Bilder der zukünftigen Unternehmens- und Kundenumwelt. Aus diesen Zukunftsbildern werden dann Anforderungen abgeleitet, die heute in die Produktentwicklung einfließen müssen, damit neue Produkte die Anforderungen der Zukunft erfüllen. Die Szenario-Technik kann so auch als Hilfsmittel zur Festlegung des zukünftigen Produktprogramms genutzt werden (**Bild 5.8**).

Allerdings sollte bei der Anwendung der Szenario-Technik immer bedacht werden, dass die dargestellte Zukunft und die daraus abgeleiteten Handlungsoptionen unsicher sind. Nicht vorhersehbare Ereignisse können die zukünftige Entwicklung in ganz andere Richtungen lenken, als vorhergesehen.

5.1.2.4 Use Cases

Use Cases beschreiben die Anwendungen des zu entwickelnden Produktes. Sie dienen dazu, aus einem besseren Verständnis der späteren Nutzung des Produktes die Anforderungen daran präziser zu formulieren und wichtige Anforderungen nicht zu übersehen. Dazu ist es sehr wichtig, sich mit dem späteren Nutzungskontext des Produktes zu befassen.

„Der Nutzungskontext umfasst eine Kombination von Benutzern, Zielen, Aufgaben, Ressourcen sowie der technischen, physischen, sozialen, kulturellen, organisatorischen und sozialen Umgebungen, in denen ein System, ein Produkt oder eine Dienstleistung genutzt wird.“ [DIN EN ISO 9241-11, 2018]

Dabei ist zu beachten, dass nicht nur die Anwendung des Produktes durch den letztendlichen Nutzer betrachtet wird, sondern auch mögliche Absatzmittler, Bild 5.1, berücksichtigt und auch für diese Use Cases beschrieben werden. Nur so lassen sich alle Anforderungen an das Produkt vollständig erfassen.

Wichtig für die Ableitung der Anforderungen (**Bild 5.9**) sind dabei die drei Aspekte:

- **Wo:** In welchem Umfeld wird das Produkt eingesetzt? In einem Raum, im Freien, Umgebung hoher Feuchtigkeit, hoher Temperatur, welche anderen Geräte finden sich noch in dem Raum, als Stand-alone-Lösung oder in einem Netzwerk mit anderen Produkten, etc.
- **Wie:** Wie wird das Produkt genutzt? Dazu sind alle relevanten Anwendungsfälle zu betrachten, um so ein Gesamtbild der möglichen Nutzungen und den daraus folgenden Anforderungen zu erhalten. Es lässt sich daraus dann im Verlauf der Entwicklung ableiten, ob alle relevanten Anwendungsfälle mit einem Produkt bedient werden können, ob mehrere Produktvarianten notwendig sind oder sich gar die betrachteten Anwendungsfälle nur mit unterschiedlichen Produkten bedienen lassen.
- **Wer:** Welche Personen nutzen das Produkt? Wie ist die Qualifikation der Personen? Welche technischen Geräte nutzen diese Personen sonst noch im Arbeitsumfeld aber auch im privaten Umfeld? Welche Ziele verfolgen die Personen mit der Nutzung des Produktes und wie hilft das Produkt, die Ziele zu erreichen? Diese Form der Beschreibung der Personen wird auch als Persona [Rustler, 2019] bezeichnet.

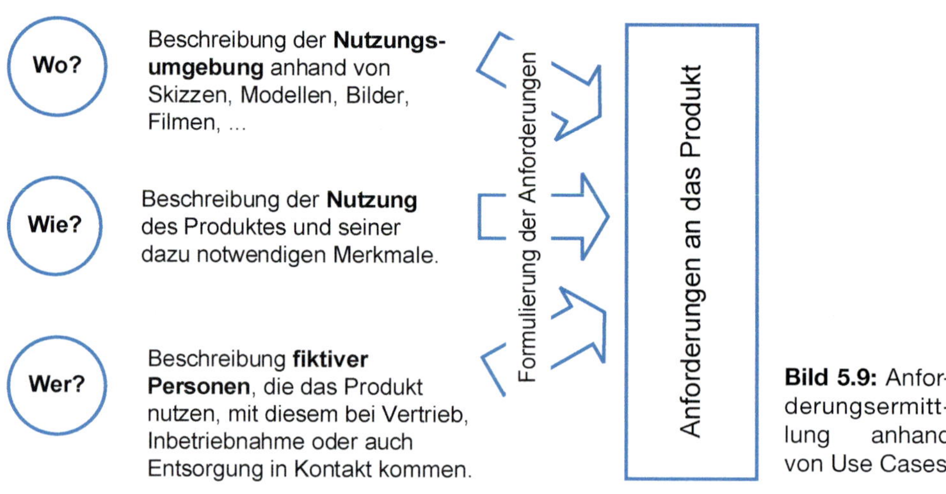

Bild 5.9: Anforderungsermittlung anhand von Use Cases

Die Erstellung von Use Cases setzt voraus, dass die drei zentralen Aspekte Wo, Wie und Wer sehr genau bekannt sind. Daraus folgt, dass Use Cases nur von Personen sinnvoll erstellt werden können, welche den Nutzungskontext aus eigener Erfahrung kennen! Ansonsten besteht die Gefahr, dass aufgrund fehlerhafter Use Cases auch falsche Anforderungen abgeleitet werden, die dann zu Produkten führen, die nicht zum Nutzerkontext passen.

Wichtig ist es auch, vor der Erstellung von Use Cases, den Betrachtungsrahmen abzugrenzen. Denn je nach festgelegten Grenzen können sich unterschiedliche Anforderungen ergeben, die zu sehr unterschiedlichen Produkten führen. Betrachtet beispielsweise ein Fahrzeughersteller nur Use Cases rund um die Nutzung seiner Fahrzeuge durch die Kunden, so ergeben sich andere Anforderungen verglichen mit einer Betrachtung des generellen Wunsches der Kunden nach Mobilität.

5.1.2.5 Analyse von Internet- und Maschinendaten

Mit dem Internet steht heute eine schier unendliche Informationsquelle zur Verfügung. Für die Produktentwicklung findet sich dort eine Vielzahl an relevanten Informationen:

- Informationen über Wettbewerbsprodukte und -unternehmen
- Produktbewertungen durch Kunden
- Ergebnisse von Vergleichstests
- Communities, Blogs, Foren und soziale Netzwerke, in denen sich mögliche Kunden über spezifische Themen austauschen.

Diese Informationen können helfen, Anforderung für die Neu- oder Weiterentwicklung eines Produktes zu definieren. Ein Beispiel für die erfolgreiche Nutzung durch die Firma Nivea wird in [Prandl, 2014] beschrieben. Natürlich ist es sehr aufwendig, von Hand entsprechende Recherchen im Internet durchzuführen. Zukünftig dürfte dieses mit Hilfe von KI basierten Algorithmen allerdings schnell und kontinuierlich möglich sein und so eine wichtige Quelle für Produktanforderungen darstellen.

Viele technischen Produkte sind heute mit Sensorik und Elektronik versehen. Dazu zählen technische Geräte wie beispielsweise professionelle Küchengeräte oder Elektrowerkzeuge, Maschinen aller Art wie beispielsweise Landmaschinen, Baumaschinen oder Werkzeugmaschinen, Fahrzeuge aller Art, Flugzeuge sowie Anlagen zur Produktion von Gütern. Die Sensoren dieser Produkte liefern Messsignale, die in der Elektronik verarbeitet werden und zur Steuerung genutzt werden, oder aufbereitet und weitergeleitet werden. Damit stehen Daten zur Verfügung wie:

- Betriebszeiten
- Drücke, Temperaturen
- Belastungen
- Energieverbräuche
- Störungen
- Laufleistungen
- ...

Diese technischen Produkte sind zudem häufig vernetzt, lokal bis hin zur Anbindung an das Internet (cyberphysische Produkte), sodass die von diesen Produkten generierten Daten auch weit entfernt vom Standort des Produktes genutzt werden. Stehen einem Hersteller solcher Produkte diese Daten zur Verfügung, so lassen sich diese entsprechend auswerten und daraus wichtige Anforderungen für die Weiterentwicklung der Produkte ableiten. Da, je nach Produkt und Verbreitung im Markt, sehr viele Daten anfallen, ist die manuelle Auswertung sehr aufwendig. Entsprechend können hier in der Zukunft geeignete intelligente Algorithmen die Auswertung der großen Datenmengen übernehmen und daraus Anforderungen ableiten.

Allerdings ist damit die Frage verbunden, ob der Eigentümer des Produktes auch bereit ist, diese Daten dem Hersteller zur Verfügung zu stellen. Insbesondere mit Blick auf die Produktgarantie, aber auch, da diese häufig Rückschlüsse auf die Art der Nutzung des Produkte zulassen, was ein Alleinstellungsmerkmal des Nutzers sein kann. Zudem ist rechtlich die Frage zu klären, wem die bei der Nutzung durch das Produkt generierten Daten eigentlich gehören.

5.1.3 Anforderungen aus der Sicht des Herstellers

Wichtige herstellerrelevante Merkmale eines Produktes wurden weiter oben genannt. Wie bei den kundenrelevanten Merkmalen, so sind auch die herstellerrelevanten Merkmale unterschiedlich wichtig. Entsprechend der beschriebenen Vorgehensweise sind auch diese zu gewichten.

Die herstellerrelevanten Merkmale beeinflussen teilweise die kaufentscheidenden Kriterien. So hat die Produktstruktur bei Produkten mit vielen Optionen Einfluss auf die Verfügbarkeit eines Produktes. In einem Baukasten aufgebaute Produkte können häufig schneller geliefert werden als solche, die nicht in einem Baukastensystem aufgebaut sind. Mit Hilfe einer Korrelationsuntersuchung kann hier der Zusammenhang zwischen den beiden Merkmalsgruppen analysiert werden.

Bei der Festlegung der wichtigsten herstellerrelevanten Merkmale ist es sinnvoll, das gesamte Produktprogramm mit einzubeziehen, um so Synergien zwischen den einzelnen Produkten zur Senkung der Herstellkosten zu nutzen. Als geeignetes Hilfsmittel dient dazu ein Produktplan, Kapitel 7.2.4.2, der genaue Informationen darüber enthält, wann das Unternehmen welches Produkt in den Markt bringen wird.

Ansatzpunkte zur Nutzung von Synergien zwischen den Produkten sind die bereits erwähnten Baureihen, Baukästen, Modulbauweise oder Plattformen.

5.1.4 Anforderungen aus der Wettbewerbsanalyse

„Wer den Gegner kennt und sich selbst,
wird in hundert Schlachten nicht in Not geraten.
Wer den Gegner nicht kennt, sondern nur sich selbst, wird das eine
Mal siegen, das andere Mal unterliegen.
Wer aber weder den Gegner kennt noch sich selbst, der wird in jeder
Schlacht unweigerlich geschlagen werden.“

Sunzi, Die Kunst des Krieges, um 550 v. Chr. [Sun, 2017]

Übertragen auf die Situation im wirtschaftlichen Wettbewerb heißt das, dass es für den Erfolg eines Unternehmens im Markt von grundlegender Bedeutung ist, die Wettbewerber in den Zielmärkten genau zu kennen. Um aber erfolgreich im Markt zu sein, ist es also wichtig, die eigenen Stärken und Schwächen, aber auch die der Wettbewerber, genau zu kennen.

Für die Entwicklung von erfolgreichen Produkten ist eine gezielte und systematische Wettbewerbsanalyse notwendig. Aus ihr ergeben sich sowohl kunden- wie auch herstellerrelevante Merkmale, die Einfluss auf die Entwicklung des Produktes haben.

Dabei gilt es im Rahmen der Wettbewerbsanalyse, sowohl die Produkte wie auch die Wettbewerbsunternehmen als solche zu beobachten. Die Produktbeobachtung ermöglicht kurz- bis mittelfristige Aussagen über die Wettbewerber. Die Merkmale der Wettbewerbsprodukte müssen dazu genau erfasst werden, um daran die Anforderungen an das eigene, neue Produkt zu spiegeln. Nur so kann sichergestellt werden, dass das neue Produkt die Anforderungen der Kunden mindestens so gut erfüllt, wie es bei Wettbewerbsprodukten eventuell jetzt schon der Fall ist. Wichtige Informationen zu den Wettbewerbsprodukten sind:

- Produktprogramm der Wettbewerber?
- Wie sind die Produkte der Wettbewerber in Bezug auf ihre kundenrelevanten Merkmale wie Funktionen, Design, Image, Qualität, Dienstleistungen, etc. zu beurteilen?
- Wie sind die herstellerrelevanten Merkmale des Produktes realisiert: Produktstruktur, Art und Anzahl der Teile, Fertigungsverfahren, Werkstoffe etc.?
- Preise der Produkte?
- Realisierung der Funktionen der Produkte – Zukaufteile nach Anzahl und Art, gewählte Fertigungsverfahren, Werkstoffe, ...?
- In welche Richtung geht die Entwicklung der Produkte bei den Wettbewerbern?

Die Beobachtung der Wettbewerbsunternehmen ermöglicht mittel- bis langfristige Aussagen. Ziel ist es, das wahrscheinliche Verhalten der Wettbewerber und eventuell neue Produkte der Wettbewerber frühzeitig zu erkennen. Entsprechend gilt es, Informationen zu beschaffen und diese ständig aktuell zu halten:

- Welche Unternehmen bieten relevante Produkte im Markt an?
- Welche Produkte werden von den Wettbewerbern angeboten?
- Umsatz, Mitarbeiterzahl?
- Niederlassungen?
- Vertriebswege?
- Kernkompetenzen der Wettbewerbsunternehmen?

Die Analyse der Wettbewerbsunternehmen ist dabei weiter in die Zukunft gerichtet im Vergleich zu den Wettbewerbsprodukten.

Bei der Wettbewerbsanalyse darf allerdings nicht vergessen werden, über das Feld der eigenen Branche hinaus zu schauen. In anderen Branchen können gänzlich neue Lösungen entstehen, die im eigenen Markt den Kunden einen höheren Wert bieten und so die eigenen Produkte und die der bekannten Wettbewerber vom Markt verdrängen.

5.1.4.1 Informationsbeschaffung für die Wettbewerbsanalyse

Wo können nun die benötigten Informationen zur Beurteilung der Wettbewerbsprodukte und -unternehmen herkommen? Viele Quellen mit Informationen über Wettbewerbsprodukte sind frei zugänglich:

- Produktbenchmarking: Kauf und detaillierte Analyse von Wettbewerbsprodukten. Dieses ist allerdings bei teuren Investitionsgütern häufig nicht machbar
- Produktprospekte
- Messebesuche
- Internet
- Patente (Internet: Deutsches Patentamt: www.dpma.de; Europäisches Patentamt: www.epo.org; US Patent and Trademark Office: www.uspto.gov; Japan Patent Office: www.jpo.go.jp)
- Analyse überregionaler Tageszeitungen und Zeitschriften
- Firmenbesuche
- Stellenanzeigen in Tageszeitungen
- Eigener Vertrieb und Kundendienst.

Für alle Informationen zu den Produkten und Unternehmen des Wettbewerbs gilt, dass diese wie ein Mosaik zusammengetragen werden müssen. Hier ist ein entsprechendes Wissensmanagement im Unternehmen mit zentraler Sammlung und Analyse der Informationen erforderlich. Nur so ist es möglich, ein vollständiges Bild der Wettbewerbslandschaft zu erarbeiten, das dann als Basis für die eigene Strategie dienen kann.

5.1.4.2 Stärken und Schwächen von Wettbewerbsprodukten

Wichtig für eine verlässliche Aussage über die Stärken und Schwächen der Wettbewerbsprodukte ist ihre systematische Bewertung.

Dazu ist es sinnvoll, die Erfüllung der Produktmerkmale durch die Vergabe von Punkten oder Noten zu bewerten. Eine geeignete Darstellung dazu ist ein Stärken- und Schwächen-Profil der Wettbewerbsprodukte, **Bild 5.10**.

Weitere Merkmale können bei Bedarf hinzugenommen oder weggelassen werden. Dieses Stärken- und Schwächen-Profil wird dazu genutzt, Ziele für das eigene Produkt frühzeitig festzulegen, um eine sichere Positionierung im Markt zu erreichen.

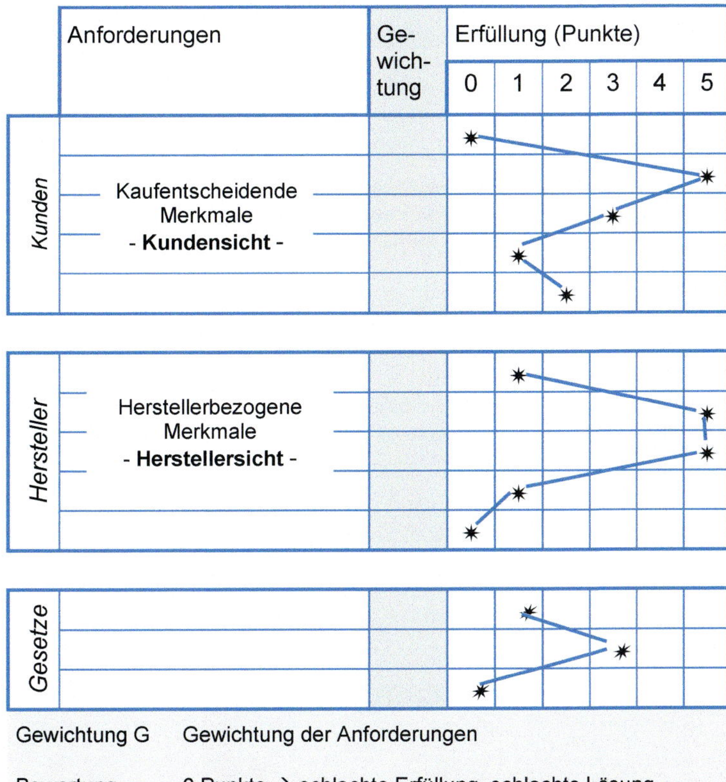

Bild 5.10: Beispiel eines Stärken- und Schwächen-Profils für Produkte

5.1.5 Anforderungen aus Gesetzen, Normen und Richtlinien

Weitere, für die Entwicklung eines Produktes wichtige Anforderungen, leiten sich aus Gesetzen, Normen und teilweise Richtlinien ab. Die zu berücksichtigenden Gesetze, Normen und Richtlinien sind abhängig vom Produkt, der Branche und dem Zielland, in dem das Produkt später verkauft werden soll.

Für die Entwickler ist es notwendig, sich mit den entsprechenden Gesetzen, Normen und Richtlinien der Zielländer vertraut zu machen. Werden entsprechende Regelwerke nicht eingehalten, kann das zu teilweise drastischen Strafen führen. Besonders problematisch wird die Situation, wenn durch die Nichtbeachtung Menschen zu Schaden kommen oder Sachen beschädigt werden. Eine Übersicht über aktuelle Gesetze, Vorschriften und Durchführungsverordnungen auf EU-, Bundes- und Landesebene bieten unter anderem die Internetseiten der Gewerbeaufsichtsämter.

5.2 Anforderungen dokumentieren

Die Dokumentation der Anforderungen bildet die Basis für die Arbeit des Entwicklungsteams. Gleichzeitig ist die Dokumentation Kommunikationsinstrument zwischen allen an der Entwicklung beteiligten Bereichen innerhalb und außerhalb des Unternehmens. Zudem kann anhand der Anforderungsdokumentation die Erfüllung der Anforderungen sowie der Projektfortschritt überprüft werden.

5.2.1 Anforderungsliste

Die Anforderungsliste, **Bild 5.11**, enthält in den Kopfzeilen allgemeine Informationen wie den Titel des Projektes, Nennung des/der Verantwortlichen für die Anforderungsliste und den Verteiler.

Es folgen die Anforderungen an das Produkt. Die Anforderungen werden, wie oben schon erläutert, jeweils mit einer überprüfbaren Ausprägung beschrieben. Daraus ergeben sich zwei Vorteile:

- Im Entwicklungsteam entsteht so eine gemeinsame Vorstellung darüber, welche Ausprägungen die einzelnen Anforderungen haben sollen.
- Die Beschreibung der Ausprägung erlaubt später eine Kontrolle, ob die Anforderungen auch mit den gewünschten Vorgaben erfüllt wurden.

Bei der Beschreibung der Ausprägung wird zwischen Festanforderungen und Mindestanforderungen unterschieden. Bei den Festanforderungen ist ein bestimmter Wert genau einzuhalten, z. B. Kraft $F = 1.000$ N. Bei den Mindestanforderungen dürfen bestimmte Grenzwerte nicht über- oder unterschritten werden, z. B. Geräuschentwicklung $L \leq 80$ dB(A) oder Gewicht ≤ 5 kg. Allerdings lassen sich nicht alle Anforderungen in der genannten Form quantifizieren. Wie schon erwähnt lassen sich beispielsweise Anforderungen an das Design eines Produktes nicht durch Zahlenwerte beschreiben. Hier empfiehlt sich die Angabe von Beschreibungsmerkmalen, um auch diese Anforderungen später überprüfen zu können.

In die Spalte „Klassifizierung“ wird die Klassifizierung der Anforderungen nach dem unten beschriebenen Kano-Modell eingetragen. In die Spalte „Gewichtung“ wird die ermittelte Gewichtung der Anforderungen eingetragen. Auf Basis dieser Bewertung werden in einem späteren Schritt u. a. die Zielkosten des Produktes aufgespalten.

Weiter oben wurde beschrieben, dass es sinnvoll ist, die Anforderungen möglichst spät einzufrieren. Dieses hat natürlich Auswirkungen auf den Entwicklungsprozess. Ziel muss es sein, für den Kunden wichtige Anforderungen möglichst spät einzufrieren, gleichzeitig aber nicht alle Anforderungen offen zu halten. Außerdem wird bei der Definition der Anforderungen häufig festgestellt, dass noch Informationen fehlen, um beispielsweise die Ausprägung festzulegen. Demnach ist es sinnvoll, die Anforderungen in der Anforderungsliste zu kennzeichnen, die noch nicht abschließend festgelegt sind und die sich im Laufe des Entwicklungsprojektes noch verändern können. Dazu dient in der Anforderungsliste die Spalte „Status". Dort wird vermerkt, ob eine Anforderung bereits abschließend festgelegt ist, ob zur Festlegung noch Informationen fehlen oder ob die Anforderung bewusst noch offengehalten wird. Das Entwicklungsprojekt muss so gestaltet werden, dass Funktionsträger, Baugruppen oder Bauteile, die zur Verwirklichung noch offener Anforderungen erforderlich sind, möglichst spät bei der Produktgestaltung realisiert werden.

Wird eine bereits festgelegte Anforderung geändert, so ist dieses in der Anforderungsliste zu vermerken. Dazu dient die Spalte „Änderung".

In der Fußzeile wird der aktuelle Stand der Anforderungsliste vermerkt. Wird die Anforderungsliste ergänzt oder verändert, so wird festgehalten, welche vorhandene Liste durch die neue Anforderungsliste ersetzt wird. So soll sichergestellt werden, dass alle Teammitglieder auch mit der aktuellen Anforderungsliste arbeiten.

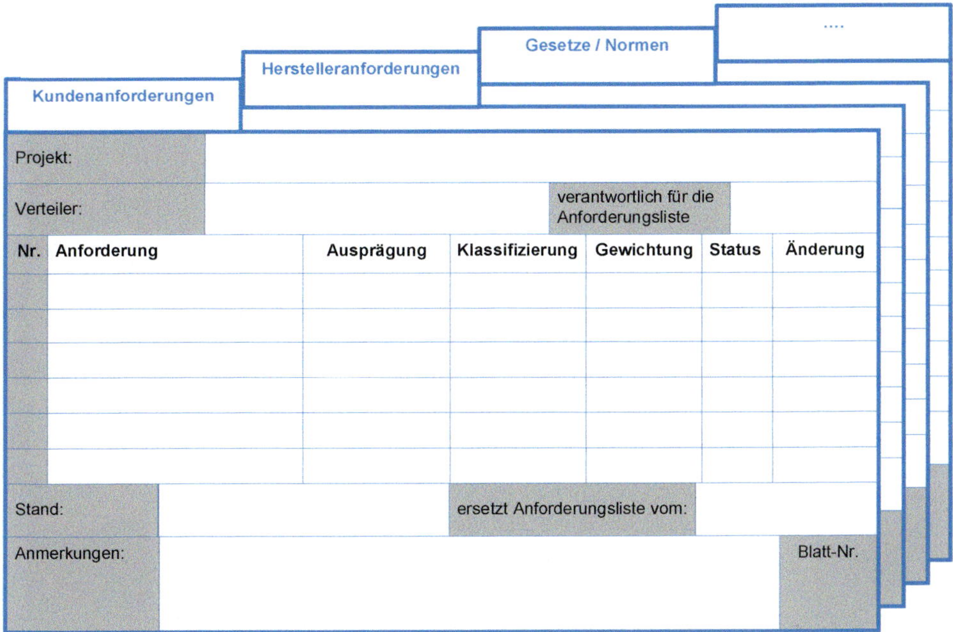

Bild 5.11: Beispiel für den prinzipiellen Aufbau einer Anforderungsliste

5.2.2 Lastenheft und Pflichtenheft

Lastenheft und Pflichtenheft sind zwei, für die Entwicklung eines Produktes, wichtige Dokumente. Das Lastenheft wird während der Phase der Produktdefinition erstellt, während das Pflichtenheft am Ende der Produktkonzeption erstellt wird, wenn klar ist, wie die Anforderungen an das Produkt gelöst werden können. Trotz dieses zeitlichen Unterschiedes in der Erstellung von Lastenheft und Pflichtenheft sollen beide hier gemeinsam beschrieben werden.

Eine Definition von Lastenheft und Pflichtenheft findet sich in der DIN 69901-5 [DIN 69901-5, 2009] wie auch in der VDI-Richtlinie 2519 Blatt 1 [VDI 2519 Blatt 1, 2001]. Die weitere Beschreibung in diesem Buch orientiert sich an der VDI-Richtlinie 2519 Blatt 1.

Bei den meisten Entwicklungsprojekten sind neben den eigentlichen Anforderungen weitere Informationen für eine zielgerichtete Entwicklung erforderlich. Die Anforderungsliste alleine reicht als Entwicklungsgrundlage nicht aus. In diesem Fall sollte ein Lastenheft erstellt werden.

Definition Lastenheft (VDI 2519 Blatt 1):

„Zusammenstellung aller Anforderungen des Auftraggebers hinsichtlich Liefer- und Leistungsumfang. Im Lastenheft sind die Anforderungen aus Anwendersicht einschließlich aller Randbedingungen zu beschreiben.“

Das Lastenheft enthält eine Zusammenstellung aller Anforderungen des Auftraggebers hinsichtlich Liefer- und Leistungsumfang. Im Lastenheft steht:

Was ist Wofür zu lösen.

Es enthält die Anforderungen aus Anwendersicht und alle Randbedingungen im Zusammenhang mit der Entwicklung des Produktes. Die Anforderungen müssen, wie bereits bei der Anforderungsliste erläutert, prüfbar beschrieben werden. Das Lastenheft wird vom Auftraggeber oder in dessen Auftrag erstellt. Auftraggeber kann dabei ein externer Kunde sein oder ein Bereich aus dem eigenen Unternehmen. Das Lastenheft dient als Ausschreibungs-, Angebots- und/oder Vertragsgrundlage.

Nach VDI-Richtlinie 2519, Blatt 1, wird folgende Gliederung für das Lastenheft vorgeschlagen:

- Einführung in das Projekt
- Beschreibung der Ausgangssituation

- Aufgabenstellung (Sollzustand)
- Schnittstellen
- Anforderungen an die Systemtechnik
- Anforderungen für die Inbetriebnahme
- Anforderungen an die Qualität
- Anforderungen an die Projektabwicklung (Projektorganisation)

Das Lastenheft steht am Ende der Produktdefinition.

Das Pflichtenheft ist nach VDI-Richtlinie 2519, Blatt 1, wie folgt definiert:

„Beschreibung der Realisierung aller Anforderungen des Lastenheftes. Das Pflichtenheft enthält das Lastenheft. Im Pflichtenheft werden die Anwendervorgaben detailliert und die Realisierungsanforderungen beschrieben.“

Das Pflichtenheft beschreibt der Realisierung aller Anforderungen des Lastenheftes. Im Pflichtenheft wird definiert:

Wie und Womit die Anforderungen realisiert werden.

Das Pflichtenheft wird vom Auftragnehmer erstellt. Dabei kann der Auftragnehmer eine Abteilung im eigenen Unternehmen sein oder ein externer Auftragnehmer. Der Auftragnehmer prüft bei der Erstellung des Pflichtenheftes, ob die im Lastenheft definierten Anforderungen widerspruchsfrei und realisierbar sind. Das Pflichtenheft bedarf der Genehmigung durch den Auftraggeber. Nach der Genehmigung durch den Auftraggeber wird das Pflichtenheft die verbindliche Vereinbarung für die Realisierung und Abwicklung des Projektes für den Auftraggeber und den Auftragnehmer.

Das Pflichtenheft enthält als Bestandteil das Lastenheft.

Inhalt des Pflichtenheftes:

- Inhalt des Lastenheftes
- Systemtechnische Lösungen
- Systemtechnik (Ausprägung).

Das Pflichtenheft steht am Ende der Produktkonzeption.

Es beschreibt die prinzipielle Lösung für die Aufgabenstellung, lässt aber gleichzeitig Raum für die detaillierte Ausgestaltung der Lösung im Rahmen der Produktgestaltung.

Lastenheft und Pflichtenheft sind von besonderer Bedeutung bei der Vergabe von Entwicklungsaufträgen für Produkte oder Komponenten an Zulieferer. Sie bilden die Grundlage für den Abschluss eines Entwicklungsvertrages.

5.2.3 Veränderung der Anforderungen während der Bearbeitung des Entwicklungsprojektes

Bei vielen Entwicklungsprojekten ist es so, dass die zu Beginn des Projektes definierten Anforderungen und damit das daraus erstellte Lastenheft sich während der Laufzeit des Entwicklungsprojektes verändern. Die Veränderungen können verschiedene Gründe haben und ausgelöst werden durch:

- Veränderung der Kundenbedürfnisse
- Neue Wettbewerbsprodukte
- Neue Wettbewerber
- Neue gesetzliche Anforderungen
- Veränderung der Unternehmensziele
- Marktveränderungen
- ...

Anforderungsliste und Lastenheft sind also keine statischen Dokumente, die einmal erstellt, unverändert während der Entwicklung eines Produktes abgearbeitet werden. Anforderungsliste und Lastenheft sind bei vielen Produkten dynamische Dokumente, deren Inhalte an die Veränderungen angepasst werden müssen. Neue Anforderungen kommen hinzu, Anforderungen werden gestrichen, die Ausprägung von Anforderungen verändert sich. Das setzt einmal voraus, dass es ein geeignetes Dokumentenmanagement für Anforderungslisten und Lastenhefte gibt, die die Dokumente aktuell halten und auch dafür sorgen, dass diese zeitnah den beteiligten Personen in der Entwicklung zur Verfügung gestellt werden.

Daraus folgt aber nicht, dass Anforderungsliste und Lastenheft nicht mehr benötigt werden. Die Erstellung der Unterlagen ist ein wichtiges Hilfsmittel, sich der Entwicklungsaufgabe und den geltenden Rahmenbedingungen des Entwicklungsprojektes vor dem Start der eigentlichen Produktentwicklung klar zu werden.

Abhängig von der Dynamik der Veränderungen der Anforderungen sowie der Komplexität der Entwicklungsaufgabe ist die Vorgehensweise zur Entwicklung eines Produktes dann zu wählen, Kapitel 3.6.3.

5.3 Klassifizierung der Anforderungen nach Kano

Die Kundenanforderungen zusammen mit ihren Ausprägungen definieren die notwendigen Merkmale des Produktes aus Kundensicht. Die Merkmale eines Produktes lassen sich nach [Kano et al., 1984] in drei Klassen unterteilen: Basismerkmale, Leistungsmerkmale und Begeisterungsmerkmale, siehe **Bild 5.12**. Entsprechend lassen sich auch die Anforderungen klassifizieren, die zu den Merkmalen führen. Die Unterteilung der Merkmale nach dem Kano-Modell ist sinnvoll, da die Merkmale unmittelbar durch die Produktentwicklung beeinflusst werden können.

- **Basismerkmale:** Dieses sind Produktmerkmale, die bereits am Markt befindliche Produkte besitzen und die für den Kunden einen Wert darstellen, beispielsweise Airbags im Pkw, Mobiltelefone mit Kamera. Das eigene Produkt muss diese Merkmale ebenfalls besitzen. Ist dieses nicht der Fall, so wird der Kunde unzufrieden oder das Produkt schneidet bei Vergleichstests deshalb schlechter ab. Zu diesen Merkmalen zählen auch die sogenannten nutzerselbstverständlichen Merkmale, deren Erfüllung der Kunde erwartet, ohne diese zu nennen.
- **Leistungsmerkmale:** Dabei handelt es sich um Produktmerkmale, bei denen sich die Zufriedenheit des Kunden proportional mit dem Erfüllungsgrad entwickelt. Beispiele dafür sind die Prozessorleistung und Speicherkapazität bei einem Rechner oder ein geringer Energieverbrauch bei einem Pkw.
- **Begeisterungsmerkmale:** Hierbei handelt es sich um Produktmerkmale, die der Kunde nicht erwartet, die ihn positiv überraschen, beispielsweise zusätzliche, unerwartete Softwareausstattung eines Rechners oder zusätzliche unerwartete Ausstattungsmerkmale eines Pkw. Begeisterungsmerkmale bieten die Möglichkeit zur Differenzierung des eigenen Produktes gegenüber dem Wettbewerb.

Werden die kaufentscheidenden Kriterien an ein Produkt definiert, so lassen sich in der Regel die einzelnen Merkmalsklassen recht gut zuordnen. Als Hilfsmittel kann die in [Bailom et al., 1996] vorgestellte Systematik verwendet werden, **Tabelle 5.1**.

Die Systematik basiert auf einer einfachen Fragetechnik. Funktional wird gefragt, was wäre, wenn ein bestimmtes Merkmal erfüllt wird. Als Antwort ist dann eine der in der Spalte „Funktionale Frage" genannten Antworten zu wählen. Im zweiten Schritt wird gefragt, was wäre, wenn dieses Merkmal nicht erfüllt wird. Als Antwort ist entsprechend eine Antwort unter der Zeile „Dysfunktionale Frage" zu wählen. Die entsprechende Merkmalsklasse findet sich in dem Matrixfeld, das den Schnittpunkt der beiden Antworten bildet. Ist beispielsweise das geringe Gewicht eines Produktes eine Kundenanforderung und wird diese besonders gut erfüllt, so würde das den Kunden sehr freuen. Wird dieses nicht erfüllt und es würde den Kunden sehr stören, so wäre dieses nach der Matrix ein Leistungsmerkmal.

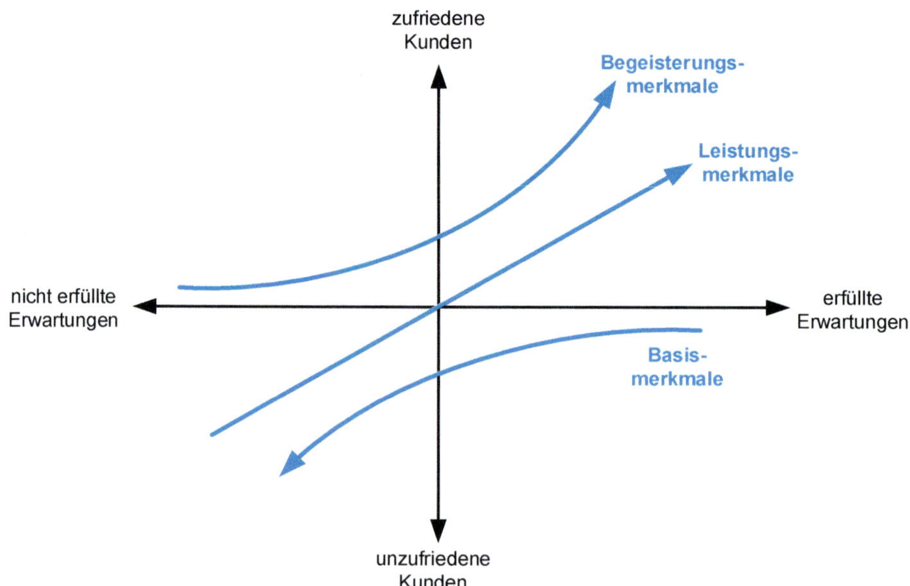

Bild 5.12: Arten von Produktmerkmalen und deren Zusammenhang zur Kundenzufriedenheit nach [Kano et al., 1984]

Tabelle 5.1: Matrix zur Unterteilung der Produktmerkmale in Basis-, Leistungs- und Begeisterungsmerkmale [Bailom et al., 1996]

Funktionale Frage	Dysfunktionale Frage				
	Würde mich sehr freuen	Setze ich Voraus	Das ist mir egal	Könnte ich in Kauf nehmen	Würde mich sehr stören
Würde mich sehr freuen	fragwürdig	Begeisterung	Begeisterung	Begeisterung	Leistung
Setze ich voraus	entgegen	indifferent	indifferent	indifferent	Basis
Das ist mir egal	entgegen	indifferent	indifferent	indifferent	Basis
Könnte ich in Kauf nehmen	entgegen	indifferent	indifferent	indifferent	Basis
Würde mich sehr stören	entgegen	entgegen	entgegen	entgegen	fragwürdig

Allerdings ist darauf zu achten, dass sich die Bedürfnisse der Kunden verändern und damit natürlich auch die Wirkung der Produktmerkmale auf die Zufriedenheit der Kunden. Begeisterungsmerkmale werden schnell zu Basismerkmalen. Nach

[Regius, 2006] verändert sich die Klassifizierung der Produktmerkmale wie in **Bild 5.13** dargestellt. Ist ein Merkmal durch eigene Produkte oder Wettbewerbsprodukte den Kunden bereits bekannt, so taugt es nicht mehr als Begeisterungsmerkmal. Es wird zum Basismerkmal, dessen Erfüllung der Kunde voraussetzt. Häufig ist dann für das Basismerkmal nur noch die Frage, wie es erfüllt wird. Basismerkmale können dann zu Leistungsmerkmalen werden. Nach dem Kano-Modell steigt die Zufriedenheit der Kunden mit der Erfüllung der Leistungsmerkmale. Allerdings zeigt die Erfahrung, dass dieses für viele Merkmale nur bis zu einer bestimmten Grenze der Fall ist. Dann bringt eine weitere Steigerung des Leistungsmerkmals kein mehr an Kundenzufriedenheit.

Bei vielen Produkten folgt die klassische Innovationstrajektorie dem „immer mehr" an bestimmten Leistungsmerkmalen, mehr Motorleistung, mehr Speicher, höhere Auflösung, größerer Innenraum und so weiter. Gerade etablierte Unternehmen versuchen sehr häufig sich bei den Leistungsmerkmalen zu übertreffen – und verlieren dabei die Kunden aus den Augen. Zusätzliche Kaufanreize für Kunden werden so nicht geschaffen. Folge ist häufig ein Ansteigen der Kosten, um die Leistungsmerkmale immer besser zu erfüllen, ohne dass dadurch mehr Nutzen für die Kunden entsteht. Zu beobachten ist dann immer wieder, dass neue Unternehmen mit Produkten mit neuen Begeisterungsmerkmalen den Markt erobern.

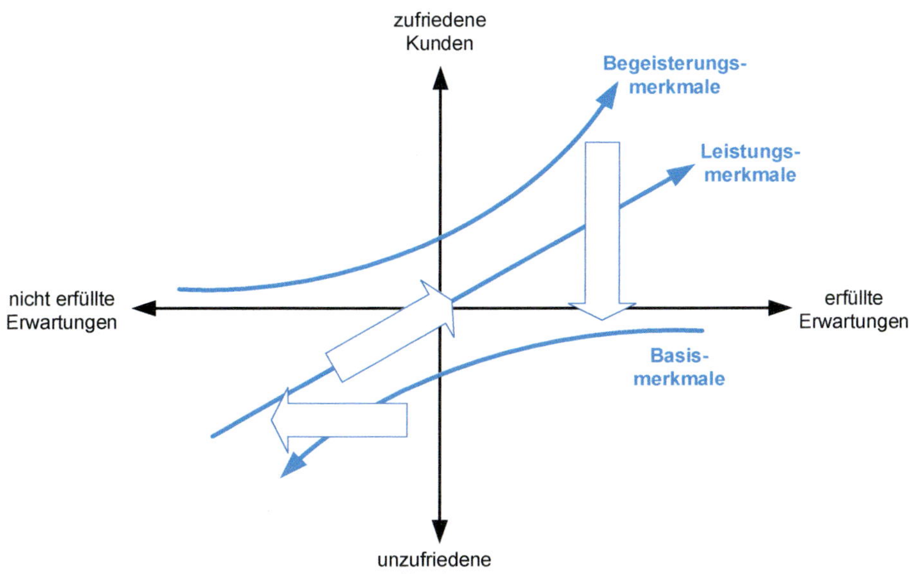

Bild 5.13: Zeitliche Veränderung der Produktmerkmale: vom Begeisterungsmerkmal zum Basismerkmale zum Leistungsmerkmal [Regius, 2006]

Mit Hilfe der Kano-Klassifizierung kann bereits in einem sehr frühen Stadium der Entwicklung abgeschätzt werden, ob mit dem geplanten Produkt eine hohe Kundenzufriedenheit erreicht werden kann oder nicht. Jedes Produkt braucht zur Differenzierung Leistungs- und Begeisterungsmerkmale. Hier ist die Kreativität von Ingenieuren und Designern gefragt, diese Merkmale zu schaffen. Ansonsten bleibt am Ende nur noch der Preis zur Differenzierung.

5.4 Gewichtung der Anforderungen

Im nächsten Schritt der Anforderungsdefinition sind diese zu gewichten. Nicht alle Anforderungen sind aus Sicht der Kunden gleich wichtig und sind deshalb bezüglich der Wichtigkeit zu differenzieren:

- Gewichtete Anforderungen bilden die Grundlage für einen systematischen Wettbewerbsvergleich.
- Die gewichteten Anforderungen sind die Basis für die Verteilung der Ziel-Herstellkosten auf die einzelnen Produktfunktionen. Diese dienen dann als Basis für die zielkostenorientierte Produktentwicklung.
- Über die Wichtigkeit der Anforderungen lassen sich Prioritäten von Aufgaben in Entwicklungsprojekten definieren.
- Die Bewertung von Lösungskonzepten erfolgt auf Basis gewichteter Anforderungen.

In der Literatur findet sich noch häufig eine Unterteilung der Anforderungen in Forderungen und Wünsche. Eine solche Unterteilung ist in der Praxis nicht zielführend, da Wünsche sehr häufig den vorgegebenen Ziel-Herstellkosten für ein Produkt zum Opfer fallen. Alle Anforderungen, die in der Anforderungsliste festgelegt sind, müssen auch erfüllt werden. Es ist aber die Frage zu beantworten, wieviel Geld zur Erfüllung der einzelnen Anforderungen ausgegeben werden kann.

Zur Bewertung der Anforderungen können verschiedene Methoden angewendet werden, die nachfolgend kurz erläutert werden sollen:

- Direkte (intuitive) Bewertung der Anforderungen durch ein Team
- Paarweiser Vergleich
- Analytic Hierarchy Process (AHP)
- Bewertung von Kundennutzen und Preisbereitschaft.

Daneben gibt es weitere Methoden zur Priorisierung von Anforderungen, so beispielsweise die Wiegers'sche Priorisierungsmatrix [Wiegers et al., 2005], die hier aber nicht betrachtet wird.

5.4.1 Direkte (intuitive) Bewertung

Dieses Bewertungsverfahren erscheint sehr einfach und mit wenig Aufwand durchführbar:

- Bewertung der Anforderungen durch Einzelpersonen oder ein Team von Experten
- Vergabe von Punkten zur Gewichtung der Anforderungen, beispielsweise von 9 → sehr wichtig bis hin zu 1 → wenig wichtig.

Das Bewertungsverfahren ist sehr einfach, besitzt aber einige Nachteile:

- Bei der Durchführung im Team führt diese Arbeit der Bewertung sehr häufig zu Bewertungen, die im Bereich von 5 bis 9 liegen. Es ergibt dann aber keine Aussage über die wirklich wichtigen Anforderungen.
- Die Bewertung im Team führt vielfach zu sehr langen Diskussionen.
- Wird die Bewertung von mehreren Personen unabhängig voneinander durchgeführt und dann zusammengeführt (Mittelwertbildung), so ergibt sich für die einzelnen Anforderungen häufig eine mittlere Bewertung zwischen 4 und 7, was zu keiner Aussage über die wirklich wichtigen Anforderungen führt.
- Das Ergebnis der Bewertung wird im weiteren Verlauf der Projektarbeit häufig wieder in Frage gestellt.
- Fehlende Trennschärfe zwischen den einzelnen Anforderungen.

Einige der beschriebenen Nachteile des Verfahrens lassen sich vermeiden, wenn die Vorgehensweise etwas modifiziert wird und grundsätzlich im Team durchgeführt wird.

- Die Anzahl der Bewertungsfaktoren entspricht der Anzahl der Anforderungen. Beispielsweise bei 20 Anforderungen sind die Gewichtungsfaktoren 1 bis 20 zu wählen.
- Bei der Bewertung darf jeder Gewichtungsfaktor nur einmal vergeben werden.

Längere Diskussion im Entwicklungsteam lassen sich dadurch nicht vermeiden, aber die Vorgehensweise führt doch eher zu Aussagen über die wirklich wichtigen Anforderungen für das Produkt.

5.4.2 Paarweiser Vergleich

Bei diesem Verfahren, **Tabelle 5.2**, erfolgt die Bewertung in mehreren Schritten. Bei jedem Arbeitsschritt werden immer nur zwei Anforderungen miteinander ver-

		Anforderungen					Summe	Rang
		A 1	A 2	A 3	A 4	A 5		
Anforderungen	A 1	--	2	2	0	1	5	1
	A 2	0	--	2	2	0	4	2
	A 3	0	0	--	2	2	4	2
	A 4	2	0	0	--	0	2	3
	A 5	1	2	0	2	--	5	1

Tabelle 5.2: Beispiel für die Bewertung von Anforderungen mit Hilfe des paarweisen Vergleichs

glichen. Die anderen Anforderungen werden dann nicht betrachtet. Der Vorteil besteht darin, dass jeweils nur zwei Anforderungen miteinander verglichen werden, über deren Rangfolge meist schnell Einigkeit besteht.

Vorgehensweise:

- Es werden in einem Arbeitsschritt immer nur zwei Anforderungen miteinander verglichen. Dadurch bleibt dieses Verfahren übersichtlich. Nachteil: hoher Zeitaufwand bei vielen Anforderungen.
- Die eigentliche Bewertung erfolgt durch die Vergabe von Punkten (2, 1, 0). Wird beispielsweise die Anforderung 1 mit der Anforderung 2 verglichen und ist Anforderung 1 wichtiger als Anforderung 2, so wird in das Matrixfeld (Zeile 1, Spalte 2) eine 2 eingetragen. Sind beide Anforderungen gleich wichtig eine 1 und ist Anforderung 1 weniger wichtig als Anforderung 2, so wird eine 0 eingetragen.
- Die Gesamtpunktzahl ergibt sich aus der Summe der Punkte einer Zeile, das Ranking der Anforderungen ergibt sich aus der Anzahl der erreichten Punkte.

Vorteile des paarweisen Vergleichs:

- Verfahren ist einfach in der Durchführung.
- Die erarbeitete Bewertung liefert eine verlässliche Basis für deren weitere Nutzung, da die Bewertung erfahrungsgemäß nur selten in Frage gestellt wird.
- Wenige Diskussionen bei der Bewertung, da immer nur zwei Anforderungen miteinander verglichen werden und alle anderen ausgeblendet werden.

Neben den Vorteilen besitzt der paarweise Vergleich aber auch einige Nachteile:

- Vollständige Bewertung kann lange dauern. Bei n Anforderungen sind $(n^2/2 - n)$ Vergleiche durchzuführen.
- Fehlende Trennschärfe zwischen den einzelnen Anforderungen. Sehr wichtige Anforderungen werden nicht hoch genug gewichtet.

5.4.3 Analytic Hierarchy Process (AHP)

Die Bestimmung der Anforderungsgewichtung mittels AHP [Saaty, 1980] ist sehr ähnlich zum Vorgehen beim paarweisen Vergleich. Durch den größeren Wertebereich, **Tabelle 5.3**, wird aber das Problem der zu geringen Trennschärf im Vergleich zum paarweisen Vergleich gelöst.

Wie die Gewichtung der Anforderungen mit dem größeren Wertebereich erfolgt, zeigt **Tabelle 5.4**.

Vorteile der Gewichtung mittels AHP:

- Wie beim paarweisen Vergleich werden in einem Schritt immer nur zwei Anforderungen miteinander vergleichen.
- Das Verfahren ist einfach in der Durchführung.
- Der größere Wertebereich liefert eine größere Trennschärfe zwischen den einzelnen Anforderungen.
- Verlässliches Bewertungsverfahren. Das Ergebnis wird im Nachhinein selten in Frage gestellt.

Nachteile der Gewichtung mittels AHP:

- Vollständige Bewertung kann auch hier aufgrund der vielen durchzuführenden Vergleiche lange dauern. Gleiche Anzahl von Bewertungsschritten wie beim paarweisen Vergleich.
- Der größere Wertebereich kann bei der Bewertung im Team zu deutlich längeren Diskussionen führen.
- Das Rechnen mit Brüchen lässt eine Genauigkeit vermuten, die aber nicht wirklich gegeben ist.

Wert	Bedeutung
1	gleiche Bedeutung
3	etwas höhere Bedeutung
5	deutlich höhere Bewertung
7	sehr viel höhere Bewertung
9	absolut dominant
2, 4, 6, 8	Zwischenwerte

Tabelle 5.3: Wertetabelle zur Anforderungsgewichtung mittels Analytic Hierarchy Process (AHP)

		Anforderungen					*Summe*	%
		A 1	*A 2*	*A 3*	*A 4*	*A 5*		
Anforderungen	*A 1*	1	8	3	9	1/5	21,20	39
	A 2	1/8	1	5	1/3	1/3	6,79	12
	A 3	1/3	1/5	1	1	5	7,53	14
	A 4	1/9	3	1	1	5	10,11	18
	A 5	5	3	1/5	1/5	1	9,40	17

Tabelle 5.4: Beispiel einer Anforderungsgewichtung mittels Analytic Hierarchy Process (AHP)

5.4.4 Bewertung von Kundenzufriedenheit und Preisbereitschaft

Bei dem nachfolgenden Verfahren wird, im Gegensatz zu den beiden in den vorangegangenen Kapiteln beschriebenen Verfahren, jede Anforderung nur für sich betrachtet. Das Verfahren beruht auf der Bewertung der Änderung der Kundenzufriedenheit und der Preisbereitschaft bei Veränderung der Ausprägung einer Anforderung. Es geht von den beiden Annahmen aus, dass eine Anforderung umso wichtiger ist,

- je stärker sich die Kunden(un)zufriedenheit mit der Veränderung der Ausprägung der Anforderung verändert,
- je stärker sich die Preisbereitschaft der Kunden mit der Veränderung der Ausprägung der Anforderung verändert.

Dazu wird zuerst ist die Veränderung der Kundenzufriedenheit bei Veränderungen der Ausprägung einer Anforderung bewertet. Ausgangspunkt ist die in der Anforderungsliste festgelegte Ausprägung der Anforderung. Betrachtet werden eine Verbesserung und eine Verschlechterung der Ausprägung:

- Wie verändert sich die Kundenzufriedenheit, wenn die Ausprägung der Anforderung ein wenig verbessert oder deutlich verbessert wird?
- Wie verändert sich die Kundenzufriedenheit, wenn die Ausprägung der Anforderung ein wenig schlechter oder deutlich schlechter wird?

Um die Wichtigkeit einer Anforderung bewerten zu können, sollte aber auch die Preisbereitschaft der Kunden mit berücksichtigt werden. Sind die Kunden bereit, für eine bessere Ausprägung einer Anforderung auch mehr zu bezahlen, oder ist ihnen die bessere Ausprägung der Anforderungen letztlich keinen Mehrpreis des Produktes wert. Im Falle einer schlechteren Erfüllung der Anforderung, wie

Veränderung der Ausprägung	Veränderung der Kundenzufriedenheit		Veränderung der Preisbereitschaft	
besser (+)	↑	↑↑	↑	↑↑
↑	3	6	3	6
↑↑	2	4	2	4
schlechter (-)	↓	↓↓	↓	↓↓
↓	3	6	3	6
↓↓	2	4	2	4
	Führt eine Änderungen dazu, dass der Kunde das Produkt nicht mehr kauft: 12			
	$K = (K+_{max}) * (K-_{max})$		$P = (P+_{max}) * (P-_{max})$	
	Gewichtung der Anforderung G = K * P			

Tabelle 5.5: Wertetabelle zur Bewertung der Änderung der Kundenzufriedenheit und der Preisbereitschaft bei Veränderung der Ausprägung einer Anforderung

sensibel reagieren die Kunden beim Preis des Produktes? Die Vorgehensweise zur Ermittlung der Preisbereitschaft erfolgt analog der zur Kundenzufriedenheit:

- Wie kann sich der Preis des Produktes verändern, wenn die Ausprägung der Anforderung ein wenig oder deutlich verbessert wird?
- Wie muss sich der Preis des Produktes verändern, wenn die Ausprägung der Anforderung ein wenig schlechter oder deutlich schlechter wird?

Je größer die Veränderungen der Kundenzufriedenheit und Preisbereitschaft ist, umso wichtiger ist eine Anforderung. Auf diese Anforderung muss bei der Entwicklung des Produktes dann besonderes Augenmerk gelegt werden.

Um diese Bewertung auch entsprechend in Zahlen zu fassen, die dann im weiteren Prozess genutzt werden können, kann nachfolgende Wertetabelle, **Tabelle 5.5**, genutzt werden.

Am Beispiel der Kundenzufriedenheit soll Tabelle 5.5 erläutert werden:
- Die Ausprägung der Anforderung wird leicht verbessert (↑) und die Kundenzufriedenheit steigt leicht an (↑) → Bewertungsfaktor 3
- Die Ausprägung der Anforderung wird leicht verbessert (↑) und die Kundenzufriedenheit steigt deutlich an (↑↑) → Bewertungsfaktor 6

- Aus der Betrachtung der Verbesserung der Ausprägung ergibt sich der Faktor K+. Dabei wird der maximal erreichte Faktor verwendet. Im Beispiel der Faktor 6.
- Die gleiche Betrachtung wird für eine schlechtere Ausprägung der Anforderung durchgeführt. Hieraus ergibt sich der Faktor K-.
- Der Gewichtungsfaktor für die Kundenzufriedenheit K ergibt sich aus dem Produkt $K = (K+_{max}) * (K-_{max})$.
- Die Betrachtung erfolgt in gleicher Weise auch für die Preisbereitschaft P bei Veränderung der Ausprägung der Anforderung, $P = (P+_{max}) * (P-_{max})$.
- Der Gewichtungsfaktor G ergibt sich aus dem Produkt G = K * P.

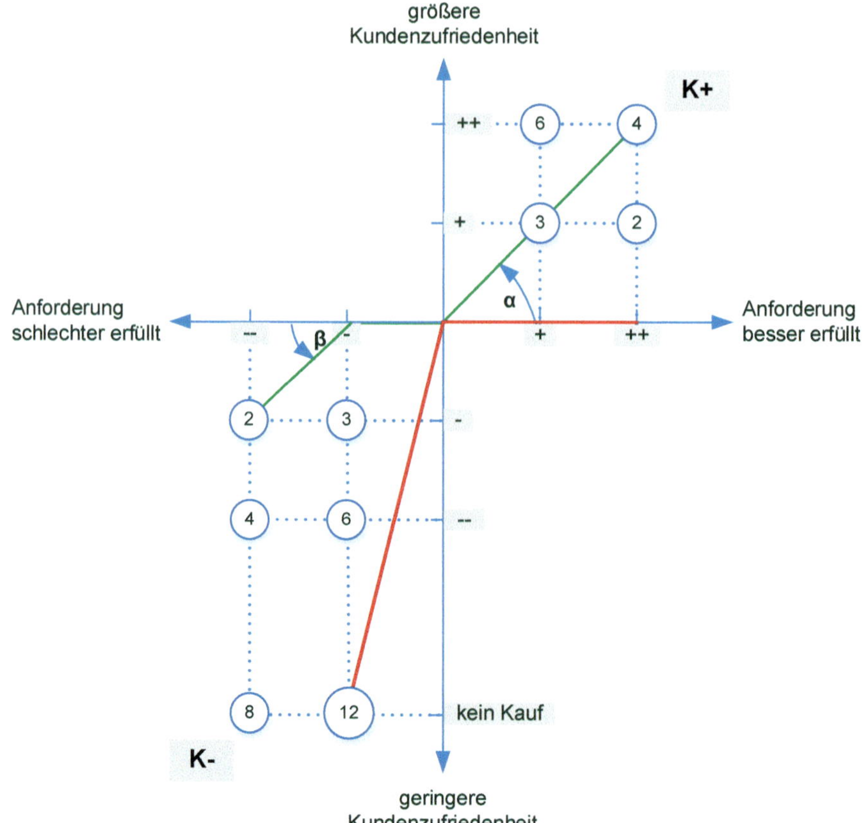

Bild 5.14: Grafische Darstellung der Bewertung der Veränderung des Kundennutzens bei unterschiedlichen Ausprägungen einer Anforderung

In **Bild 5.14** und **Bild 5.15** sind die Bewertungsfaktoren grafisch dargestellt. Nimmt man einen linearen Zusammenhang zwischen Kundenzufriedenheit und Preisbereitschaft an, so kann sich die Bewertung nur auf die Kundenzufriedenheit beschränken.

Vorteile des Gewichtungsansatzes:

- Es wird immer nur eine Anforderung betrachtet. Es besteht nicht das Problem, dass sehr verschiedenartige Anforderungen miteinander verglichen werden müssen.
- Es können eine Vielzahl von Kunden befragt werden und die Präferenzen der verschiedenen Kunden mit der Methode herausgearbeitet werden.
- Wichtige Anforderungen heben sich deutlich von den anderen Anforderungen ab.

Nachteile des Gewichtungsansatzes:

- Es ist eine sehr gute Kenntnis der Kunden und des Marktes erforderlich. Die Bewertung ist nur mit entsprechenden Experten möglich.
- Die Durchführung ist relativ aufwendig.

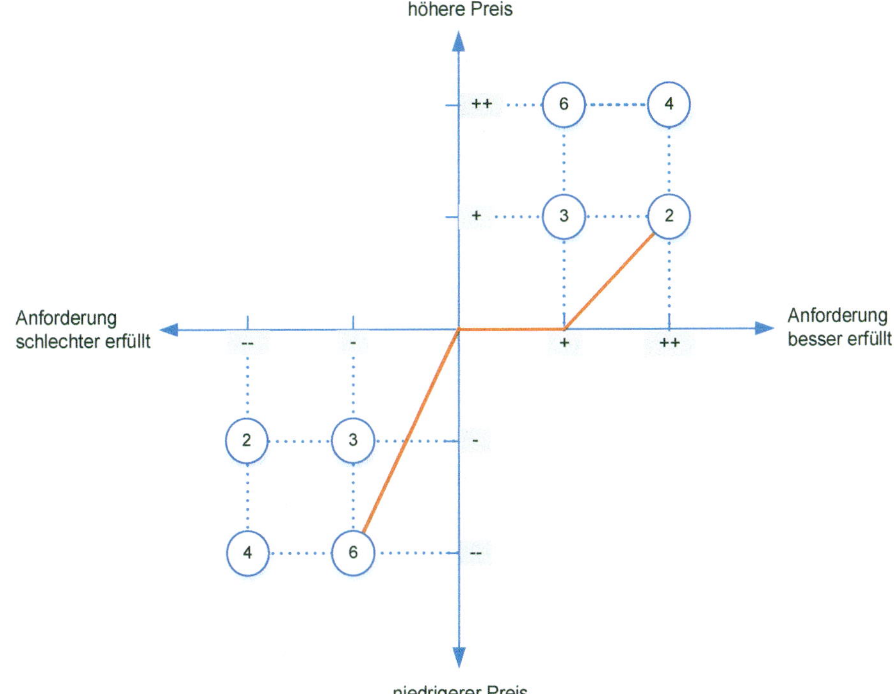

Bild 5.15: Grafische Darstellung der Bewertung der Veränderung der Preisbereitschaft bei unterschiedlichen Ausprägungen einer Anforderung

Frage	Wie verändert sich die Kundenzufriedenheit und Preisbereitschaft mit der Veränderung des Gewichts?				
Veränderung	Ausprägung	Kundenzufriedenheit		Preisbereitschaft	
↑	≤140 g	↑	K+ = 3	→	P+ = 0
↑↑	≤120 g	↑↑	K+ = 4	↑	P+ = 2
↓	≥160 g	kein Kauf	K- = 12	↓↓	P- = 6
↓↓	≥180 g	kein Kauf			
		K = 48		P = 12	
G = K x P = 48 x 12 = 578					

Tabelle 5.6: Wertetabelle zum Beispiel Elektrowerkzeug

Dieser Bewertungsansatz zeigt auch, ob die übliche Innovationstrajektorie des Unternehmens noch richtig ist und eine Verbesserung der üblichen Produktmerkmale den Kunden mehr Nutzen bringt und diese bereit sind, dafür mehr zu bezahlen.

Beispiel der Bewertung einer Anforderung:

Entwickelt werden soll handgeführtes Elektrowerkzeug. Eine Anforderung ist dabei das Gewicht des Gerätes, siehe **Tabelle 5.6**.

Anforderung: geringes Gewicht / Ausprägung: < 150g

Das Gewicht spielt bezüglich der Kundenzufriedenheit und Preisbereitschaft eine große Rolle, was natürlich bei diesem einfachen Beispiel offensichtlich ist. Diese würde signifikant ansteigen, wenn das Gewicht noch geringer wäre, und bei leicht höherem Gewicht würde der Kunde sich sogar für ein anderes Produkt entscheiden.

5.5 Zielposition, Zielmarktpreis und Ziel-Herstellkosten eines Produktes

Ein Produkt kann nur dann erfolgreich sein, wenn es eine eigenständige Position im Markt, im Vergleich zu den Wettbewerbsprodukten, findet. Daher ist es vor Beginn eines Entwicklungsprojektes erforderlich, diese Position zu bestimmen. Sie gilt als wichtige Randbedingung für das eigentliche Entwicklungsprojekt.

5.5.1 Wettbewerbsportfolio

Als ein geeignetes Hilfsmittel zur Festlegung einer geeigneten Wettbewerbsposition und Ableitung eines passenden Zielmarktpreises kann ein Wettbewerbsportfolio verwendet werden. Ein Wettbewerbsportfolio ist eine einfache grafische Darstellung, in der die Wettbewerbsprodukte, die zugehörigen Produkte des eigenen Unternehmens sowie das neu zu entwickelnde Produkt positioniert werden. Für die Produktentwicklung sehr hilfreich ist eine Portfoliodarstellung mit dem Kundennutzen als x-Achse und dem Preis als y-Achse. Dieses Portfolio wird als Kundennutzen-Preis-Portfolio (KnPP) bezeichnet.

Für die Erstellung eines solchen Portfolios sind numerische Werte für Preis und Kundennutzen erforderlich. Der Preis liegt in der Regel schon als numerische Größe vor. Dabei ist allerdings sehr wichtig, dass für alle Produkte die Preisbasis immer gleich ist. Das ist insbesondere zu beachten, wenn der Vertrieb der Produkte über mehrere Stufen erfolgt. Wird dieses nicht berücksichtigt und beispielsweise bei einem Produkt der Preis verwendet, den die Kunden zahlen, bei einem andern der Preis den ein Zwischenhändler zahlt, bei einem anderen der Preis den Kunden im Ausland zahlen, so ergibt sich ein falsches Bild der Preissituation.

Der Kundennutzen kann über die Bewertung der Anforderungserfüllung ermittelt werden. Wie beim Stärken- und Schwächen-Profil, Bild 5.10, wird bewertet, wie die Wettbewerbsprodukte und die eigenen Produkte die Anforderungen der Kunden erfüllen. Verwendet werden können beispielsweise die Ziffern 0 – 3, wobei 0 für nicht erfüllt und 3 für sehr gut erfüllt steht. Da die Anforderungen unterschiedlich wichtig sind, wird im nächsten Schritt das Summenprodukt aus Gewichtung der Anforderung und der Bewertung der Erfüllung der Anforderung über alle Anforderungen gebildet. Dieses Summenprodukt wird als Kundennutzen bezeichnet.

Durch Auswahl der Anforderungen wie

- alle Anforderungen,
- nur die wichtigsten Anforderungen,
- nur technische Anforderungen,
- nur Anforderungen an das Kernprodukt oder
- nur Anforderungen an das erweiterte Produkt

können unterschiedliche Aussagen herausgearbeitet werden, so beispielsweise die Wettbewerbsfähigkeit beim Kernprodukt oder die Wettbewerbsfähigkeit beim erweiterten Produkt.

Über die Größe der einzelnen Punkte in der Portfoliodarstellung können die Marktanteile der betrachteten Produkte visualisiert werden.

Aus einem solchen Kundennutzen-Preis-Portfolio lässt sich dann ableiten:

- Wie sind die Produkte der Wettbewerber im Markt einzuordnen?
- Wo ist das eigene Produkt einzuordnen?
- Ist die geplante Preis-Leistungs-Kombination für das neue Produkt aufgrund der Wettbewerbssituation sinnvoll**?**
- Wo befinden sich noch freie oder wenig besetzte und Erfolg versprechende Felder?

In dem Beispielportfolio, **Bild 5.16**, wäre beispielsweise die Position des mit NEU bezeichneten Produktes wenig erfolgreich. Im Vergleich zu den Wettbewerbern ist der Preis bei dem angebotenen Kundennutzen deutlich zu hoch.

Die Portfoliodarstellung bietet auch die Möglichkeit, mit Hilfe der Regressionsanalyse zu untersuchen, ob es einen mathematisch beschreibbaren Zusammenhang, beispielsweise einen linearen Zusammenhang, zwischen dem Kundennutzen und dem Preis gibt. **Bild 5.17** zeigt die vereinfachte Darstellung des Portfolios aus Bild 5.16, aber mit berechneter linearer Korrelationsfunktion zwischen dem Kundennutzen und dem Preis.

Für Darstellungen mit linearem Zusammenhang zwischen Merkmalen eines Produktes und dem Preis wird häufig die Bezeichnung Lineare-Price-Performance

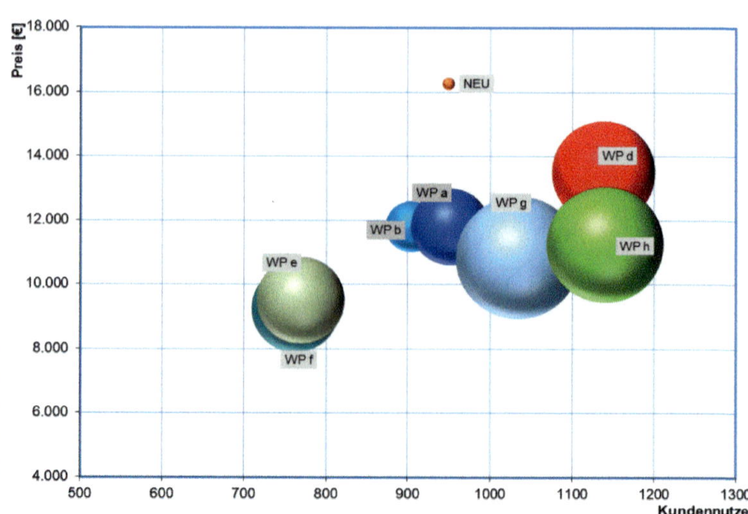

Bild 5.16: Darstellung der Wettbewerbssituation in einem Portfolio – Kreisdurchmesserentspricht dem Marktanteil

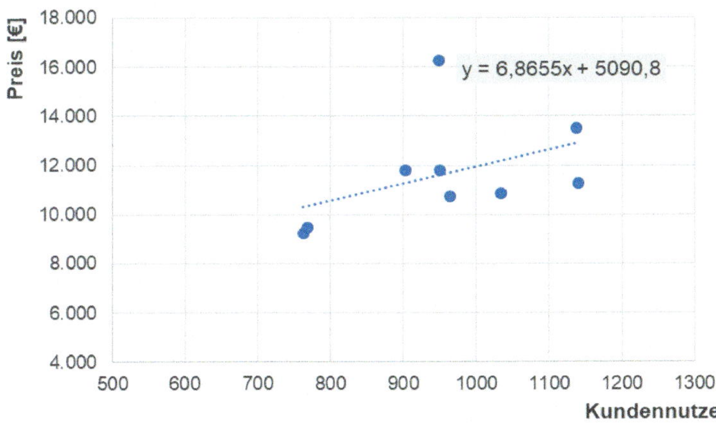

Bild 5.17: Vereinfachte Portfolio-Darstellung nach Bild 5.16 mit linearer Regressionsfunktion

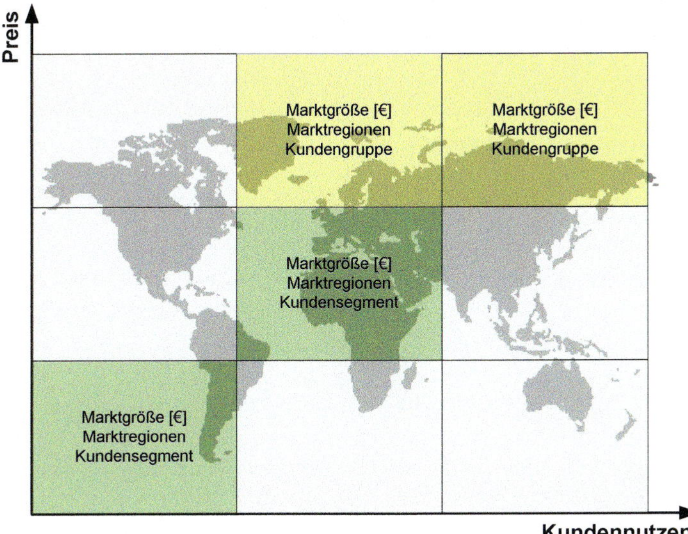

Bild 5.18: Marktgröße und Marktregion der jeweiligen Kundennutzen-Preis-Kombination

Chart (LPP Chart) verwendet. Natürlich sind die Korrelationen nicht immer linear, sondern können auch andere deterministische Verläufe haben.

Neben dem Portfolio mit der Darstellung der Wettbewerbssituation empfiehlt sich eine zweite, ähnliche Darstellung, die eine Aussage über die Marktgröße macht, **Bild 5.18**. Aus dieser Darstellung kann abgeleitet werden, für welche Kundennutzen-Preis-Kombination der größte Markt vorhanden ist und ob es sinnvoll ist, für unterschiedliche Kundennutzen-Preis-Kombinationen Produktvarianten zu entwickeln. So ergibt sich im Maschinenbau häufig die Situation, dass abhängig vom jeweiligen Absatzmarkt und dem dortigen Lohnniveau Maschinen mit unterschiedlich hohem Automatisierungsgrad notwendig sind. Diese Aussage ist als Basis der Arbeit für die Produktentwicklung sehr wichtig, da bei mehreren Produktvarianten Überlegungen in Richtung Baukastensystem, Modulbauweise oder Plattformen notwendig sind.

Aufgabe der Produktentwicklung ist nun die Entwicklung eines Produktes mit einer erfolgreichen Kundennutzen-Preis-Kombination, wobei die Wettbewerbsstrategie des Unternehmens zu berücksichtigen ist.

5.5.2 Festlegung des Zielmarktpreis

Teilweise wird noch heute in Unternehmen der Marktpreis eines Produktes auf der Basis der zu erwartenden Herstellkosten ermittelt. Es wird also der aus Sicht des Unternehmens erforderliche Preis definiert, damit Gewinn mit dem Produkt erwirtschaftet werden kann – Buttom-Up Preisfestlegung, **Bild 5.19**. Diese Vorgehensweise orientiert sich nicht am Markt, sondern am Bedarf des Unternehmens. In einem so kalkulierten Preis sind enthalten:

- Kosten für Produktfunktionen, welche die Kunden eventuell gar nicht benötigen
- Teure Lösungen für Produktfunktionen
- Kosten für aufwendige Prozesse im Unternehmen mit einem hohen Anteil an Verschwendung (z. B. Vertriebs-, Entwicklungs-, Herstell- und Führungsprozesse)
- Overheadkosten im Unternehmen durch eine zu große Verwaltung, etc.

Das Unternehmen definiert einen Preis, um seine Kosten zu decken.

Als Konsequenz daraus ergibt sich dann, dass die Kunden auf Wettbewerbsprodukte ausweichen, weil die eigenen Produkte für den gebotenen Nutzen zu teuer sind.

Dieser Ansatz, den Preis aufgrund der Kosten zu definieren, führt in der Produktentwicklung häufig zum sogenannten Over-Engineering. Dabei werden Funktionen in Produkte integriert oder technische Lösungen für Funktionen erarbeitet, die für die Kunden keinen erkennbaren Nutzen bringen, aber Kosten verursachen.

Aus diesem Grund werden Produkte heute in der Regel zielkostenorientiert entwickelt. Diese zielkostenorientierte Produktentwicklung wird auch als Target Costing oder Design to Cost bezeichnet. Dabei orientiert sich die gesamte Entwicklung an einem vor Beginn der Entwicklung festgelegten Zielpreis und den daraus abgeleiteten Ziel-Herstellkosten des Produktes.

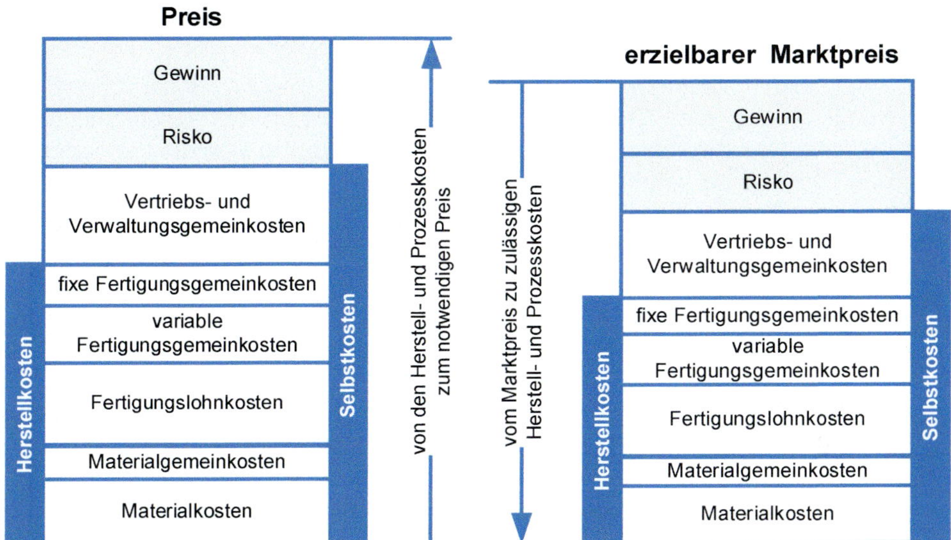

Bild 5.19: Preisermittlung auf der Basis der internen Kosten im Vergleich zur Festlegung zulässiger Kosten aufgrund des erzielbaren Marktpreises

Zur Ableitung des Zielmarktpreises gibt es unterschiedliche Ansätze.

Ableitung des Zielmarktpreises aus der Positionierung des Produktes im Kundennutzen-Preis-Portfolio

Durch die Festlegung einer Zielposition in einem Kundennutzen-Preis-Portfolio, wie beispielsweise in Bild 5.16 dargestellt, wird auch der Zielmarktpreis für das neu zu entwickelnde Produkt festgelegt. Ein gegenüber diesem Preis niedrigerer Preis bei gleichem Kundennutzen würde die Marktchancen vergrößern, während ein höherer Marktpreis bei gleichem Kundennutzen die Marktchancen verringern würde.

Zielpreisfestlegung aufgrund strategischer Planungen des Unternehmens

Möchte ein Unternehmen beispielsweise ein neues Produkt in den Markt bringen, so kann eine Festlegung des Marktpreises aufgrund strategischer Überlegungen erfolgen. Dabei kann durchaus die Entscheidung getroffen werden, den Preis unterhalb der zu erwartenden Selbstkosten anzusiedeln und das Produkt, zumindest für eine gewisse Zeit, durch andere Produkte zu subventionieren. Ein so festgelegter Marktpreis kann allerdings nicht als Basis zur Ermittlung der zulässigen Herstellkosten herangezogen werden.

Marktforschung unter Anwendung der Conjoint-Analyse

Die Conjoint-Analyse [Fiedler et al., 2017] eignet sich besonders dann, wenn es um neue Produkte geht. Bei dieser Methode werden dem potenziellen Kunden verschiedene Kombinationen von Produktmerkmalen und Preisen zur Auswahl gegeben. Der Kunde wählt dann daraus die Kombination aus, die für ihn den größten Wert darstellt. Mit Hilfe einer Analysesystematik wird neben dem Gesamtwert des möglichen Produktes auch der Wert der einzelnen Produktmerkmale aus Kundensicht ermittelt. Diese Methode liefert also mehr als nur den Marktpreis.

5.5.3 Ableitung der Ziel-Herstellkosten

Ableitung der Ziel-Herstellkosten aus dem Zielmarktpreis

Zur Ableitung der Ziel-Herstellkosten aus dem Zielmarktpreis muss genau bekannt sein, welches Kalkulationsschema der Kosten- und Preisberechnung im Unternehmen zugrunde liegt. Da die in Unternehmen verwendeten Kalkulationsschemata sehr spezifisch sind und es kein allgemeingültiges Verfahren gibt, ist für diese Berechnung das Controlling des Unternehmen unbedingt einzubeziehen.

Ableitung der Ziel-Herstellkosten aus der Analyse der Wettbewerbsprodukte

Neben den genannten Vorgehensweisen findet in der Entwicklungspraxis eine weitere Methode Anwendung, die besonders dann sinnvoll, wenn das Unternehmen die Kostenführerschaft anstrebt.

Dazu werden die Wettbewerbsprodukte detailliert analysiert und die jeweils kostengünstigste Lösung für eine Funktion aller Wettbewerbsprodukte genommen, **Bild 5.20**. Aus der Summe der Funktionskosten werden die Ziel-Herstellkosten für das Produkt ermittelt. Die einzelnen Funktionskosten sind dabei zu schätzen aufgrund

- der Anzahl der Teile,
- der verwendeten Werkstoffe,
- der notwendigen Bearbeitungs- und Montageschritte sowie den
- geschätzten Kosten der Herstellung und Montage.

Dieses Verfahren, welches im Zusammenhang mit dem Reverse Engineering steht, orientiert sich an den Produkten der Wettbewerber und nicht am Markt. Dabei geht man davon aus, dass durch diese Vorgehensweise die kostengünstigste Lösung entsteht, die auf jeden Fall im Markt angenommen wird. Problematisch ist in der praktischen Anwendung die Abschätzung der Herstell- und Montage-

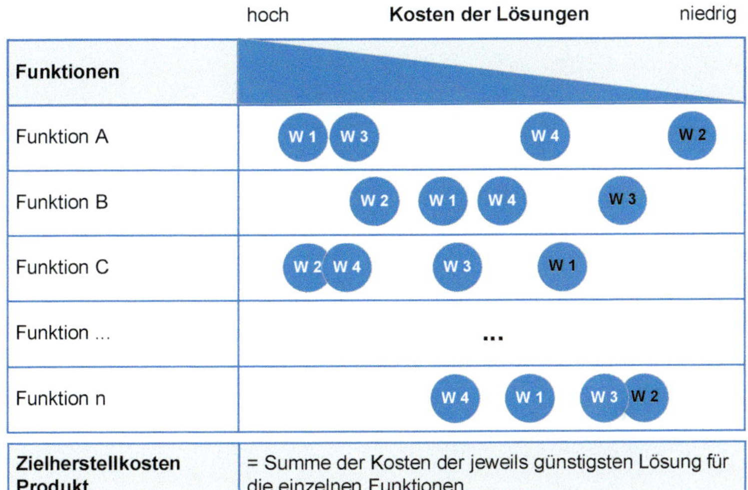

Bild 5.20: Ermittlung der Ziel-Herstellkosten anhand einer detaillierten Wettbewerbsanalyse

kosten. Diese Abschätzung kann nur von entsprechend erfahrenen Personen durchgeführt werden.

Aus dieser Vorgehensweise ergeben sich meist sehr ambitionierte Herstellkostenziele für die Produktentwicklung. Besonders eignet sich dieses Verfahren für die Festlegung der Ziel-Herstellkosten der zu den Basisanforderungen an das Produkt gehörenden Basisfunktionen.

5.6 Wirtschaftlichkeit des Entwicklungsprojektes

Nach Abschluss der Produktdefinition sind noch keine detaillierten Lösungen für das neue Produkt vorhanden. Trotzdem ist es aber notwendig, bereits nach Abschluss dieser Phase die Wirtschaftlichkeit des Entwicklungsvorhabens abzuschätzen. Die notwendigen Informationen für die Abschätzung wie

- erwartete Absatzzahlen für das Produkt,
- Zielmarktpreis des Produktes,
- Ziel-Herstellkosten und Selbstkosten des Produktes abgeleitet aus dem Zielmarktpreis

liegen vor. Auf Basis dieser Informationen kann mit Hilfe der Verfahren der Wirtschaftlichkeitsrechnung abgeschätzt werden,

- wie hoch bei geforderten Kriterien der Wirtschaftlichkeit des Entwicklungsprojektes (Amortisationsdauer, Kapitalwert etc.) die Investition in das Projekt sein darf und
- ob die Entwicklung des Produktes bei maximal zulässiger Investition und vorgegebenen Wirtschaftlichkeitskriterien überhaupt wirtschaftlich ist.

Die wichtigsten Verfahren der Wirtschaftlichkeitsrechnung werden in Kapitel 11 erläutert.

Natürlich kann die Wirtschaftlichkeitsrechnung in diesem frühen Stadium der Produktentwicklung nur eine Abschätzung liefern. Allerdings lässt sich, ohne dass bis dahin große Investitionen notwendig sind, in der Tendenz erkennen, ob die Entwicklung des neuen Produktes wirtschaftlich Sinn macht oder nicht.

6 Produktkonzeption

6.1 Ziele der Konzeptphase

Ein Produktkonzept beschreibt eine prinzipielle Lösung für ein Produkt. Es umfasst Lösungen für alle geforderten Funktionen – rationale und emotionale – und deren sinnvolle Kombination zum Produkt. Das Konzept wird repräsentiert durch Skizzen, reale oder virtuelle Modelle. Aus den Skizzen und Modellen sind der prinzipielle Aufbau (Struktur) des Produktes, seine Funktionen und das Zusammenwirken der Lösungen für die Funktionen erkennbar.

Die Phase der Produktkonzeption fordert besonders die Kreativität des Entwicklungsteams. Wichtig ist, dass in dieser Phase grundsätzlich mehrere, unterschiedliche Lösungskonzepte erarbeitet werden (Set Based Engineering). Wird nur eine Lösung erarbeitet, so besteht die Gefahr, dass sich im Laufe des Entwicklungsprojektes zeigt, dass sich diese eine Lösung in der gewünschten Form nicht realisieren lässt. Die Folge sind ungeplante Iterationsschleifen mit in der Folge höheren Projektkosten und längeren Entwicklungszeiten.

Dieses wird durch das parallele Bearbeiten mehrerer Lösungsalternativen vermieden. Zudem bieten mehrere Lösungskonzepte den Vorteil, dass im Verlauf des Entwicklungsprojektes die jeweils besten Elemente zu einer neuen, optimalen Lösung zusammengeführt werden können. Das Arbeiten mit mehreren Lösungsalternativen ist ein wesentliches Element im Rahmen einer schlanken Produktentwicklung.

Auch in dieser Phase ist eine methodische und systematische Vorgehensweise zielführend. Dieses klingt im ersten Moment wie ein Widerspruch zu der in dieser Entwicklungsphase notwendigen Kreativität. Die Methodik aber dient zur Unterstützung der Kreativität. Zudem hilft die methodische Vorgehensweise, auch in dieser frühen Phase der Produktentwicklung, durch eine stetige Rückkopplung zu den Anforderungen, deren Erfüllung sicherzustellen.

6.2 Funktionale Beschreibung des Produktes

Die Basis für die Konzeption eines Produktes ist das grundlegende Verständnis der Aufgabenstellung. So bauen die weiter unten beschriebenen Methoden zur Ideenfindung immer auf einer genauen Problemanalyse auf. Die funktionale Beschreibung des Produktes dient dieser Analyse. Sie ermöglicht ein grundlegendes Verständnis des zu entwickelnden Produktes, ohne sich direkt auf bestimmte

Lösungen festzulegen. Eine Funktion wird nach [EN 1325:2014 Deutsche Fassung] definiert:

„Wirkung eines Produktes oder eines seiner Bestandteile“

Eine andere Definition findet sich in [Feldhusen und Grote, 2013]:

„Unter Funktion ist der allgemeine und gewollte Zusammenhang zwischen Eingang und Ausgang eines Systems mit dem Ziel, eine Aufgabe zu erfüllen, zu verstehen.“

Zu dieser Definition des Begriffs Funktion soll noch ergänzt werden [Feldhusen und Grote, 2013]:

„Grundsätzlich dienen technische Artefakte, also von Menschen geschaffene künstliche Gebilde, dazu etwas zu bewirken. Dieses „Bewirken“ ist die Funktion des Artefakts …“

Die Funktionen eines Produktes umfassen, wie bei der Definition der Produktmerkmale bereits erläutert, nicht nur die rationalen Funktionen. Wichtig für den Erfolg eines Produktes sind auch die emotionalen Funktionen, **Bild 6.1**.

Je nach Art des Produktes ist dieses eher durch seine rationalen Funktionen oder eher durch seine emotionalen Funktionen bestimmt, **Bild 6.2**. Selbst bei vielen technischen Produkten wie beispielsweise Kraftfahrzeugen, Elektrowerkzeugen, Baumaschinen oder Werkzeugmaschinen spielen emotionale Funktionen eine wichtige Rolle bei der Kaufentscheidung.

Grundlegende Aufgabe bei der Entwicklung eines Produktes ist die Suche nach Lösungen zur Realisierung der geforderten Funktionen des Produktes.

Eine Funktion soll kurz und prägnant in der Form

Substantiv + Verb

beschrieben werden.

Substantiv	Beschreibt wo oder womit etwas geschieht (Ausgangsort der Wirkung)
Verb	Beschreibt was geschieht (die Wirkung)

Bei der Beschreibung der Funktionen ist darauf zu achten, dass diese lösungsneutral beschrieben werden. Nur so ergibt sich die Möglichkeit, im Rahmen der

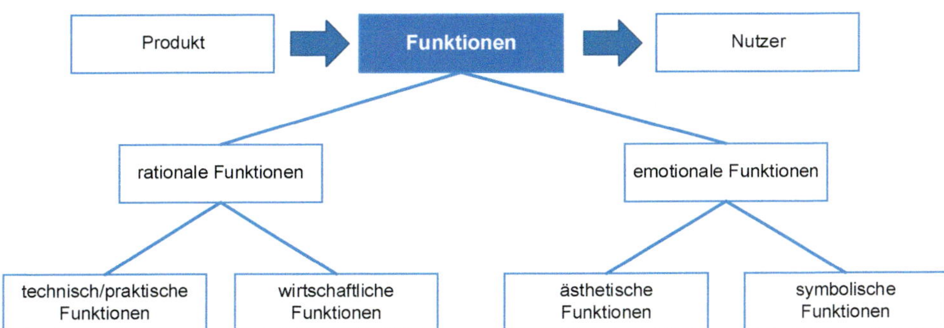

Bild 6.1: Funktionen eines Produktes in Anlehnung [Godau, 2003]

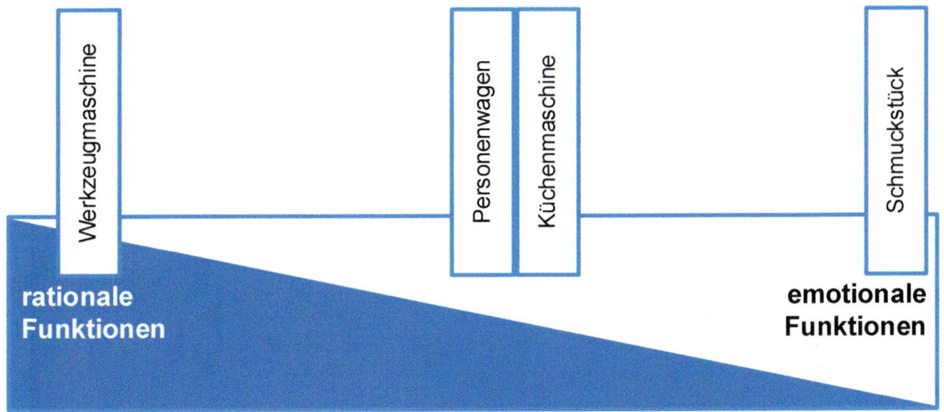

Bild 6.2: Einordnung verschiedener Produkte nach ihrem Anteil an rationalen und emotionalen Funktionen

Ideenfindung neue und innovative Lösungen zu generieren. Die richtige Beschreibung ist dabei eine Frage des Abstraktionsgrades der Funktionsbeschreibung. Hinweise zum richtigen Abstraktionsgrad finden sich in der VDI-Richtlinie 2803 [VDI 2803 Blatt 1, 2019]. Danach darf eine Funktionsbeschreibung nicht im realen Bereich bleiben, weil es sich dann nur um die Beschreibung des realen Systems handelt und direkt schon eine Lösung enthält. So wird der Weg zu neuen Lösungen verbaut. Die Beschreibung „Benzin pumpen“ in **Bild 6.3** gibt direkt den Stoff, Benzin, und die Lösung, pumpen, vor. Die ideale Funktionsbeschreibung findet sich in der ikonischen Beschreibung im Übergang zur symbolischen. Für das Beispiel bedeutet das, dass die richtige Beschreibung „Flüssigkeit fördern“ oder noch etwas abstrakter „Volumenstrom erzeugen“ lauten muss. Liegt die Beschreibung zu sehr im symbolischen Bereich, so eignet sie sich nicht mehr als Basis für die spätere Lösungssuche. Der Lösungsraum, der sich mit einer zu abstrakten Funktionsbeschreibung aufgespannt wird, führt häufig zu vielen Lösungen, die aber für die Entwicklung des Produktes untauglich sind.

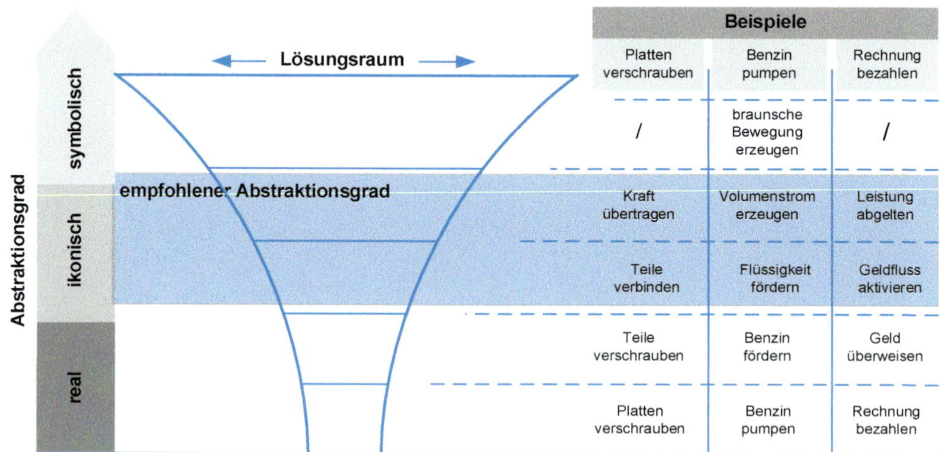

Bild 6.3: Ideenproduktion in Abhängigkeit vom Abstraktionsgrad der Funktionsbeschreibung in Anlehnung an VDI 2803 Blatt 1 [VDI 2803 Blatt 1, 2019]

6.2.1 Bestimmung der Produktfunktionen

In einem ersten Schritt werden die Soll-Funktionen [VDI 2803 Blatt 1, 2019] des Produktes festgelegt.

Soll-Funktionen

Die Soll-Funktionen werden sowohl bei der Weiterentwicklung eines Produktes als auch bei der Entwicklung eines neuen Produktes benötigt. Sie stellen nach VDI-Richtlinie 2803 Blatt 1 die „optimierte Beschreibung des Soll-Zustandes" des Produktes dar. Die Soll-Funktionen eines Produktes sind abhängig von

- den funktionalen Anforderungen an das Produkt. Dabei ist zu beachten, dass sich die für den Nutzer selbstverständlichen Funktionen durchaus nicht in den Anforderungen wiederfinden müssen. Sie sind aber unbedingt im Produkt zu realisieren, da ansonsten notwendige Basisfunktionen des Produktes fehlen.
- der Produktstrategie des eigenen Unternehmens. Setzt das eigene Unternehmen auf eine Differenzierungsstrategie, so ist die funktionale Differenzierung eine der wichtigsten Möglichkeiten zur Realisierung unterscheidbarer Produkte. Das eigene Produkt muss dann Funktionen besitzen, die einen Wert darstellen aus Sicht der Kunden, bei Wettbewerbsprodukten aber nicht vorhanden sind. Sieht das eigene Unternehmen sein Ziel dagegen in der Preisführerschaft, so sind die Basisfunktionen möglichst kostengünstig zu realisieren.

Grundsätzlich ist bei der Festlegung der Soll-Funktionen auf die Kundensicht zu achten. Es muss bei jeder Funktion die Frage gestellt werden, ob sie den Kunden einen Nutzen bringt, für den die Kunden auch bereit sind zu bezahlen. Funktionen, die dieses nicht erfüllen, sind wegzulassen, da sie fast immer zu höheren Kosten führen, die nicht an die Kunden weitergegeben werden können.

Die letztlich festgelegten Soll-Funktionen für das Produkt sind nochmals mit den definierten Anforderungen in der Anforderungsliste abzugleichen (**Bild 6.4**). Dieser Regelkreis soll sicherstellen, dass die Funktionen des Produktes tatsächlich den Anforderungen entsprechen. Auch bei den weiteren Schritten der Entwicklung des Produktes, Festlegung der Technologien/Wirkprinzipien, Strukturierung des Produktes und Festlegung der physikalische Eigenschaften ist die ständige Rückkopplung zu den Anforderungen unbedingt notwendig.

Ist ein vorhandenes Produkt weiterzuentwickeln, so sind für dieses zusätzlich die Ist-Funktionen zu bestimmen.

Ist-Funktionen

Ist-Funktionen sind die Funktionen eines existierenden Produktes. Eine Analyse der Ist-Funktionen wird bei der Weiterentwicklung eines Produktes durchgeführt, um die Funktionen des vorhandenen Produktes zu erkennen und mit den gewünschten Soll-Funktionen abzugleichen.

Im Vergleich zu den Soll-Funktionen überflüssige Ist-Funktionen sind wegzulassen. Maßgebend für die weiteren Entwicklungsschritte sind die Soll-Funktionen.

Ein weiterer, zentraler Begriff im Zusammenhang mit Funktionen ist der des Funktionenträgers.

Funktionenträger

Unter Funktionenträger sollen diejenigen Elemente – Einzelteile, Baugruppen oder Komponenten – verstanden werden, durch welche die Funktionen realisiert werden, um die gewünschte Wirkung zu erzeugen.

Nach [EN 1325:2014 Deutsche Fassung] ist Funktionenträger definiert als:

„Komponente, durch die eine Funktion ausgeführt wird.“

Die Hauptaufgaben bei der Produktentwicklung ist die Umsetzung von Funktionen in konkrete Funktionenträger, das heißt die Festlegung von Wirkprinzipien zur Rea-

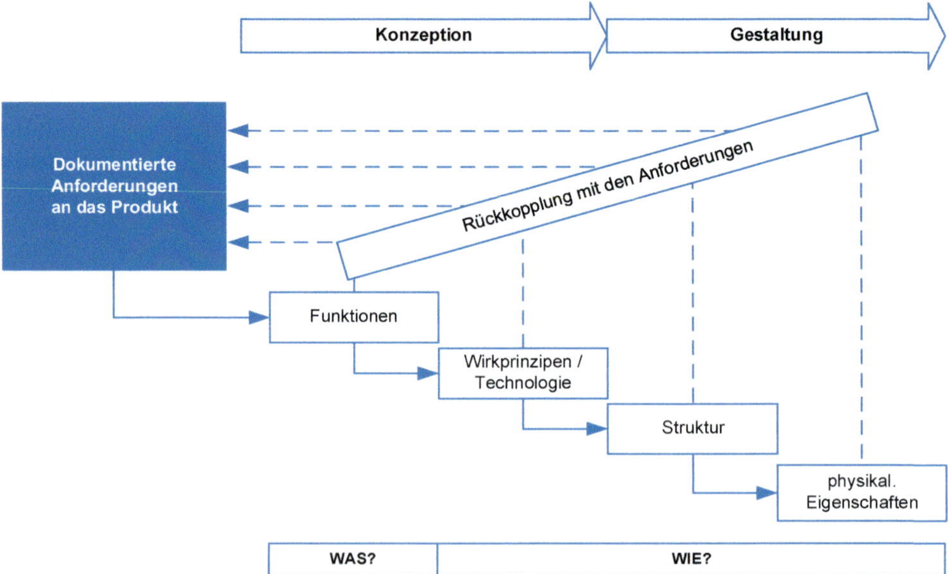

Bild 6.4: Abgleich von Funktionen, Wirkprinzipien, Produktstruktur und physikalischen Eigenschaften mit den Anforderungen an das Produkt

lisierung der Funktionen unter Berücksichtigung gegebener Randbedingungen wie Kosten, Verfügbarkeit, Herstellbarkeit und Design.

6.2.2 Darstellung der Funktionen in einer Funktionenstruktur

Um den Zusammenhang der Funktionen eines Produktes zu veranschaulichen, werden diese in einer Funktionenstruktur dargestellt. Verschiedene Darstellungsformen können dazu verwendet werden: Funktionenbaum, verknüpfte Funktionenstruktur oder die Funktionen-Analyse-Systemtechnik (FAST). Letzter soll hier nicht weiter beschrieben werden. Hierzu sei auf die VDI-Richtlinie 2803 Blatt 1 [VDI 2803 Blatt 1, 2019] verwiesen.

Der Funktionenbaum stellt eine hierarchische Gliederung der Funktionen dar. In der obersten Hierarchiestufe steht die Gesamtfunktion, die sich aus Teilfunktionen zusammensetzt. Jede Teilfunktion kann wiederum aus untergeordneten Teilfunktionen bestehen, bis hin zu den Elementarfunktionen. Elementarfunktionen lassen sich nicht weiter unterteilen.

Um die Gliederung der Funktionen vorzunehmen, empfiehlt sich eine einfache Fragetechnik. Ausgehend von einer Funktion werden über die Frage

Wie wird die Funktion realisiert?

deren Teilfunktionen ermittelt. In gleicher Weise werden wiederum deren Teilfunktionen auf der nächstniedrigeren Ebene bestimmt.

Umgekehrt wird durch die Frage

Wozu dient die Funktion?

die zu einer Teilfunktion gehörende Funktion der nächsthöheren Hierarchiestufe ermittelt.

Bezüglich der technisch-praktischen Funktionen lassen sich aus einem Funktionenbaum bereits erste Aussagen über die mögliche Baustruktur (Produktstruktur) des Produktes ableiten.

Häufig taucht bei der Funktionenanalyse die Frage auf, wie viele Ebenen für die Funktionenstrukturierung sinnvoll sind. Erfahrungen aus der Praxis zeigen, dass eine bis hin zu den Elementarfunktionen betriebene Funktionenanalyse wenig sinnvoll ist. Sie führt meist zu einer komplexen Funktionenstruktur, die aber für die anschließende Lösungssuche wenig hilfreich ist. Die Funktionenanalyse sollte sich deshalb auf eine Detaillierung der Funktionen bis hin zur dritten oder vierten Ebene, je nach Komplexität des Produktes, beschränken.

Der Funktionenbaum, **Bilder 6.5 und 6.6**, zeigt eine weitere Untergliederung der Funktionen in Funktionen, die von den Kunden direkt wahrgenommen werden können und solchen, die von den Kunden nicht direkt wahrgenommen werden können. Die direkt wahrnehmbaren Funktionen haben entsprechend direkten Einfluss auf die Kaufentscheidung der Kunden und erfordern bei der Realisierung besondere Aufmerksamkeit. Sie eignen sich somit besonders für die Differenzierung des eigenen Produktes gegenüber den Wettbewerbsprodukten.

Für die von den Kunden nicht direkt wahrgenommenen Funktionen können andere Gestaltungskriterien im Vordergrund stehen, so beispielsweise die Frage nach Gleichteilen mit anderen Produkten.

Aus dem Funktionenbaum ist das Zusammenwirken der einzelnen Funktionen nicht erkennbar. Dieses geht aus der zweiten möglichen Darstellungsform hervor, der sogenannten verknüpften Funktionenstruktur.

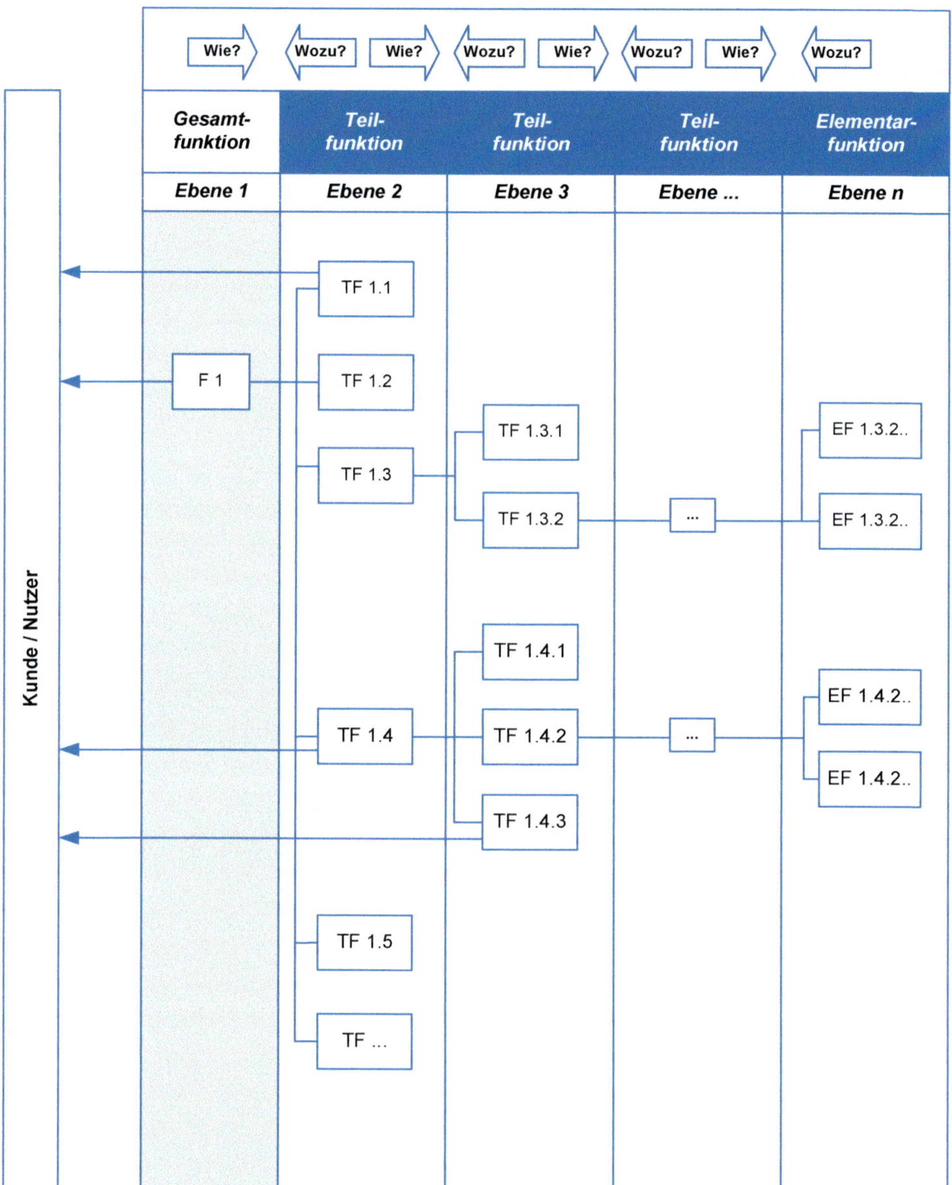

Bild 6.5: Funktionenbaum zur hierarchischen Gliederung der Funktionen eines Produktes sowie den von Kunden/Nutzer direkt wahrgenommen Funktionen

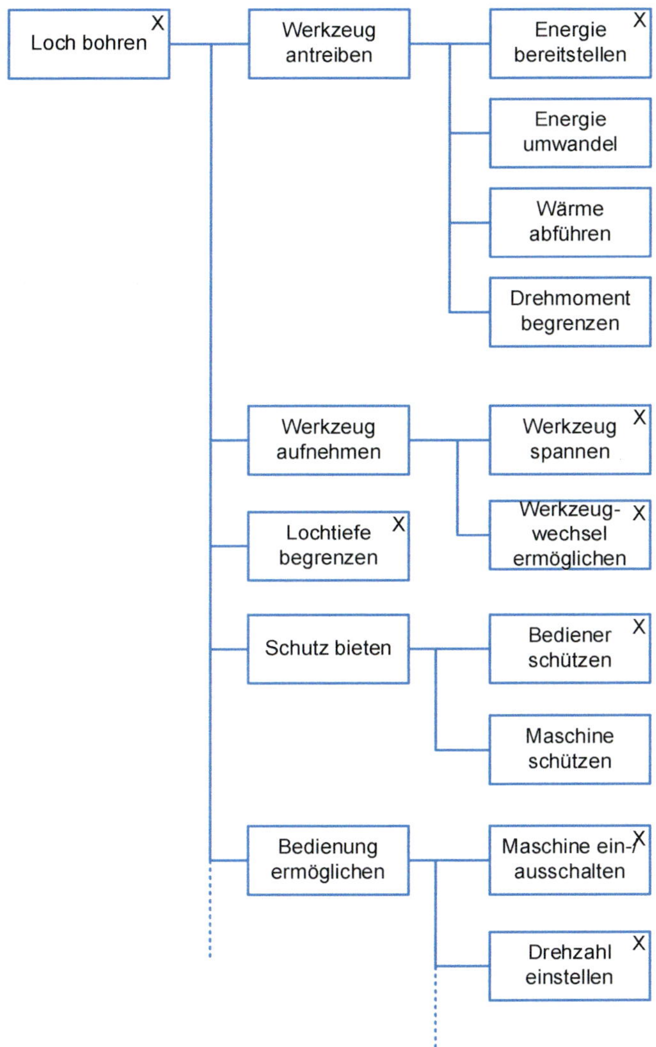

Bild 6.6: Ausschnitt aus dem Funktionenbau einer Handbohrmaschine

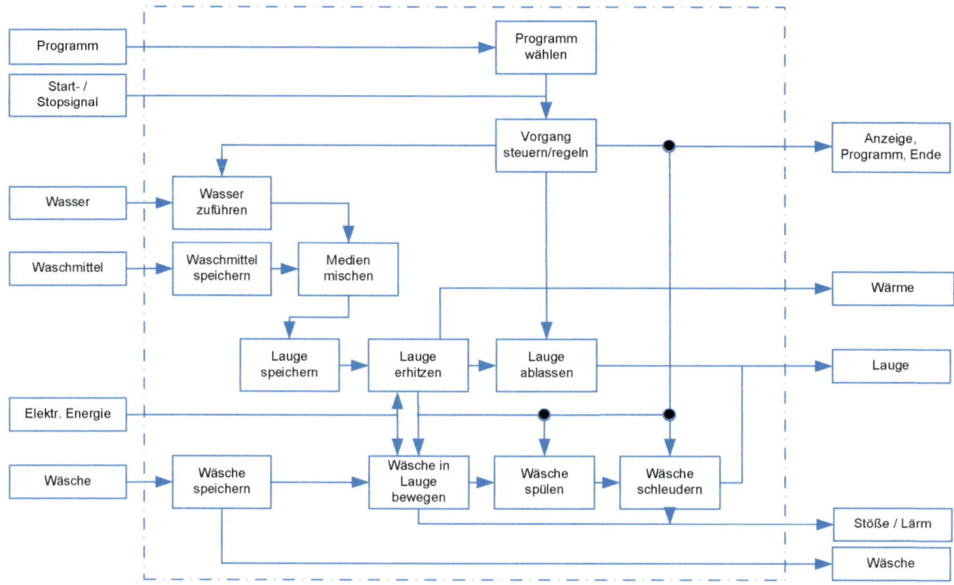

Bild 6.7: Funktionenstruktur mit Darstellung der Verknüpfung der Funktionen in Anlehnung an [Gierse F. J., 1990]

In der verknüpften Funktionenstruktur, **Bild 6.7**, werden die Funktionen eines Produktes zusammen mit seinen Eingangs- und Ausgangsgrößen – Energie, Stoff und Information – dargestellt. Mithilfe dieser Darstellungsform lässt sich sehr gut zeigen, wie die einzelnen Funktionen zusammenwirken. Durch die dargestellten Verknüpfungen der einzelnen Funktionen eignet sich diese Darstellungsform auch als Ansatzpunkt zur Lösungssuche mittels Variation der Funktionenstruktur. Allerdings liefert diese Darstellung nur wenige Informationen zur Baustruktur des Produktes.

Für die Funktionen gilt, was auch für die Anforderungen gilt: Sie sind nach ihrer Wichtigkeit zu gliedern. Dazu bieten sich verschiedene Ansätze an.

Unterteilung in Haupt- und Nebenfunktionen

Nach [VDI 2803 Blatt 1, 2019] kann durch die Unterteilung der Funktionen in Haupt- und Nebenfunktionen eine Rangfolge herausgearbeitet werden. Dieses knüpft an die Wichtigkeit der Funktion für den Nutzer oder Einsatzzweck an. Entsprechend der Richtlinie besitzt ein Produkt mindestens eine Hauptfunktion, kann aber auch mehrere Haupt- und Nebenfunktionen besitzen.

Gewichtung der Funktionen

Die Wichtigkeit der Funktionen kann mithilfe eines Gewichtungsverfahren entsprechend Kapitel 5.4 bestimmt werden.

Korrelation von Funktionen und Anforderungen

Als sinnvollster Ansatz hat sich die Korrelation der Funktionen mit den Anforderungen, **Bild 6.8**, des Produktes erwiesen. Dabei wird bewertet, wie stark der Zusammenhang zwischen einer Anforderung und einer Funktion ist. Trägt die Funktion viel dazu bei, eine Anforderung zu erfüllen, so besteht eine starke Korrelation zwischen der Funktion und der Anforderung, trägt sie nichts dazu bei, so gibt es keine Korrelation zwischen Funktion und Anforderung. Mit Zwischenwerten kann die Stärke der Korrelation bewertet werden.

			Funktionen				
		Gewichtung	Funktion 1	Funktion 2	Funktion 3	...	Funktion m
Anforderungen	Anforderung 1	G_1	k_{11}	k_{12}	k_{13}	...	k_{1m}
	Anforderung 2	G_2	k_{21}	k_{22}	k_{23}	...	k_{2m}
	Anforderung 3	G_3	k_{31}	k_{32}	k_{33}	...	k_{3m}
	...	...	...	...	...	...	...
	Anforderung n	G_n	k_{n1}	k_{n2}	k_{n3}	...	k_{nm}
Summenprodukt			$\Sigma G_i{*}k_{i1}$	$\Sigma G_i{*}k_{i2}$	$\Sigma G_i{*}k_{i3}$	...	$\Sigma G_i{*}k_{im}$

G_i: Gewichtungsfaktor, k_{ij}: Korrelationskoeffizient = 0, 3, 6 oder 9
i = 1...n; j = 1...m

Bild 6.8: Ermittlung der Wichtigkeit der Funktionen eines Produktes durch Korrelation der Funktionen mit den Anforderungen

Als Korrelationskoeffizient können 0 für keine Korrelation bis zu 9, starke Korrelation verwendet werden mit 3 und 6 als Zwischenwerten. Der Korrelationskoeffizient wird für jede Anforderung und Funktion festgelegt und die Wichtigkeit der Funktion über die Bildung der Summe von Anforderungsgewichtungen multipliziert mit dem Korrelationskoeffizienten berechnet. Bei diesem Verfahren wird so auch die Wichtigkeit der Anforderungen, auf die eine Funktion Einfluss hat, mitberücksichtigt. Vor einer Gewichtung der Anforderungen entsprechend der beschriebenen Vorgehensweise muss festgelegt werden, welche Ebene der Funktionen im Funktionenbaum für die Gewichtung herangezogen wird. Werden Funktionen unterschiedlicher Ebenen verwendet, so wird dadurch das Ergebnis verfälscht und unbrauchbar. Sinnvoll ist, die Gewichtung der Funktionen für die Ebene 2 oder 3 durchzuführen, je nach Produktkomplexität und daraus folgenden Struktur des Funktionenbaums.

Das Ergebnis dieser Gewichtung kann im weiteren Verlauf dann auch dazu genutzt, die Ziel-Herstellkosten des Produktes auf die einzelnen Funktionen zu verteilen.

6.2.3 Anmerkungen zur Realisierung der Funktionen

Neben den Anforderungen an die Funktion gibt es in der Anforderungsliste oder im Lastenheft weitere Anforderungen, wie weiter oben beschrieben wurden. Diese Anforderungen wirken sich auf die Realisierung der einzelnen Funktionen aus. Sie stellen Randbedingungen, **Bild 6.9**, bei der Lösungssuche für die Funktionen dar.

Je nach Funktion sind es unterschiedliche Anforderungen. Gibt es bestimmte Anforderungen bezüglich des Produktdesigns, so haben diese Einfluss auf die Lösung von Funktionen, die für Kunden und Nutzer direkt sichtbar sind, während die Lösungen anderer Funktionen, die für den Kunden nicht direkt sichtbar sind, davon nicht beeinflusst werden. Anforderungen, beispielsweise an die Lebensdauer des Produktes, haben bei technischen Produkten Einfluss auf viele Funktionen und sind bei der Erarbeitung der Lösungen für die Funktionen zu berücksichtigen.

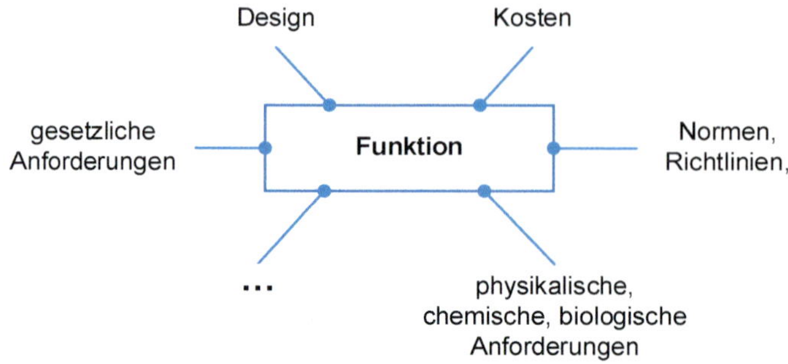

Bild 6.9: Anforderungen als Randbedingungen bei der Realisierung von Funktionen eines technischen Produktes

Meist bedeutet dies die Suche nach Lösungen, die einen Kompromiss zwischen allen Anforderungen bieten, was insbesondere auch dann gilt, wenn unterschiedliche Fachdisziplinen in die Realisierung der Funktion involviert sind. Gerade aber bei für Kunden und Nutzer wichtigen Anforderungen gilt es, nach neuen innovativen Lösungen zu suchen und nicht zu schnell Kompromisse einzugehen, da in sehr vielen Fällen die wichtigen Funktionen und deren Realisierung auch die Produktmerkmale sind, um das neue Produkt von denen der Wettbewerber zu differenzieren.

6.2.4 Arbeitsschritte der Funktionenanalyse

Um die Funktionen eines Produktes zu ermitteln, bedarf es einer systematischen Vorgehensweise, wobei grundsätzlich unterschieden wird in die Analyse der Ist-Funktionen und die Beschreibung der Soll-Funktionen.

Analyse der Ist-Funktionen eines Produktes

Basis der Ist-Funktionen-Analyse ist ein vorhandenes Produkt, sei es ein Produkt des eigenen Unternehmens oder ein Wettbewerbsprodukt. In Anlehnung an [VDI 2803 Blatt 1, 2019] wird folgende Vorgehensweise vorgeschlagen:

- Funktionen sammeln: Dazu werden, am besten im Team, zuerst die Funktionen eines Produktes gesammelt und anschließend in der Form Substantiv + Verb beschrieben.
- Funktionen gliedern: In diesem Schritt werden die einzelnen Funktionen genauer betrachtet. Es wird bestimmt, ob es sich bei einer Funktion um eine rationale oder eine emotionale Funktion handelt. Außerdem gilt es, unerwünschte oder sogar unnötige Funktionen zu erkennen.
- Funktionenstruktur erstellen: Die Funktionen werden einer der oben beschriebenen Strukturen dargestellt. So werden die Zusammenhänge und Abhängigkeiten zwischen den Funktionen verdeutlicht.
- Funktionen gewichten: Bestimmung der Wichtigkeit der einzelnen Funktionen des Produktes für die gewählte Ebene des Funktionenbaums.

Beschreibung der Soll-Funktionen eines Produktes

Die Funktionenbeschreibung des Soll-Zustands beschränkt sich in der Regel auf die wichtigen Funktionen der Ebene 1 bis 3 des Funktionenbaums. Diese Funktionen ergeben sich vielfach aus den funktionalen Anforderungen an das Produkt. Eine feinere Aufgliederung der Funktionen ist für die anschließende Lösungssuche eher hinderlich, da sie das Suchfeld für neue Lösungen einschränkt. Sehr wichtig ist zudem der richtige Abstraktionsgrad der Funktionsbeschreibung. So wird ein möglichst großer Suchraum eröffnet, ohne dass eine Vielzahl nicht relevanter Lösungen produziert wird.

Der Ablauf der Soll-Funktionen-Analyse erfolgt in den Hauptschritten

- Funktionen sammeln,
- Funktionen gliedern,
- Funktionenstruktur erstellen und
- Funktionen gewichten

wie auch bei der Ist-Funktionen-Analyse.

Wichtig ist bei der Funktionen-Analyse und der Darstellung der Funktionen in einer Funktionenstruktur, wie in der Richtlinie VDI 2803 Blatt 1 [VDI 2803 Blatt 1, 2019] beschrieben, dass es sich dabei um Ergebnisse, Darstellungen und Arbeitsunterlagen des jeweiligen Teams in seiner spezifischen Zusammensetzung handelt und von den Teammitgliedern akzeptiert sind. Andere Teams in anderer Zusammensetzung können zu abweichenden Ergebnissen kommen.

6.2.5 Nutzen einer funktionalen Produktbeschreibung

Die funktionale Produktbeschreibung ist mit einigem Aufwand verbunden, gerade bei komplexen Produkten. Allerdings bringt diese Form der Beschreibung einigen Nutzen für den weiteren Prozess der Produktentwicklung:

- Die funktionale Produktbeschreibung schafft Klarheit über die Funktionen des Produktes und deren Zusammenwirken.
- Sie sorgt für ein verbessertes Verständnis über die Wirkungsweise des Produktes.
- Es entsteht ein gemeinsames Produktverständnis der Mitglieder des Entwicklungsteams.
- Die Projektarbeit im Team wird durch die lösungsneutrale Beschreibung versachlicht.
- Wirkstrukturen und Abhängigkeiten werden erkannt.
- Mögliche vorliegende Lösungen werden entfremdet und durch eine lösungsneutrale Beschreibung ersetzt.
- Trennung von Wesentlichem und Unwesentlichem.
- Unterstützung der Ideensuche durch sinnvolle Abstraktion der Problemstellung.
- Unterstützung und Vereinfachung des Wettbewerbsvergleichs der Produkte durch die lösungsneutrale Darstellung.

Die Vorteile, die die funktionale Produktbeschreibung bringt, führen letztlich zur schnelleren und effizienteren Neu- oder Weiterentwicklung eines Produktes.

6.3 Aufspaltung der Ziel-Herstellkosten des Produktes auf die Funktionen des Produktes

Der im Rahmen der Produktdefinition festgelegte Ziel-Marktpreis für ein Produkt ist in dieser Form für die Produktentwicklung zu abstrakt. Die Produktentwicklung benötigt als Vorgabe für ihre Arbeit die Zielkosten für die einzelnen Funktionen, den Baugruppen bis hin zu den Bauteilen.

Ausgehend vom Zielmarktpreis müssen, entsprechend dem im Unternehmen gültigen Kalkulationsschema, die Ziel-Herstellkosten ermittelt werden, **Bild 6.10**. Hierzu kann keine allgemeingültige Vorgehensweise angegeben werden, da das Kalkulationsschema von Unternehmen zu Unternehmen sehr unterschiedlich sein kann. Für die Produktentwicklung ist es deshalb notwendig, eng mit dem Unternehmenscontrolling zusammenzuarbeiten.

Sind die Ziel-Herstellkosten ermittelt, so lassen sich die Zielkosten für die einzelnen Funktionen daraus einfach ermitteln, **Bild 6.11**. Voraussetzung ist, dass die Ebene der für die Aufspaltung genutzten Funktionen, beispielsweise Funktionen der Ebene 2 im Funktionenbaum, Bild 6.5, definiert und auch beibehalten wird. Die Kosten der Funktionen der Ebene 3 können dann bei Bedarf durch die Aufspaltung der Kosten der Ebene 2 ermittelt werden und so weiter.

Die ermittelten Funktionenkosten sind die Grundlage für die zielkostenorientierte Entwicklung des Produktes. Die definierten Zielkosten gilt es, bei der Realisierung der Funktionen zu erreichen.

Die Verteilung der Ziel-Herstellkosten auf die einzelnen Funktionen erfolgt über die Wichtigkeit der einzelnen Funktionen, Bild 6.8, wie im Beispiel in **Bild 6.12** dargestellt.

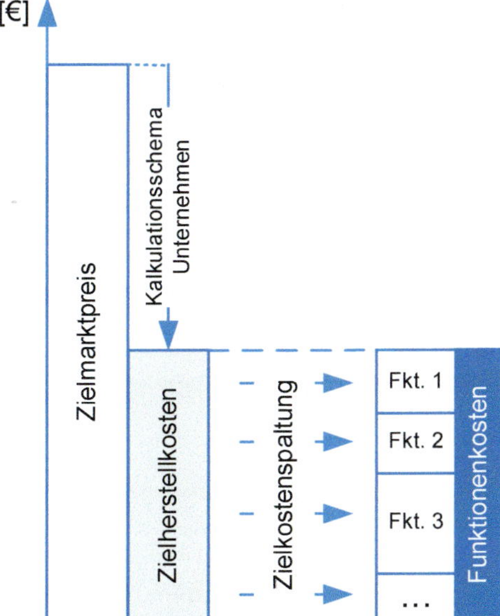

Bild 6.10: Aufspaltung der Ziel-Herstellkosten auf die Funktionen des Produktes

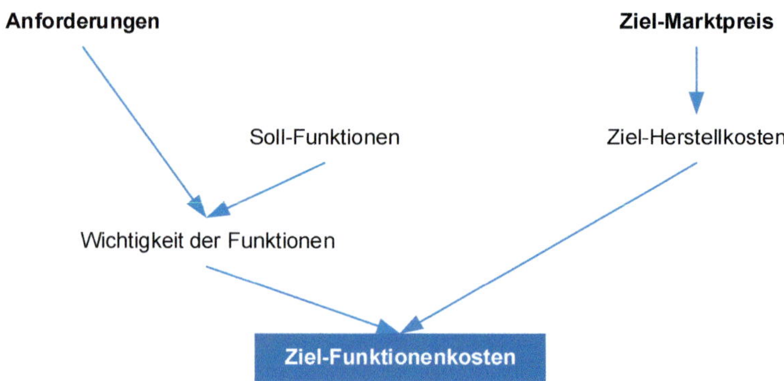

Bild 6.11: Vorgehensweise zur Ermittlung der Ziel-Funktionenkosten

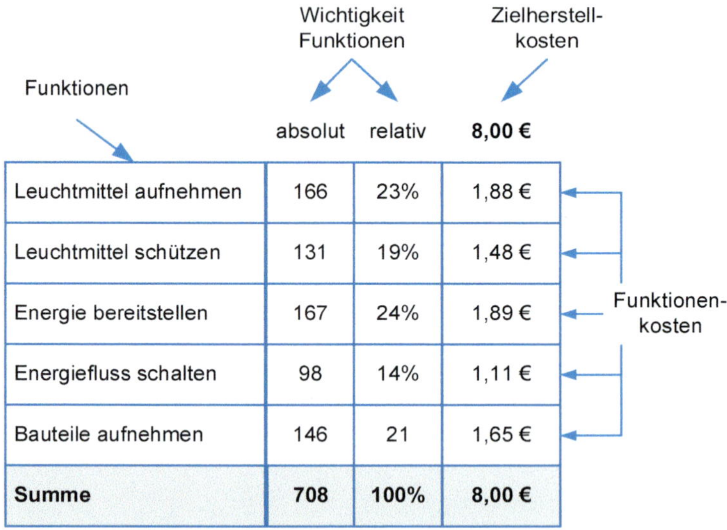

Funktionen	absolut	relativ	8,00 €
Leuchtmittel aufnehmen	166	23%	1,88 €
Leuchtmittel schützen	131	19%	1,48 €
Energie bereitstellen	167	24%	1,89 €
Energiefluss schalten	98	14%	1,11 €
Bauteile aufnehmen	146	21	1,65 €
Summe	**708**	**100%**	**8,00 €**

Bild 6.12: Beispiel zur Ermittlung der Ziel-Funktionenkosten

Diese Aufteilung der Ziel-Herstellkosten auf die einzelnen Funktionen stellt, da die Gewichtung der Anforderungen mit einfließt, die ideale Verteilung aus Kundensicht dar. Soviel wären die Kunden bereit für die entsprechenden Funktionen zu bezahlen. Bei der Weiterentwicklung von Produkten ist häufig festzustellen, dass diese Aufteilung und die tatsächliche Funktionenkostenverteilung bei dem weiterzuentwickelnden Produkt sich deutlich unterscheiden. **Bild 6.13** zeigt beispielhaft eine solche Verteilung und die Unterschiede zwischen den Ziel-Funktionenkosten und den Ist-Funktionenkosten.

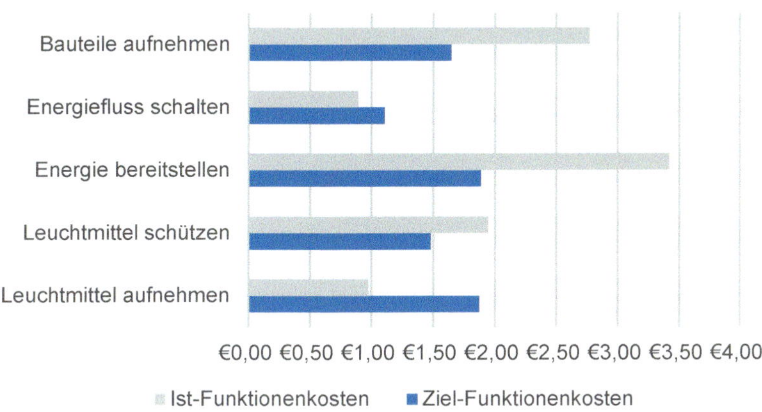

Bild 6.13: Abweichung zwischen Ziel-Funktionenkosten und Ist-Funktionenkosten am gewählten Beispiel – Ziel-Herstellkosten: 8,00 €, Ist-Herstellkosten Vorgängerprodukt 10,00 €

Das hat im Wesentlichen zwei Gründe:

- Das Vorgängerprodukt wurde zu wenig mit Blick auf die Kundenbedürfnisse entwickelt.
- Die gewählten technischen Lösungen der Funktionen führen zu höheren oder auch niedrigeren Kosten.

Aus diesem Grund muss im nächsten Schritt aus den Soll-Funktionenkosten und den Ist-Funktionenkosten eine Verteilung abgeleitet werden, die

- die Wünsche der Kunden,
- die technische Machbarkeit und
- die Ziel-Herstellkosten

berücksichtigt.

Ein wichtiger Punkt sei noch angemerkt: An den unterschiedlichen Kostenarten ist zu erkennen, dass die Realisierung der Ziel-Herstellkosten für ein Produkt selten nur alleine von der Produktentwicklung geleistet werden kann, sondern nur in enger Zusammenarbeit mit den anderen Unternehmensbereichen wie Einkauf und Produktion, die auch einen Beitrag zur Erreichung der Ziel-Herstellkosten erbringen müssen.

6.3.1 Zielkostenkontrolldiagramm

Um die Verteilung der Zielkosten auf die Produktfunktionen zu veranschaulichen, kann ein sogenanntes Zielkostenkontrolldiagramm [Buggert und Wielpütz, 1995], **Bild 6.14**, erstellt werden. In diesem wird der zulässige Kostenanteil der Funktionen über ihrer Bedeutung / Gewichtung eingetragen. Maß für die Erreichung der Zielkosten ist der Zielkostenindex.

$$Zielkostenindex = \frac{Wichtigkeit\ der\ Funktion\ [\%]}{Kostenanteil\ der\ Funktion\ [€]}$$

Der Zielkostenindex ermöglicht eine Aussage, inwieweit Nutzenbeitrag und Kostenanteil einer Funktion übereinstimmen.

- Zielkostenindex = 1: relativer Kostenanteil entspricht genau dem relativen Nutzenbeitrag
- Zielkostenindex > 1: Funktion gegenüber dem Nutzenanteil zu billig
- Zielkostenindex < 1: Funktion gegenüber dem Nutzenanteil zu teuer

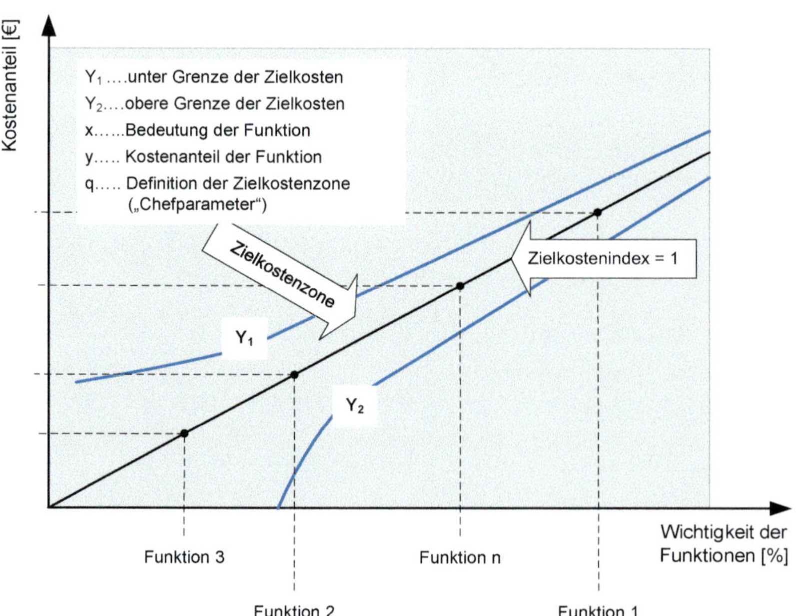

Bild 6.14: Prinzipieller Aufbau eines Zielkostenkontrolldiagramms in Anlehnung an [Buggert und Wielpütz, 1995]

Idealerweise entspricht der Nutzenbeitrag genau dem Kostenanteil der Funktion, was dem Wert 1 des Zielkostenindexes entspricht. Dieses ist bei der praktischen Umsetzung im Rahmen der Produktentwicklung nur selten realisierbar. Deshalb wird im Zielkostendiagramm ein sogenannter Entscheidungskorridor definiert.

Der Entscheidungskorridor entspricht der Breite der Zielkostenzone. Definiert wird die Breite der Zielkostenzone über die beiden Grenzkurven Y_1 und Y_2, die mit Hilfe der beiden nachfolgenden Gleichungen (6.1) und (6.2) berechnet werden:

$$Y_1\colon y = \sqrt{(x^2 - q^2)} \tag{6.1}$$

$$Y_2\colon y = \sqrt{(x^2 + q^2)} \tag{6.2}$$

Der Parameter q in den beiden Gleichungen definiert die Breite der Zielkostenzone. Er ist zu Projektbeginn festzulegen und wird auch als „Chefparameter" bezeichnet, weil er bestimmt, wie groß die Abweichungen der realisierten Zielkosten von den idealen Zielkosten sein dürfen. Für Funktionen mit einem geringeren Kosten-Nutzen-Anteil können größere Abweichungen in Kauf genommen werden als bei Komponenten mit hohem Kosten-Nutzen-Anteil.

In das Zielkostenkontrolldiagramm werden die Funktionen und Ziel-Funktionenkosten übernommen, die sich aus den Ziel-Funktionenkosten unter Berücksichtigung der technischen Machbarkeit ergeben. Mit Hilfe des Diagramms kann während der Produktentwicklung grafisch verdeutlicht werden, ob die Ziel-Funktionenkosten erreicht werden und bei welchen Funktionen noch Maßnahmen zur Zielkostenerreichung notwendig sind. Das Diagramm erlaubt insbesondere auch bei der Weiterentwicklung eines Produktes die Ausgangssituation darzustellen und die im Verlaufe der Entwicklung erreichten Veränderungen zu dokumentieren.

6.4 Lösungssuche

Insbesondere die frühen Phasen der Produktentwicklung, das Klären der Aufgabenstellung, das Konzipieren und Abwägen grundsätzlicher Lösungsmöglichkeiten haben nach [Hacker, 2002] großen Einfluss auf die Innovativität der Lösung und die Fertigungskosten. Die Schaffung innovativer Lösungen ist mit Blick auf die heute für viele Unternehmen geltenden Rahmenbedingungen am Markt unerlässlich. Die reine, der klassischen Innovationstrajektorie des Unternehmens folgende Weiterentwicklung existierender Produkte führt aufgrund der Marktsituation und sich schnell verändernden Bedürfnissen der Kunden häufig nicht mehr zum Erfolg. Neue Ansätze sind notwendig für den zukünftigen Produkterfolg.

6.4.1 Problemlösen und Wissen

Die Ideensuche im Rahmen der Produktentwicklung kann grundlegend als Problemlösungsaufgabe betrachtet werden. Dabei wird nach [Arbinger, 2015] unterschieden in Problemlösen ohne Rückgriff auf gespeichertes Wissen und Problemlösen mit Rückgriff auf gespeichertes Wissen.

Beim Problemlösen ohne Wissen werden heuristische Methoden wie beispielsweise Versuch-Irrtum-Verhalten, Mittel-Ziel-Analyse oder Modellbildung eingesetzt. Bei der Produktentwicklung ist dagegen sowohl Wissen wie auch die Anwendung heuristischer Methoden erforderlich. Vielfach können Teilaufgaben mit vorhandenem Wissen gelöst werden, andere Teilaufgaben wiederum lassen sich nur mit heuristischen Methoden lösen, da das dafür notwendige Wissen nicht vorhanden oder nicht abrufbar ist. Dabei dient vorhandenes Wissen dazu, über die Bildung von Analogien die neue Aufgabenstellung zu lösen. Um also bei der Produktentwicklung Lösungen zu generieren, ist neben der Anwendung heuristischer Methoden ein möglichst breites Wissen, **Bild 6.15**, notwendig.

Diese breite Wissensbasis wird geschaffen durch:

- Teamarbeit in der Produktentwicklung, wie schon weiter oben beschrieben. Durch das interdisziplinäre Team wird die Breite des Wissens deutlich erhöht, was die Lösungssuche fördert, siehe hierzu auch [Blackwell et al., 2009].
- Ein möglichst breites Wissen der einzelnen Mitarbeiter, die an der Produktentwicklung beteiligt sind.

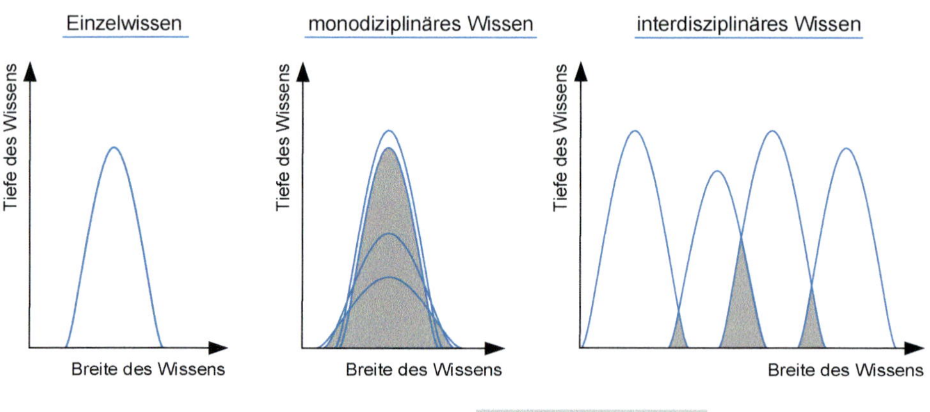

Bild 6.15: Wissensbreite durch interdisziplinäre Teamarbeit bei der Produktentwicklung (in Anlehnung an [VDI 2807, 2019])

- Ein systematisches Wissensmanagement im Unternehmen, das entsprechend dokumentiertes Wissen für die Produktentwicklung zur Verfügung stellt.

Die Wissensvermehrung und -aktualisierung der beteiligten Mitarbeiter wie auch des dokumentierten Wissens ist dabei eine ständige Aufgabe im Unternehmen. Produktentwicklung erfordert in der Zukunft vermehrt ein systematisches Wissensmanagement. Die wichtigsten Bausteine eines Wissensmanagements sind in **Bild 6.16** dargestellt.

Dabei gilt es für ein Unternehmen, interne und externe Wissensquellen zu erschließen, das Wissen zu dokumentieren und es in geeigneter Form den Mitarbeitern zur Verfügung zu stellen. Besonders wichtig sind dabei:

- Systematische Analyse von Produkten der Wettbewerber (Produktbenchmarking). Diese Betrachtung erlaubt allerdings nur, wie bereits ausgeführt, eine Aussage über am Markt vorhandene Lösungen.
- Analyse des Marktgeschehens (insbesondere der Kundenwünsche und Änderungen des Marktverhaltens der Kunden).
- Sammlung von Informationen über Wettbewerbsunternehmen als solches (Mitarbeiter, Umsatz, Wertschöpfung, Kern-Know-how, Entwicklungstendenzen, Stellenanzeigen, ...). Daraus lassen sich häufig frühzeitig Schlüsse über mittel- und langfristige Entwicklungstrends bei den Wettbewerbern erkennen.
- Analyse von Produkten anderer Branchen. Erfahrungen zeigen, dass in anderen Branchen vielfach bereits Lösungen vorhanden sind und Technologien eingesetzt werden, die in dieser Form in der eigenen Branche noch nicht genutzt werden. Hieraus lässt sich eine Vielzahl von Anregungen aufnehmen und auch Erfahrungen übernehmen, die bei den eigenen Produkten dann zu einem Innovationsschub führen.

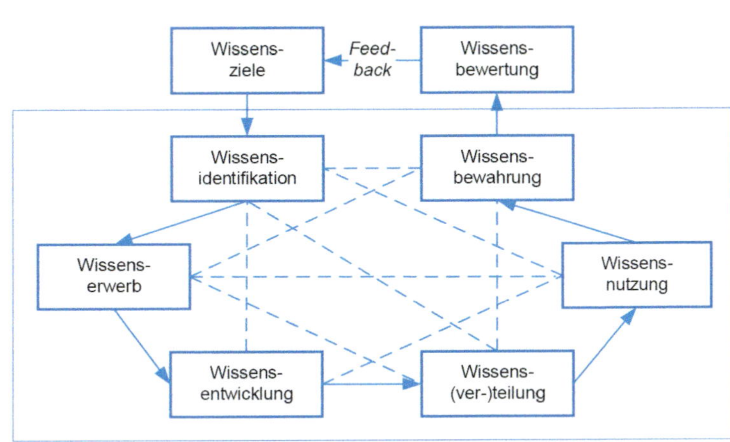

Bild 6.16: Bausteine des Wissensmanagements nach [Probst et al., 2012]

Die Suche nach Lösungen bringt häufig auch Lösungen hervor, die im Rahmen der aktuellen Aufgabenstellung nicht verwendet werden können. Wichtig ist es, diese Lösungen, Lösungsideen, Anregungen etc. systematisch und anschaulich zu dokumentieren. Nicht umgesetzte Ideen eines Projektes können für andere Projekte sehr gute Lösungsansätze sein. Eine solche Sammlung von Ideen ist ein wichtiger Baustein einer erfolgreichen Produktentwicklung. Deshalb sollten die an der Produktentwicklung beteiligten Personen die Möglichkeit haben, möglichst viele Ideen und Anregungen „sammeln" zu können. Sie sollten also die Möglichkeit haben, Fachzeitschriften zu studieren, Messen und Tagungen, durchaus auch branchenfremden, zu besuchen, mit Hochschulen und Forschungseinrichtungen zusammenzuarbeiten oder bei Kunden das spätere Nutzungsumfeld des Produktes kennenzulernen.

6.4.2 Ideenfindung

„Auf eine gute Idee kommt man am besten, indem man viele Ideen hat."

(Linus Pauling)

Die Ideenfindung ist ein kreativer Prozess [Freitag, 2018], mit dem Ziel, neue Ideen, Lösungen und Lösungsansätze zu generieren. Kreativität beruht darauf, Wissen neuartig miteinander zu verknüpfen, und ist eine entwickelbare Fähigkeit. Die Kreativität des Einzelnen wird maßgeblich beeinflusst durch Umgebungsfaktoren in einer Arbeitsgruppe, Abteilung oder einem größeren sozialen Gebilde. Sie wird geformt durch die soziale Entwicklung des Menschen und seine Erfahrungen (Elternhaus, Schule, Beruf, ...). Häufig wirken hemmende Einflüsse der freien kreativen Entfaltung entgegen.

Die hemmenden Einflüsse wirken als Kreativitätsbremse und haben ihren Ursprung in langjährigen Gewöhnungen oder im emotionalen Bereich. Diese „Gewöhnungsbremse" ergibt sich aus der Überbewertung von Fachwissen und Erfahrung, Bequemlichkeit, Konformitätsdruck und Informationsselektion.

Fantasie und freie Entfaltung werden durch solche Gewohnheiten gebremst. Nur ein Ausbrechen aus gewohnten Strukturen im Denkansatz gibt den Weg frei für grundlegend neue Ideen. Diese sind aber Voraussetzung dafür, neue Kombinationen und Abwandlungen hervorzubringen, sie weiterzuentwickeln und zu akzeptieren.

Neben der „Gewöhnungsbremse" wirkt im Unterbewusstsein die „emotionale Bremse". Diese hat ihre Ursache in Autoritätsfurcht, Hemmungen, sich zu äußern, Erfolgszensuren und gesellschaftlichen Verhaltensnormen. Die „emotionale Bremse" wirkt als Filter im Unterbewusstsein. Sie behindert und zerstört nachhaltig das Ent-

Brief von Friedrich Schiller an Theodor Körner vom 01.12.1788:

„...Der Grund Deiner Klagen liegt, wie mir scheint, in dem Zwang, den Dein Verstand Deiner Imagination auflegte. Ich muß hier einen Gedanken hinwerfen und ihn durch ein Gleichniß versinnlichen. Es scheint nicht gut und dem Schöpfungswerke der Seele nachteilig zu sein, wenn der Verstand die zuströmenden Ideen, gleichsam an den Thoren schon zu scharf mustert. Eine Idee kann, isoliert betrachtet, sehr unbeträchtlich und sehr abenteuerlich sein, aber vielleicht wird sie durch eine, die nach ihr kommt, wichtig; vielleicht kann sie in einer gewissen Verbindung mit diesen anderen angeschaut hat. Bei einem schöpferischen Kopfe hingegen, däucht mir, hat der Verstand seine Wache von den Thoren zurückgezogen, die Ideen stürzen pêle-mêle herein, und alsdann erst übersieht und mustert er den großen Haufen. – Ihr Herren Kritiker, und wie Ihr Euch sonst nennt, schämt oder fürchtet Euch vor dem augenblicklichen, vorübergehenden Wahnwitze, der sich bei allen eigenen Schöpfern findet, und dessen längere oder kürzere Dauer den denkenden Künstler von dem Träumer unterscheidet. Daher Eure Klagen über Unfruchtbarkeit, weil Ihr zu früh verwerft und zu strenge sondert....“

Quelle: www.friedrich-schiller-archiv.de/briefe-schillers/briefwechsel-mit-gottfried-koerner/schiller-an-gottfried-koerner-1-dezember-1788/ (aufgerufen am 30.09.2019)

stehen des Ideenflusses. Dadurch wird eine als Kombination vieler Einzelelemente entstehende neue Idee bereits im Keim erstickt. „Emotionale Bremsen“ hemmen nicht nur den Einzelnen, sie erzeugen ein gebremstes Kreativitätsklima.

Verbale Ausdrucksformen der „emotionalen Bremse“ und der „Gewöhnungsbremse“ sind die Killerphrasen. Hier einige Beispiel beliebter Killerphrasen:

- „Das haben wir schon immer so gemacht!“
- „Die jetzige Lösung wird doch gekauft, warum sollen wir daran etwas ändern?“
- „Das ist viel zu teuer!“
- „Das haben wir vor Jahren schon einmal versucht und haben es damals nicht hinbekommen!“
- „Das hat der Wettbewerber xy auch versucht und ist daran gescheitert!“
- „Wir dürfen den Pfad der gesicherten Erkenntnisse nicht verlassen!“
- „Wenn die Lösung so gut ist, warum haben sie dann unsere Wettbewerber noch nicht!“
- „Das widerspricht den Vorschriften!“
- ...

Aus Neid oder Konkurrenzfurcht werden Ideenansätze emotional bewertet und nicht positiv aufgegriffen und weiterentwickelt. Damit wird jeder kreative Prozess schon in einer frühen Phase gestört. Die Herausforderung in der Produktentwicklung besteht aber immer mehr darin, eingefahrene Wege, **Bild 6.17**, zu verlassen. Gelingt dieses nicht, so besteht für Unternehmen die Gefahr, dass Wettbewerber mit neuen Produkten, die schneller in den Markt kommen, das eigene Unternehmen in Gefahr bringen.

Um nun hemmende und bremsende Einflüsse zu überwinden, wurden Kreativitätstechniken entwickelt. Sie sollen helfen, eingefahrene Wege zu verlassen und neue Ideen zu generieren, die zu innovativen Produkten führen.

Die Kreativitätstechniken unterstützen sowohl das diskursive wie auch das intuitive Denken. Diskursives Denken sucht dabei den Weg zur Lösung über ein systematisches, analytisches Vorgehen; intuitives Denken eher über die plötzliche Eingebung, deren Zustandekommen nicht schrittweise nachvollziehbar ist. Entsprechend können auch die zum Einsatz kommenden Kreativitätstechniken unterschieden werden in Methoden, die eher die diskursive Lösungsfindung unterstützen, und solche, die eher die intuitive Lösungsfindung unterstützen.

Die meisten Methoden der Ideenfindung enthalten sowohl intuitive als auch diskursive Elemente. In **Bild 6.18** wurde versucht, die wichtigsten Kreativitätstechniken in Anlehnung an [Gausemeier et al., 2001] in einem Portfolio zusammenzustellen. Dabei gibt es leichte Abweichungen zu der Darstellung in [Gausemeier et al.,

Bild 6.17: Das Problem der eingefahrenen Gleise (Bildquelle: [Schweizer, 2002])

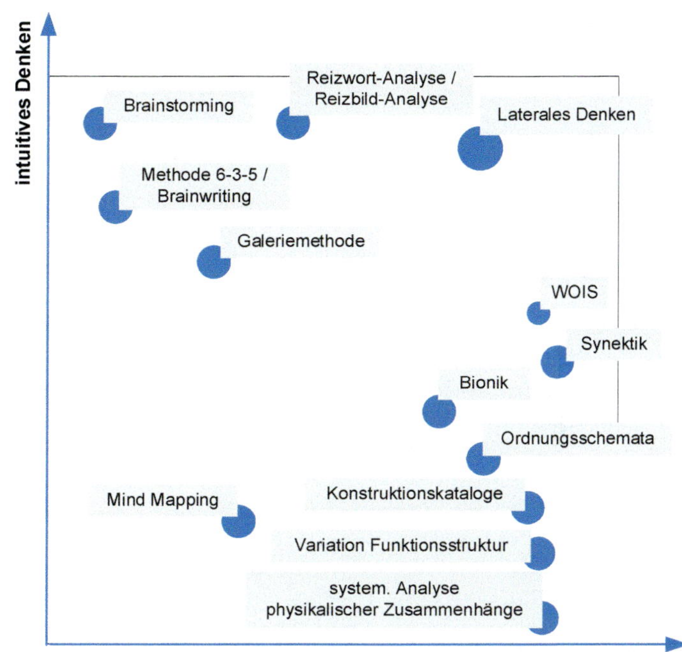

Bild 6.18: Einordnung bekannter Kreativitätstechniken in Anlehnung an [Gausemeier et al., 2001]

2001], die sich in Erfahrungen bei der Anwendung der Methoden begründen. In diese Darstellung wurde in TRIZ nicht mit aufgenommen, da TRIZ als solches aus einer Vielzahl von verschiedenen Kreativitätstechniken besteht, die wiederum eher intuitives oder diskursives Denken fördern. Eine Beschreibung wesentlicher Elemente von TRIZ findet sich aber weiter unten in diesem Buch.

Auf den folgenden Seiten werden einige der gebräuchlichsten Methoden aus dem Portfolio, Bild 6.18, beschrieben. Für einen vollständigen Überblick sei auf entsprechende Fachliteratur verwiesen.

6.4.3 Methoden zur Unterstützung der Ideensuche

6.4.3.1 Brainstorming

Brainstorming ist die wohl bekannteste Kreativitätstechnik, was sicher auch an ihrer einfachen und flexiblen Anwendung liegt. Mit Hilfe von Brainstorming ist es möglich, innerhalb kurzer Zeit eine Vielzahl von Ideen zu produzieren, die anschließend weiterentwickelt werden können.

Voraussetzungen:

- Gruppe mit sechs bis maximal zwölf Teilnehmern. Unter sechs Teilnehmern kommt meist die Ideenproduktion nicht richtig in Gang, bei mehr als zwölf Teilnehmern kann es für den Moderator schwer werden, die Ideen ausreichend zu protokollieren. Zudem besteht die Gefahr, dass sich nicht jeder Teilnehmer beteiligen kann. Entscheidend für den Erfolg eines Brainstormings ist die Zusammensetzung der Gruppe. Insbesondere, wenn Mitarbeiter unterschiedlicher Hierarchiestufen in einer solchen Gruppe zusammentreffen, kann es zu Problemen kommen („emotionale Bremse")
- Moderator und eventuell zusätzlich ein Protokollführer, insbesondere bei größeren Gruppen
- Genügend Möglichkeiten zum Aufzeichnen (Flipchart, Tafeln, ...) der Ideen
- Geeigneter Raum mit angenehmer Atmosphäre.

Ablauf eines Brainstormings:

- Der Moderator führt in das Thema ein und erläutert die Aufgabenstellung. Dabei ist es wichtig, dass das Thema klar umrissen und eingegrenzt wird.
- Anschließend äußern die Teilnehmer Ideen zur Lösung der Aufgabenstellung. Dabei sind insbesondere auch „wilde" Ideen willkommen, die sehr häufig Ansatzpunkte für gänzlich neue Lösungen bieten.
- Dokumentation der Ideen durch den Moderator oder den Protokollführer, sodass die Aufzeichnungen für jeden Teilnehmer gut zu erkennen sind.
- Kritik an geäußerten Ideen ist im Verlaufe des Brainstormings grundsätzlich untersagt. Darauf zu achten, ist Aufgabe des Moderators.
- Dauer einer Brainstorming-Sitzung: etwa 30 Minuten. Abhängig von der jeweiligen Ideenproduktion kann eine Sitzung auch früher beendet werden oder länger dauern.
- Bewertung der Ideen nach einer längeren Pause. Günstig ist es, die Bewertung am nächsten Tag durchzuführen. Die Bewertung sollte durch die Teilnehmer des Brainstormings durchgeführt werden.

Anmerkungen:

- Zu Beginn der Brainstorming-Sitzung kann eine kleine Aufwärmübung helfen, den Ideenfluss in Gang zu setzen.
- Der Moderator muss darauf achten, dass das Brainstorming nicht zu einer gewöhnlichen Sitzung wird. Er muss darauf achten, dass Ideen während der Sitzung nicht kritisiert werden. Außerdem ist er für eine systematische Durchführung der Ideenbewertung zuständig.

Im Laufe der Zeit haben sich Varianten des Brainstormings gebildet [Nöllke, 2015], Stop-and-go-Brainstorming, Destruktiv-Konstruktiv-Brainstorming, Einzel-Brainstorming oder das Sandwich-Brainstorming. Zu diesen Varianten finden sich unter anderem in [Nöllke, 2015] weitere Informationen.

6.4.3.2 Brainwriting

Beim Brainwriting hält jeder Teilnehmer seine Einfälle schriftlich fest, am besten in Form von kleinen Skizzen. Beim Brainwriting lassen sich zwei Varianten unterscheiden, die Methode 6-3-5 und die Methode des Collective-Notebooks.

Methode 6-3-5

Voraussetzungen:

- Gruppe mit sechs Teilnehmern
- Moderator ist nicht erforderlich
- Jeder Teilnehmer bekommt ein leeres Blatt und einen Stift
- Geeigneter Raum mit angenehmer Atmosphäre.

Ablauf:

- Den Teilnehmern wird die Aufgabenstellung erläutert. Dabei ist es, wie beim Brainstorming, wichtig, dass das Thema klar umrissen und eingegrenzt wird.
- Anschließend skizziert oder schreibt, falls skizzieren zu schwierig, jeder Teilnehmer drei Lösungsideen auf sein Blatt. Dazu hat er fünf Minuten Zeit. Anschließend gibt er sein Blatt an seinen direkten Nachbarn zur Linken oder zur Rechten. Die Richtung zur Weitergabe wird zu Beginn der Sitzung festgelegt.
- Jeder Teilnehmer ergänzt jetzt die Ideen seiner Vorgänger oder fügt neue Ideen hinzu. Dazu hat er wiederum fünf Minuten Zeit.
- Ist jedes Blatt wieder bei dem Teilnehmer angelangt, von dem es ausgegangen ist, ist die Phase der Ideenfindung beendet.

Ein Durchlauf dauert 30 Minuten und liefert theoretische 108 Lösungsideen. In der Praxis liegt die Anzahl der gefundenen Ideen aber meist deutlich darunter. Die Bewertung der Lösungsideen erfolgt nach einer längeren Pause im Team.

Collective-Notebook

Collective-Notebook ist eine Variante der Methode 6-3-5, bei der die Mitarbeiter räumlich und zeitlich getrennt an der Lösungssuche arbeiten. Den Teilnehmern an der Ideensuche steht zudem mehr Zeit zur Verfügung, Lösungen zu erarbeiten. So ist eine intensivere Auseinandersetzung mit der Fragestellung möglich.

Voraussetzungen:

Notwendig ist eine detaillierte Beschreibung der Aufgabenstellung. Die Beschreibung erfolgt schriftlich oder in Form von Skizzen und wird in Notizbüchern festgehalten.

Ablauf:

- Die Teilnehmer bekommen jeweils ein Notizbuch mit der Aufgabenstellung.
- Jeder Teilnehmer erarbeitet dann Lösungsideen für die Aufgabenstellung, die er in seinem Notizbuch festhält.
- Anschließend werden die Notizbücher ausgetauscht. Aufbauend auf den Ideen der anderen Teilnehmer entwickelt jeder Teilnehmer dann weitere Ideen und hält diese wiederum im Notizbuch fest, bis jeder jedes Notizbuch hatte.
- Zu einem vorher festgelegten Zeitpunkt werden die Notizbücher eingesammelt und anschließend die Ideen bewertet.

Anmerkungen:

- Diese Methode benötigt durch die asynchrone Bearbeitung mehr Zeit als die Methode 6-3-5 und das Brainstorming.
- Nur wenn die Notizbücher tatsächlich auch geführt werden, feste Termine für die Weitergabe und das Einsammeln der Notizbücher vereinbart und auch eingehalten werden, funktioniert diese Methode.

6.4.3.3 Galerie-Methode

Die Galerie-Methode verbindet die Elemente der Gruppenarbeit aus dem Brainstorming und der Einzelarbeit des Brainwriting. So soll der stimulierende Effekt der Gruppe mit der konzentrierten Einzelarbeit zusammengeführt werden.

Voraussetzungen:

- Gruppe mit sechs bis acht Teilnehmern, je nach Problemstellung interdisziplinär zusammengesetzt, plus einen Moderator
- Jeder Teilnehmer bekommt leere Blätter und einen Stift, um seine Ideen in Form von Skizzen festzuhalten
- Geeigneter Raum mit angenehmer Atmosphäre.

Ablauf der Galerie-Methode:

Einführungsphase:	Vorstellung der Aufgabenstellung durch den Moderator
Ideenbildung I:	Intuitive und vorurteilsfreie Lösungssuche. Die Ideen werden mit Hilfe von Skizzen festgehalten
Assoziationsphase:	Die Ergebnisse der Ideenfindung werden in der Galerie ausgehängt, erfasst und diskutiert
Ideenbildung II:	Weiterentwicklung der aus der Assoziationsphase gewonnenen Einfälle und Erkenntnisse
Selektionsphase:	Sichten, ordnen und ggf. vervollständigen. Lösungen auswählen

Bei der Galerie-Methode sollen die Ideen mit Hilfe von kleinen Skizzen vermittelt werden, aus denen die Ideen für die anderen Teilnehmer erkennbar sein müssen. Ein Vorteil dieser Vorgehensweise besteht darin, dass die Lösungen so direkt gut dokumentiert sind und die individuelle Leistung erkennbar bleibt.

Die Methode eignet sich nur für Teammitglieder, die in der Lage sind, ihre Ideen in Form von Skizzen und Ideen darzustellen. Diese Anforderung schränkt häufig die Auswahl der Teammitglieder ein.

6.4.3.4 Reizwort-Analyse

Die Reizwort-Analyse zählt zu den sogenannten „Random-Input“-Methoden. Bei diesen wird bewusst ein fremdes Element in die Lösungssuche mit einbezogen. Bei der Reizwort-Analyse wird das Team mit einem oder mehreren zufälligen Begriffen konfrontiert, die dann in Verbindung mit der Problemstellung gebracht werden müssen. Die Auswahl des Begriffs erfolgt nach dem Zufallsprinzip, beispielsweise aus einem Wörterbuch. Auch für die Anwendung durch Einzelpersonen eignet sich diese Methode.

Durch diese Methode wird das Denken aus der eingefahrenen Bahn förmlich herausgeschleudert, was allerdings auch häufig zu Spannungen im Team führen kann.

Ablauf einer Reizwort-Analyse

Reizwort finden: Aufschlagen eines Wörterbuchs und ohne hinzusehen auf ein beliebiges Wort tippen. Dieses gefundene Wort ist das Reizwort für die weiteren Schritte. Die Reizwortsuche muss rein zufällig sein!

Reizwort analysieren: Nun wird das Reizwort analysiert. Fragen in diesem Zusammenhang können sein:

- Wozu kann man es gebrauchen?
- Was sind seine Merkmale?
- Welche Eigenschaften besitzt es?
- Woraus besteht es?
- Was sagt es aus?
- Was bedeutet es?
- ...

Die Antworten müssen mitgeschrieben werden, wobei es notwendig ist, mindestens fünf unterschiedliche Antworten aufzuführen.

Schaffung der Verbindung zum eigentlichen Problem: Hier erfolgt jetzt die Inspiration zur Lösung des eigentlichen Problems. Wie lassen sich die gefundenen Aussagen zum Reizwort auf das zu lösende Problem übertragen? Wie muss die Lösung aussehen, damit die gefundenen Merkmale und Eigenschaften des Reizwortes zur Lösung passen?

Die Reizwort-Analyse führt meist zu originellen Lösungen. Allerdings kann ihre Anwendung im Team erfahrungsgemäß zu Spannungen führen.

Neben der Einbeziehung eines „Reizwortes“ können auch andere Elemente mit einbezogen werden, beispielsweise Bilder.

6.4.3.5 SCAMPER

Die SCAMPER-Methode ist eine stark diskursive Methode. Grundlage der Methode sind sieben lösungsorientierte Leitfragen. Die Methode basiert auf der Osborn-Checkliste. Mit ihrer Hilfe werden vorhandene Lösungen in Frage gestellt. Die Methode eignet sich am besten für die Weiterentwicklung von Produkten.

Substitute?	Wie können Komponenten, Materialien und/oder Personen ersetzen werden?
Combine?	Welche Zusatzfunktionen oder Aggregate können wir miteinander verbinden / kombinieren / mischen?
Add?	Was fehlt und sollte hinzugefügt werden?
Modify?	Was sollte grundsätzlich beibehalten, aber angepasst werden, z. B. vergrößert oder verkleinert werden?
Put to other uses?	Gibt es Möglichkeiten, dass einzelne Inhalte oder Elemente, für ganz andere Zwecke genutzt werden können?
Eliminate?	Was soll entfernt, beseitigt oder gelöscht werden?
Rearrange?	Was soll neu anordnen bzw. in eine neue Reihenfolge gebracht werden?

Als Hilfsmittel bei der Anwendung der SCAMPER-Methode kann eine Mind-Map erstellt werden, wobei die sieben Leitfragen sieben Äste der Mind-Map sind. Jeder Ast kann dann noch entsprechend der in den Fragen genannten Alternativen weiter aufgeteilt werden.

6.4.3.6 Synektik

Synektik ist ein aus dem Griechischen abgeleitetes Kunstwort, welches Zusammenfügen verschiedener, scheinbar voneinander unabhängiger Begriffe bedeutet. Es handelt sich bei der Synektik um eine anspruchsvolle Methode zur Ideenfindung. Dabei entfernt man sich bewusst über mehrere Verfremdungsschritte immer stärker von der eigentlichen Problemstellung. Der Schritte der Ideensuche mit Hilfe der Synektik sind in **Bild 6.19** dargestellt. So werden Ideen generiert, die dann auf die Lösung der eigentlichen Problemstellung übertragen werden.

Voraussetzungen:

- Gruppe mit vier bis acht Teilnehmern
- Es ist unbedingt ein erfahrener Moderator erforderlich!
- Über die Sitzung ist unbedingt ein Protokoll zu verfassen
- Geeigneter Raum mit angenehmer Atmosphäre.

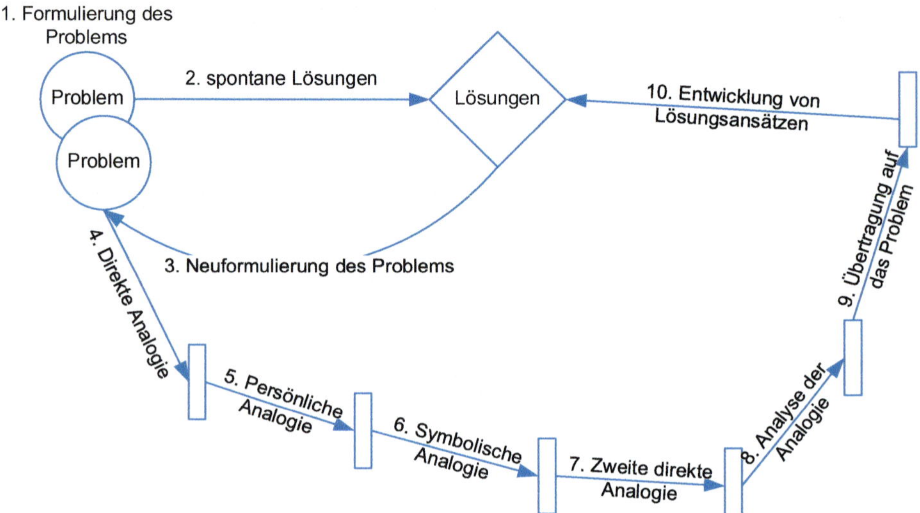

Bild 6.19: Ablauf einer Ideensuche mit Hilfe der Synektik

Nachfolgend werden die Stufen des synektischen Prozesses an einem Beispiel in Anlehnung an [Schlicksupp, 2004] erläutert.

1. Problemanalyse und -definition

Das Problem (Fragestellung) wird erläutert und klar definiert:

- „Wir versuchen ... zu entwickeln."
- „Erforderlich ist ..."
- „Es gibt Schwierigkeiten bei ..."
- „Gesucht ist eine Idee für eine Kampagne..."

Eine Deckplatte aus Glas soll möglichst einfach auf einem flachen Bildträger befestigt werden.

2. Spontane Lösungen

Die Teilnehmer äußern die ihnen unmittelbar bewusstwerdenden Lösungen, um für den folgenden synektischen Prozess frei von Denkblockaden und Denkmustern zu sein:

- „Nahe liegend ist ..."
- „Spontan erinnert mich das an ..."

Klammern; transparente Klebefolie; Saugnäpfchen am Bildträger; ...

3. Neuformulierung des Problems

Die Gruppe formuliert gemeinsam das Problem neu, damit Auffassungsunterschiede vermieden werden und um besonders interessante Elemente hervorzuheben.

Deckplatte aus Glas soll möglichst einfach befestigt und wieder abgenommen werden können.

4. Bildung direkter Analogien (z. B. aus der Natur)

Ein Analogiebereich, der allen bekannt ist, wird gewählt und in diesem ein Fall gesucht, mit dem das eben neu formulierte Problem Ähnlichkeiten besitzt:

- „Wo kommt es (in unserem Analogiebereich) vor, dass ...?"
- „Wie funktioniert (in unserem Analogiebereich) ...?"
- „Wann tritt (im Analogiebereich) ... auf?"

aus der Natur:

Schneedecke schmilzt; Schlange streift Haut ab; Wolken ziehen vorbei; Erosion; Geweih wird abgestoßen; ...

ausgewählt:

Schlange streift Haut ab: Deckplatte aus Glas soll möglichst einfach befestigt und wieder abgenommen werden können.

5. Persönliche Analogien, „Identifikationen“

Die Teilnehmer der Gruppe müssen sich mit dem Objekt der direkten Analogien identifizieren:

- „Wie fühle ich mich als ...?“
- „Wie geht es mir als ...?“

„Es juckt mich am ganzen Körper“; „Die alte Haut engt mich ein“; „Bin neugierig, wie ich jetzt aussehe“; „endlich frische Luft“; „am liebsten hätte ich Hände“; ...

ausgewählt:
„Die alte Haut engt mich ein“

6. Symbolische Analogien, „Kontradiktionen“

Der Inhalt der persönlichen Analogie soll in einem paradoxen, spannungsgeladenen Ausdruck aus Substantiv und Adjektiv gefasst werden, um Schlüsselwörter zu bilden:

Paradoxa sind z. B.: „bittere Süße“; „befriedigtes Verlangen“; „geordnetes Chaos“

Bedrückende Hülle; schimmernder Panzer; würgendes Ich; lückenlose Fessel; unterdrückende Identität; ...

ausgewählt:
„Lückenlose Fessel“; „Es juckt mich am ganzen Körper“; „Die alte Haut engt mich ein“; „Bin neugierig, wie ich jetzt aussehe“; „endlich frische Luft“; „am liebsten hätte ich Hände“; ...

7. Direkte Analogien (z. B. aus der Technik)

Nun beziehen die Teilnehmer den Ausdruck der symbolischen Analogie wieder auf den Bereich der Technik.

„Was aus dem Bereich der Technik wird durch diesen paradoxen Begriff charakterisiert?"

„Was wird durch dieses Schlüsselwort beschrieben?"

Leitplanken der Autobahn, Druckbehälter, Schienenstrang, Stierkampfarena, Radar-Warnsystem

8. Analyse der direkten Analogien

Die gefundene Analogie aus dem technischen Bereich wird nun analysiert, die beteiligten Mechanismen und Vorgänge freigelegt.

„Welche Elemente, Merkmale, Umstände, Vorgänge, Erscheinungen sind verbunden mit ...?"

„Welche Funktion übernimmt ...?"

„Was ist die Hauptvorgehensweise bei ...?"

Analyse: „Leitplanke"

- Blechprofil
- auf beiden Seiten der Autobahn

Analyse: „Druckbehälter"

- steht unter Spannung
- geschlossenes Volumen
- Ein- und Auslass

9. Übertragung auf das Problem – „Force Fit“

Die gefundenen Analysen werden mit dem Problem verglichen und auf Lösungsansätze hin untersucht:

„Was haben die gefundenen Analysebegriffe mit dem Ausgangsproblem zu tun?“

„Wie könnten sie übertragen werden?“

„Dieser Mechanismus könnte zu ... angewendet werden.“

„Diese Vorgehensweise könnte Grundlage für den Slogan ... sein.“

a) Übertragung und Lösungsansatz „**Leitplanke**“

b) Bildträger und Glasplatte werden in einem Profilrahmen verklemmt

c) Halterungen werden nur an zwei Seiten angebracht

10. Entwicklung von Lösungsansätzen

Die zu übertragenden Begriffe werden auf das Ausgangsproblem überführt, erste direkte Lösungsansätze werden entwickelt.

a) Übertragung und Lösungsansatz „**Druckbehälter**“

b) Bildträger hat Greifkanten und ist leicht vorgekrümmt; erzeugt selbst die Haltespannung, wenn er an das Deckglas angepresst wird.

c) Löcher an den Ecken von Träger und Glasplatte werden mit einer Art Druckknopf verbunden.

Aufgrund der psychologischen Komplexität, die besonders in der Phase der Identifikation zutage tritt, wird deutlich, dass hier unbedingt ein gut geschulter Moderator gebraucht wird. Bei Gruppen, die mit der Synektik keine Erfahrung haben, gibt es bei den Arbeitsschritten 5 und 6 häufig Probleme. Die Identifikation mit einem materiellen oder ideellen Objekt („Wie fühle ich mich als...?“) bereitet Teammitgliedern sehr häufig Schwierigkeiten. Für die einen ist es eine wichtige persönliche Auseinandersetzung mit dem Problem, die entscheidend vorantreiben kann, für die anderen stellt aber genau dieses ein Problem dar. Das kann bis zur Ablehnung der Methode als Ganzes durch die Teammitglieder gehen.

Der Zeitaufwand für eine Synektiksitzung liegt etwa bei einem halben bis zu einem ganzen Tag und nimmt damit also deutlich mehr Zeit in Anspruch im Vergleich zu den anderen beschriebenen Kreativitätstechniken. Die Zahl der gefundenen Ideen ist eher gering, allerdings ist die Qualität der Ideen meist gut.

6.4.3.7 Variation der Funktionenstruktur

Die Variation der Funktionenstruktur nutzt die schon beschriebene verknüpfte Funktionenstruktur. Durch deren bewusst auch provokante Veränderung lassen sich neue Lösungsideen für Funktionen oder das Produkt als solches finden.

Variationsmöglichkeiten sind beispielsweise:

- Änderung der Reihenfolge von Funktionen
- Parallelisierung von seriell angeordneten Funktionen oder serielle Anordnung paralleler Funktionen
- Veränderung der Verknüpfungen der Funktionen
- Weglassen und Hinzufügen von Funktionen
- Zusammenfassen und Aufteilen von Funktionen.

Gegenüber der Ausgangsfunktionenstruktur in Bild 6.7 wurde in der verknüpften Funktionenstruktur **Bild 6.20** die Funktion „Lauge erhitzen“ durch die Funktion „Wasser erhitzen“ ersetzt und diese Funktion an eine andere Stelle in der Funktionenstruktur gesetzt. Es ergibt sich so eine Waschmaschine, bei der das Wasser bei der Zuführung bereits erhitzt wird und nicht mehr über Heizstäbe im Waschbottich. Durch weitere Variationen lassen sich weitere neue Lösungsansätze generieren.

Die Methode der Variation der Funktionenstruktur eignet sich besonders dann, wenn ein bestehendes Produkt weiterentwickelt werden soll.

6.4.3.8 Bionik

Die Natur hat im Laufe der Entwicklung eine unüberschaubare Vielzahl an Lebewesen hervorgebracht. Im Laufe der Evolution hat sie dabei immer wieder neue „Lösungen“ gebildet, optimiert, aber auch wieder verworfen und so die Lebewesen optimal an die jeweiligen Bedingungen angepasst. Für die Produktentwicklung bietet sich deshalb an, sich dieser optimierten Lösungen der Natur zur Lösung technischer Problemstellungen zu bedienen. Die Wissenschaftsdisziplin, die sich

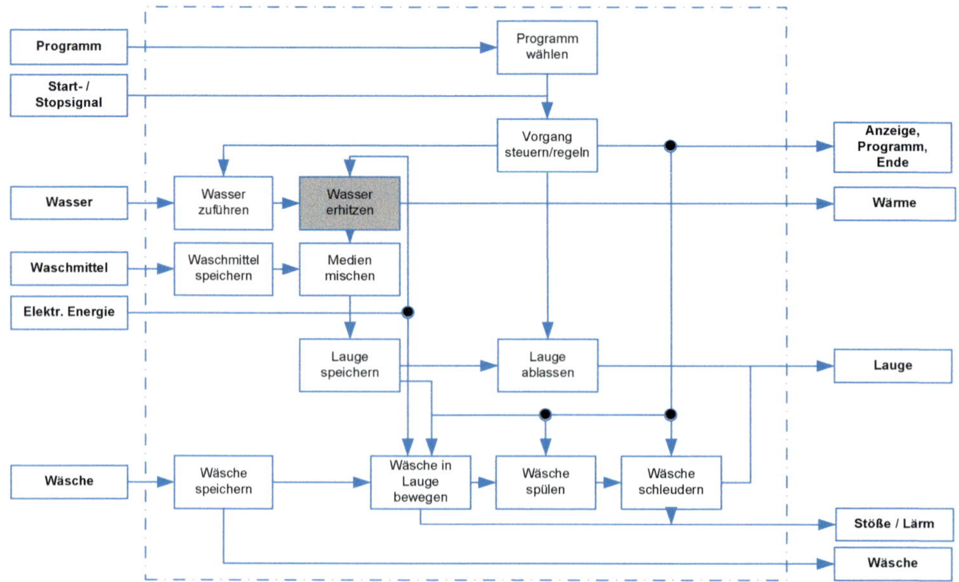

Bild 6.20: Anregung von neuen Lösungen durch die Variation der Funktionenstruktur am Beispiel aus Bild 6.7

mit den Möglichkeiten zur Übernahme von Lösungen der Natur für technische Objekte befasst ist die Bionik, die nach [Neumann, 1993] wie folgt definiert wird:

„Bionik als Wissenschaftsdisziplin befasst sich systematisch mit der technischen Umsetzung und Anwendung von Konstruktionen, Verfahren und Entwicklungsprinzipien biologischer Systeme."

Ein bekanntes Beispiel, das im Zusammenhang mit der Bionik immer wieder erwähnt wird, ist der Lotusblüteneffekt [Barthlott and Neinhuis, 1997]. Die Verschmutzung ihrer Oberfläche ist für Pflanzen ein Problem. Untersuchungen haben gezeigt, dass es aber Pflanzen gibt, deren Oberfläche kaum verschmutzt, und dass dieser Effekt mit der Oberflächenstruktur zusammenhängt. Besonders ausgeprägt ist dieser Effekt bei der Lotusblume. Durch die Übertragung dieser Eigenschaft auf technische Oberflächen lassen sich nun Oberflächen realisieren, die sich durch die Benetzung mit Wasser selbst reinigen. Die Firma Sto SE & Co. KGaA stellt beispielsweise Anstrichfarben her, die diesen Effekt nutzen (Lotusan®).

Ein weiteres Beispiel für die Nutzung der Natur als Vorbild ist die Haifischhaut. Bei Körpern, die sich schnell durch Wasser oder Luft bewegen, treten Verwirbelungen auf, die zu einem erhöhten Energieverbrauch führen.

Bild 6.21: Modell der Haifischhaut der Abteilung Turbulenzforschung des Deutschen Zentrums für Luft- und Raumfahrt (DLR) an der TU Berlin

Bei Untersuchungen von Haien hat man festgestellt, dass diese in Strömungsrichtung verlaufende Rillen auf der Haut besitzen, **Bild 6.21**. Diese Haifischhaut hat man in Form einer Folie in der Abteilung Turbulenzforschung des Deutschen Zentrums für Luft- und Raumfahrt (DLR) an der TU Berlin nachgebildet und versuchsweise die Oberfläche eines Verkehrsflugzeugs damit beklebt, wodurch sich eine merkliche Senkung des Energieverbrauchs ergab [Pressestelle der TU Berlin, 1998].

Die Natur verfügt über eine Vielzahl von Lösungen für unterschiedliche Bereiche. Entsprechend wird auch die Bionik in mehrere Teilgebiete aufgeteilt:

- **Werkstoff- und Materialbionik:** Die Werkstoff- und Materialbionik befasst sich mit Materialien der Natur und ihrer technischen Anwendbarkeit, so beispielsweise mit Spinnweben. Ziel ist es, neuartige Werkstoffe aus dem Vorbild der Natur abzuleiten. Speziell die Mehrkomponentenbauweise biologischer Materialien und Stoffe, in denen zug- und druckfeste Elemente trajektorisch angeordnet sind, finden in der Technik zunehmend Anwendung.
- **Konstruktions- und Strukturbionik:** Die Konstruktions- und Strukturbionik untersucht insbesondere mögliche Lösungen für den Leichtbau von Strukturen. Die Natur hat hier bei einer Vielzahl von Lebewesen hervorragende Lösungen hervorgebracht.
- **Bionische Prothetik:** Die Entwicklung immer besserer, neuartiger Prothesen für behinderte Menschen wird zukünftig ein wichtiger Teil der Medizintechnik sein. Dabei werden sich die Prothesen nicht auf den mechanischen Gliedersatz beschränken, sondern beispielsweise auch als Seh- und Hörprothesen direkt in die Sensorik eingreifen.
- **Sensorbionik:** Die Überwachung von physikalischen und chemischen Reizen, Ortung und Orientierung in der Umwelt gehören zu Funktionen, die es in vielen modernen technischen Produkten zu lösen gilt. Auch hier bietet die Natur eine

große Zahl von Lösungen an, etwa das bekannte Prinzip der Ultraschallortung bei Fledermäusen, das heute bereits vielfach in technischen Produkten angewendet wird.

- **Gerätebionik:** Hierbei handelt es sich um die Entwicklung einsetzbarer Gesamtkonstruktionen nach Vorbildern aus der Natur. Besonders im Bereich der Pumpen- und Fördertechnik, der Hydraulik und Pneumatik finden sich vielfältige Anwendungsmöglichkeiten.

Neben den genannten Klassen der Bionik gibt es noch weitere, die hier nur genannt werden sollen: Verfahrensbionik, Organisationsbionik sowie Klima- und Energiebionik.

Die Natur als Quelle für Lösungen bietet eine Vielzahl an Lösungen für unterschiedliche Bereiche. Wie kann nun die Natur als Ideengeber genutzt werden? Die prinzipielle Vorgehensweise zeigt **Bild 6.22**. Insbesondere die Arbeitsschritte 2 und 3 verlangen viel Erfahrung und benötigen Zeit. Zudem ist es oft nicht ganz einfach, die Lösungen der Natur in technische Lösungen umzusetzen. Oft ist es schwierig, ähnliche Materialien zu finden, die den Anforderungen entsprechen und dabei zu einem vernünftigen Preis bezogen werden können. Hier muss dann in der Praxis häufig ein Kompromiss zwischen Preis und Funktionalität eingegangen werden. Weiter erweist sich die Vorgabe der Natur oft als so pfiffig, dass Ingenieure diese nur mit viel Aufwand konstruieren können, sodass auch die Kosten für eine Serienproduktion meist entsprechend hoch sind.

Sehr hilfreich für den Entwickler in der Praxis sind dabei Bücher, die bereits eine Anzahl von natürlichen Prinzipien enthalten und in denen diese auch bereits analysiert sind, so beispielsweise [Nachtigall und Wisser, 2013].

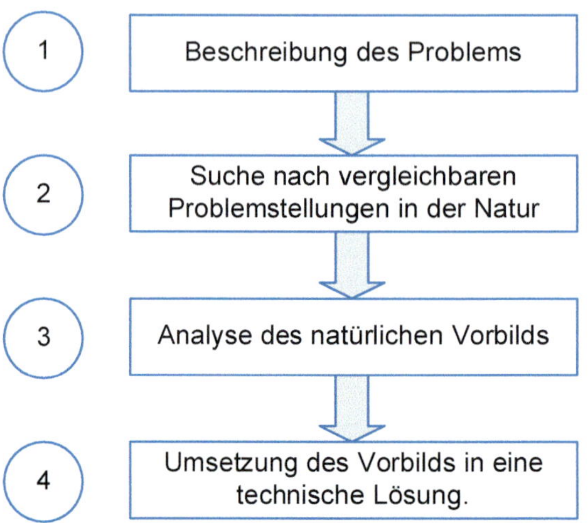

Bild 6.22: Arbeitsschritte bei der Suche nach Lösungsideen in der Natur

6.4.3.9 Ordnungsschemata

Unter einem Ordnungsschema versteht man allgemein eine Matrix, in die Ideen zur Lösung einer Aufgabenstellung eingetragen werden. Dabei können bei einem solchen Ordnungsschema entweder nur die Zeilen oder Spalten oder aber Zeilen und Spalten mit Ordnungskriterien versehen werden.

Das bekannteste, in der Produktentwicklung eingesetzte, Ordnungsschema ist die Morphologische Matrix**,** häufig auch als Morphologischer Kasten, **Bild 6.23**, bezeichnet. Der Begriff „Morphologie" kommt aus dem Griechischen und bedeutet so viel wie „Lehre von den Gebilden, Formen, Gestalten, Strukturen und deren zugrundeliegenden Aufbau- bzw. Ordnungsprinzipien." Bei der Morphologischen Matrix handelt es sich um ein Ordnungsschema, bei dem nur Zeilen oder Spalten mit einem Ordnungsmerkmal gekennzeichnet sind.

Ausgangspunkt für die Anwendung des Morphologischen Kastens ist die Zerlegung eines komplexen Sachverhalts in abgegrenzte Teile. Bei der beschriebenen, funktionsorientierten Vorgehensweise in der Produktentwicklung verwendet man die Funktionen des Produktes als Ordnungsmerkmale. Im nachfolgenden Beispiel enthalten die Spalten die Funktionen als Ordnungsmerkmale.
In die Felder der Matrix werden prinzipielle Lösungen für die einzelnen Funktionen eingetragen, die sich aus

- Ergebnissen kreativer Arbeit,
- Wettbewerbsanalysen,
- Patentanalysen,

ergeben können.

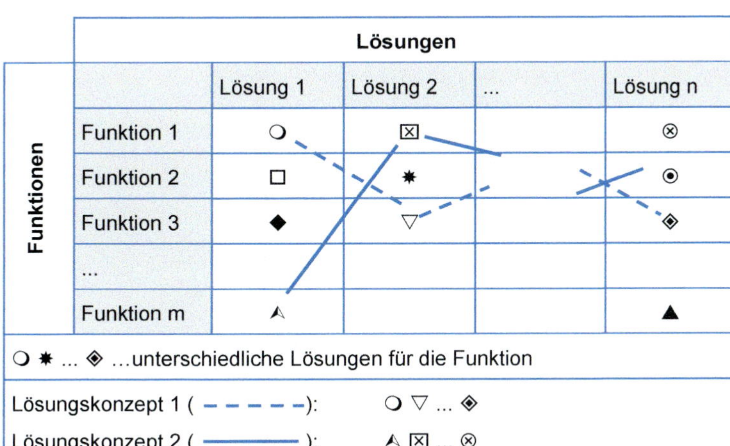

Bild 6.23: Prinzipieller Aufbau eines Morphologischen Kastens

Ein Lösungskonzept für das Produkt ergibt sich nun aus der Kombination unterschiedlicher Lösungen für die einzelnen Funktionen. Aufgrund der Kombinationsmöglichkeiten lassen sich mit einer Morphologischen Matrix eine Vielzahl unterschiedlicher Lösungskonzepte generieren, wobei nicht alle Kombinationsmöglichkeiten auch zu sinnvollen Konzepten führen müssen.

6.4.3.10 Widerspruchorientierte Innovationsstrategie (WOIS)

Diese von Prof. Hansjürgen Linde (WOIS-Institut Coburg) entwickelte Methode basiert darauf, dass bewusst eine „Notsituation“ erzeugt wird, bei der sich im ersten Ansatz keine Lösung zeigt. Man nutzt die alte Erkenntnis:

Not macht erfinderisch.

Eine Notsituation ist dabei ein Konflikt, der bei der Verbesserung einer Eigenschaft eines Produktes zur Verschlechterung einer anderen Eigenschaft des Produktes führt, wobei beide Eigenschaften etwa gleich wichtig für das Produkt sein sollten. Erst wenn dieser Entwicklungswiderspruch klar formuliert ist, was in einem mehrstufigen Prozess erfolgt, wird das „Problem zur Lösung freigegeben“.

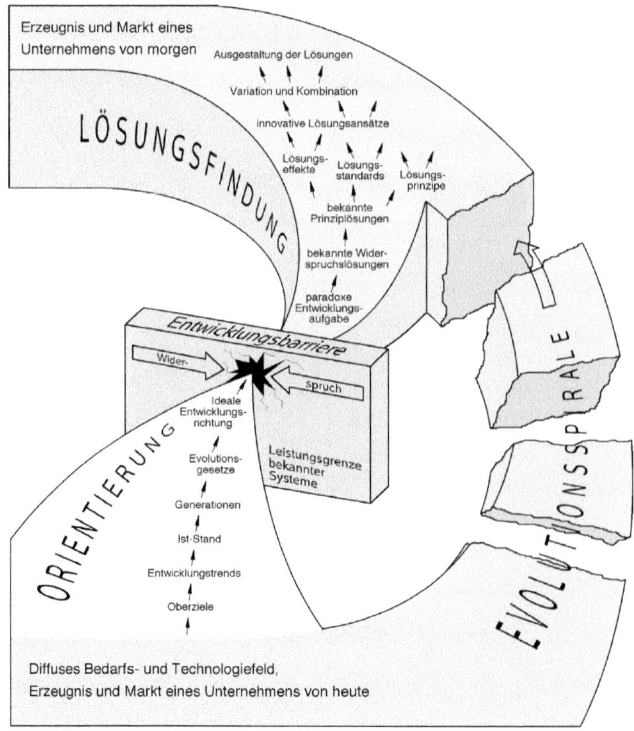

Bild 6.24: WOIS-Strategiemodell [Linde und Drews, 1995]

Kernelemente von WOIS:

- Künstliche Erzeugung von Not durch bewusstes Hochschrauben der Zielsetzung bis widersprüchliche Anforderungen an einzelne Effektivitätsfaktoren entstehen.
- Freigabe zur Lösungssuche erst dann, wenn dieses Aufgabenniveau erreicht ist.

Wie wird nun der Widerspruch aufgelöst und wie werden gezielt geeignete Lösungen gefunden? Dazu nutzt WOIS Lösungsfindungsverfahren (**Bild 6.24**), wie sie TRIZ verwendet:

- Evolutionsgesetze, welche, ähnlich wie bei der Evolution in der Natur, die Technikevolution beschreiben
- Verfahrensprinzipien wie beispielsweise das Prinzip der Segmentierung und Zerlegung, welches ein Objekt in unabhängige Teile zerlegt. Insgesamt gibt es zurzeit 40 solcher Prinzipien, die im Zusammenhang mit TRIZ in Bild 6.28 dargestellt sind.
- Standards und Regeln, die auf der Anwendung der Stoff- / Feld-Theorie von TRIZ beruhen.

Nachfolgend soll die Formulierung des Konfliktes anhand der Entwicklung einer Betriebsbremse für einen Pkw [Linde und Drews, 1995] beschrieben werden.

Dieser für das Beispiel in **Bild 6.25** formulierte Widerspruch muss jetzt aufgelöst werden.

Weitere Beispiele zur Anwendung Widerspruchsorientierten Innovationsstrategie finden sich unter anderem in [Herr, 2017].

Arbeitsschritt	Ziel: Erhöhung der Fahrsicherheit
Relevante Megatrends erfassen ⬇	Wie entwickeln sich die Umgebungsbedingungen? Kunde erwartet höheren Komfort Lebenserwartung an das Fahrzeug steigt Werterhaltung des Fahrzeugs Reduzierung der Belastung des Fahrers
Analyse des Ist-Zustands ⬇	Stand der Technik mit den Schwachstellen der vorhandenen Systeme Literaturrecherche Patentrecherche
Generationenbetrachtung ⬇	Entwicklung früherer Systeme betrachten Analoge Funktionsweisen in der Natur zur Ideenfindung heranziehen

Arbeitsschritt	Ziel: Erhöhung der Fahrsicherheit
Untersuchung von Evolutionsgesetzen in der Natur ⬇	Gesetzmäßigkeiten der Technikevolution mit ihren wesentlichen Elementen: Entstehung, Optimierung, Dynamisierung und Obersystembildung
Entwicklungsbarrieren ⬇	Aufstellung der Matrix der Entwicklungswidersprüche. In den Zeilen stehen die Zielgrößen, in den Spalten die Führungsgrößen
Innovative Lösungsfindung	Lösungsfindung durch die Definition des Entwicklungskonfliktes z. B.: **„Entwicklung einer Bremse mit raumbedarfssenkender Temperaturverringerung“**

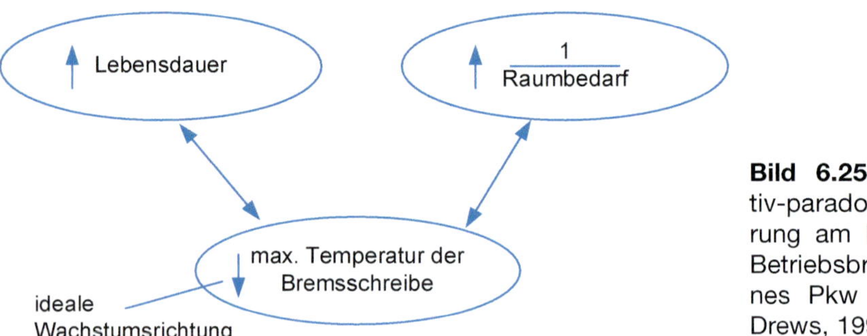

Bild 6.25: Konstruktiv-paradoxe Forderung am Beispiel der Betriebsbremse eines Pkw [Linde und Drews, 1995]

6.4.3.11 TRIZ

TRIZ, auch unter der Abkürzung TRIS bekannt, steht für „Theorie zur Lösung der Erfindungsaufgaben.“ Diese geht auf G. S. Altschuller [1926 – 1998] zurück, der eine Antwort auf die Frage suchte, ob der Weg zu einer Erfindung nicht bestimmten Gesetzmäßigkeiten oder Regeln folgt. Dazu wurden von ihm und seinen Mitarbeitern über 2,5 Millionen Patente analysiert und es wurden vier Grundregeln gefunden [Herb et al., 2000]:

- Die präzise Beschreibung des Problems allein führt häufig schon zu kreativen Problemlösungen.
- Viele Probleme wurden schon in anderen Branchen unter anderem Namen, aber durchaus inhaltlich vergleichbar gelöst.

- Die Weiterentwicklung technischer Systeme folgt bestimmten Grundregeln.
- Der Widerspruch ist das zentrale, immer wieder Innovationen provozierende Element Tausender von Patentschriften.

Aufbauend auf diesen Erkenntnissen wurde ein Algorithmus zur Lösung von Erfindungsaufgaben (ARIS) entwickelt, der die Lösung einer Erfindungsaufgabe in eine Folge einzelner Schritte unterteilt. Diese sind nacheinander abzuarbeiten, unter Einhaltung vorgegebener Regeln. Bekannt wurde diese Methodik dann unter den Namen TRIZ oder TRIS.

TRIZ fasst eine Anzahl unterschiedlicher Methoden zur Ideenfindung zusammen, wobei sich diese, wie im **Bild 6.26** dargestellt, auf vier Säulen stützen:

- Systematische Vorgehensweise bei der Lösung von Problemen (Systematik)
- Breites Wissen und vielfältige eigene Erfahrungen (Wissen)
- Offenheit, über den eigenen Tellerrand zu schauen, ob für die Aufgabenstellung nicht schon eine Lösung in anderen Branchen vorhanden ist (Analogien)
- Weitblick, sich vorzustellen, wie das eigene Produkt in der Zukunft aussehen kann oder wie die Aufgabenstellung vielleicht in der Zukunft gelöst werden kann (Visionen).

Jeder dieser vier Säulen ist eine Anzahl von Methoden zugeordnet. Diese können einzeln oder in Kombination zur Ideenfindung eingesetzt werden. Die vier Säulen von TRIZ passen zu den in den vorhergehenden Kapiteln beschriebenen Vorgehensweisen, die ebenfalls als wichtige Elemente die systematische Vorgehensweise, Wissen zur Lösungssuche und den Blick über die eigene Branche hinaus verlangen.

Auf den nächsten Seiten sollen einige der Methoden von TRIZ kurz erläutert werden.

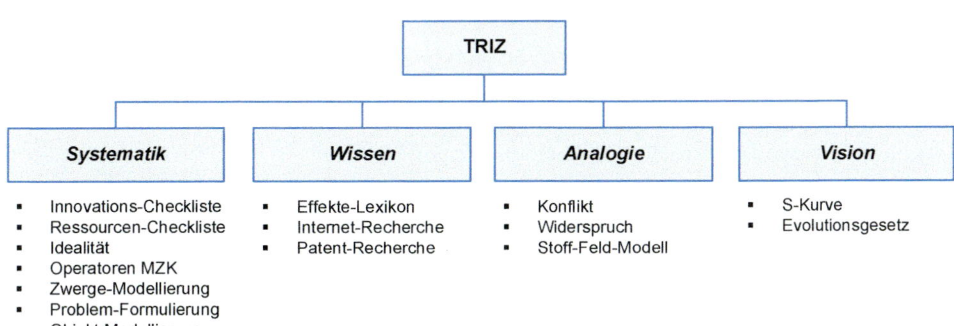

Bild 6.26: Die vier Säulen von TRIZ und zugehörige Methoden nach [Herb et al., 2000]

Innovations-Checkliste

Schon die klare Formulierung der Aufgabenstellung ist ein großer Schritt in Richtung auf die Lösung der Aufgabenstellung. Die Innovations-Checkliste soll helfen, das zu lösende Problem präzise zu beschreiben. Sie umfasst folgende wichtigen Punkte:

- Informationen über das zu verbessernde System und dessen Umfeld
- Derzeitige Systemstruktur
- Arbeitsweise des Systems
- Verfügbare Ressourcen
- Detailinformationen zum Problem
- Grenzen der Systemänderung
- Analoge Lösungsansätze
- Auswahlkriterien für die Lösungskonzepte.

Die Innovations-Checkliste kann auch im Rahmen der Anwendung anderer Kreativitätstechniken zum Einsatz kommen, da bei allen Methoden grundsätzlich gilt, dass zu Beginn das zu lösende Problem klar und detailliert zu beschreiben ist.

Ressourcen-Checkliste

Heute werden im Rahmen der Produktentwicklung Probleme meist gelöst, indem zusätzliche Baugruppen oder Bauteile integriert werden. Das aber widerspricht dem Idealitätsprinzip (wird nachfolgend beschrieben), welches mit möglichst wenigen Teilen auskommen will. Dieses Prinzip führt zu neuen Lösungen, indem es verlangt, mit den Ressourcen, die vorhanden sind, auszukommen, d. h. keine zusätzlichen Bauteile zu integrieren. Ein Beispiel für eine so gefundene Lösung wird im US-Patent 5911529 beschrieben. Dort wird eine Lösung vorgeschlagen, wie man die Energie des Tastendrucks bei Notebooks nutzen kann, um so ein Notebook mit Energie zu versorgen, ohne auf langen Fahrten zusätzliche Akkus mitnehmen zu müssen.

Idealität

Unter einem idealen Produkt versteht man ein Produkt, in dem alle erwünschten Funktionen verwirklicht sind, aber keine unerwünschten Nebenwirkungen mehr vorhanden sind. Die Idealität wird als Quotient definiert:

$$\text{Idealität} = \frac{\text{Summe der erwünschten Funktionen}}{\text{Summe der unerwünschten Nebenwirkungen}}$$

Für die Praxis heißt das, dass die Weiterentwicklung eines Produktes immer zu einer Steigerung der Idealität führen muss, ohne dass der Quotient der Idealität als mathematische Größe im engeren Sinne betrachtet wird.

Zur Verbesserung der Idealität werden insgesamt sechs Möglichkeiten vorgeschlagen. Die drei wichtigsten Möglichkeiten sind:

- Elemente bzw. Funktionen, die Probleme verursachen, sind wegzulassen.
- Das Problem ist am idealsten gelöst, wenn Funktionen, auch die Gesamtfunktion des Systems, nicht mehr benötigt wird. Beispiel hierfür wäre, wenn Entwickler von Reinigungsgeräten sich die Frage stellen würden, was zu tun ist, damit zukünftig keine Reinigungsgeräte mehr gebraucht werden.
- Grundlegende Vereinfachungen eines Systems oder Prozesses sind häufig nur zu erreichen, wenn das Funktionsprinzip geändert wird.

Im Sinne der Idealität ist die Lösung eines Problems durch Hinzufügen von etwas Zusätzlichem der falsche Weg.

Operator Material-Zeit-Kosten (MKZ)

Diese Methode möchte das Unterbewusstsein provozieren. Durch überzogene, bewusst realitätsferne Forderungen in Bezug auf die klassischen Grenzen bei der Entwicklung eines Produktes (Material, Zeit, Kosten) sollen kreative Denkanstöße provoziert werden. Technische Lösungen, Konstruktionen und Prozesse sollen so bis an die Grenzen ihrer Leistungsfähigkeit untersucht werden. Ziel ist es, mit Hilfe dieser Methode Denkblockaden abzubauen. Bei dieser Methode wird gefragt, wie die Lösung aussieht, wenn

- Material, Zeit und Kosten (jeweils einzeln betrachtet) absolut limitiert bzw. null sind ($M \rightarrow 0$, $Z \rightarrow 0$, $K \rightarrow 0$);
- Material, Zeit und Kosten (jeweils einzeln betrachtet) unlimitiert bzw. unendlich groß ($M \rightarrow \infty$; $Z \rightarrow \infty$; $K \rightarrow \infty$) sind.

Konflikt

Die Ideenfindung mittels Synektik hat einen Weg aufgezeigt, Lösungen über mehrere Stufen der Abstraktion zu finden. Am Schluss werden die gefundenen, abstrakten Lösungen, auf das eigentliche Problem übertragen. Einen solchen indirekten Weg zur Lösungssuche bietet auch die Methode der Konflikte innerhalb der TRIZ-Methodik. Grundelement der Methode ist die Rückführung der konkreten Aufgabenstellung auf einen von 39 in der Methodik definierten technischen Parameter, **Tabelle 6.1**.

Im Einzelnen sind bei dieser Methode folgende Arbeitsschritte abzuarbeiten:

- Beschreibung des konkreten Problems.
- Festlegung des Parameters, der verbessert werden soll. Dazu ist das Problem so weit zu abstrahieren, sodass der zu verbessernde Parameter einem der 39 technischen Parameter der Tabelle entspricht.
- Bestimmung des Parameters, der sich nicht verändern darf. Dazu wird das Problem wiederum so weit abstrahiert, dass der nicht zu verändernde Parameter einem der 39 Parameter der Methodik entspricht.
- Im Schnittpunkt der beiden Parameter in einer vorgegebenen Matrix werden Innovationsprinzipien, **Tabelle 6.2**, genannt, die prinzipielle Lösungsansätze für die abstrahierte Aufgabenstellung darstellen.
- Die prinzipiellen Lösungsansätze sind anschließend auf die konkrete Aufgabenstellung zu übertragen.

Notwendig zur Anwendung dieser Methode ist die Fähigkeit, ein konkretes Problem soweit zu abstrahieren, dass es zu den gegebenen Parametern passt, und danach die abstrakten Lösungsideen in konkrete Lösungen zu übersetzen (vgl. **Tabelle 6.3**).

Widerspruch

Häufig treten bei der Lösung von Fragestellungen im Rahmen der Produktentwicklung Widersprüche auf, die sich scheinbar nicht lösen lassen. Der TRIZ-Methodenkasten bietet hier als Hilfe die vier Separationsprinzipien an, die in **Tabelle 6.4** genannt sind.

In [Herb et al., 2000] wird ein Beispiel aufgeführt, welches die Anwendung der Separationsprinzipien verdeutlicht:

Tabelle 6.1: TRIZ, Technische Parameter

Technische Parameter			
1	Gewicht eines bewegten Objektes	9	Geschwindigkeit
2	Gewicht eines stationären Objektes	10	Kraft
3	Länge eines bewegten Objektes	11	Druck oder Spannung
4	Länge eines stationären Objektes	12	Form
5	Fläche eines bewegten Objektes	13	Stabilität eines Objektes
6	Fläche eines stationären Objektes	14	Festigkeit
7	Volumen eines bewegten Objektes	15	Haltbarkeit eines bewegten Objektes
8	Volumen eines stationären Objektes	16	Haltbarkeit eines stationären Objektes

Technische Parameter			
17	Temperatur	29	Fertigungsgenauigkeit
18	Helligkeit	30	Äußere negative Einflüsse auf das Objekt
19	Energieverbrauch eines bewegten Objektes	31	Negative Nebeneffekte des Objektes
20	Energieverbrauch eines stationären Objektes	32	Fertigungsfreundlichkeit
21	Leistung	33	Benutzerfreundlichkeit
22	Energieverschwendung	34	Reparaturfreundlichkeit
23	Materialverschwendung	35	Anpassungsfähigkeit
24	Informationsverlust	36	Komplexität in der Struktur
25	Zeitverschwendung	37	Komplexität in der Kontrolle und Steuerung
26	Materialmenge	38	Automatisierungsgrad
27	Zuverlässigkeit	39	Produktivität
28	Messgenauigkeit		

Tabelle 6.1: (Fortsetzung)

Tabelle 6.2: TRIZ, Innovative Prinzipien

Innovative Prinzipien			
1	Segmentierung und Zerlegung	21	Durcheilen und überspringen
2	Abtrennung	22	Schädliches in Nützliches verwandeln
3	Örtliche Qualität	23	Rückkopplung
4	Asymmetrie	24	Mediator, Vermittler
5	Vereinen	25	Selbstversorgung und Selbstbedienung
6	Universalität	26	Kopieren
7	Verschachtelung	27	Billige Kurzlebigkeit
8	Gegengewicht	28	Mechanik ersetzen
9	Vorgezogene Gegenreaktion	29	Pneumatik und Hydraulik
10	Vorgezogene Aktion	30	Flexible Hüllen und Filme
11	Vorbeugemaßnahmen	31	Poröse Materialien
12	Äquipotenzial	32	Farbveränderung
13	Umkehr	33	Homogenität
14	Krümmung	34	Beseitigung und Regeneration
15	Dynamisierung	35	Eigenschaftsänderung
16	Partielle oder überschüssige Wirkung	36	Phasenübergang
17	Höhere Dimension	37	Wärmeausdehnung
18	Mechanische Schwingungen	38	Starkes Oxidationsmittel
19	Periodische Wirkung	39	Inertes Medium
20	Kontinuität	40	Verbundmaterialien

Technische Parameter, die verbessert werden sollen ...	Technische Parameter, die nicht verändert werden sollen ...					
	10	11	...	19	20	21
	Kraft	Druck oder Spannung	...	Energieverbrauch eines bewegten Objektes	Energieverbrauch eines stationären Objektes	Leistung
...	...	...	...	...	...	...
9 Geschwindigkeit	13, 28, 15, 19	6, 18, 38, 40	...	8, 15, 35, 38		19, 35, 38, 2
10 Kraft	---	18, 21, 11	...	19, 17,	1, 16,	19, 35, 7
11 Druck oder Spannung	36, 35, 21	---	...	14, 24, 10, 37		10, 35, 14
12 Form	35, 10, 37, 40	34, 15, 10, 14	...	2, 6, 34, 14		4, 6, 2
13 Stabilität eines Objektes	10, 35, 21, 16	2, 35, 40	...	13, 19	27, 4, 29, 18	32, 35, 27, 31

Innovationsprinzipien

Tabelle 6.3: Auszug aus der Tabelle zur Lösung der Konflikte mit Hilfe der innovativen Prinzipien von TRIZ

Ein Fahrzeug-Airbag soll sich mit hoher Geschwindigkeit und Kraft öffnen, aber sobald ein Körper darauf auftrifft, sich mit geringer Geschwindigkeit und angepasster Kraft verändern. Dadurch sollen Verletzungen der Insassen, insbesondere von Kindern, vermieden werden.

Ein Lösungsansatz bietet die Separation durch Bedingungswechsel. Sensorisch gesteuert passt sich die Expansionskraft des Airbags der Sitzposition sowie dem Gewicht und der Größe des Fahrers an.

Zur Lösung werden bei der Separation geeignete innovative Prinzipien, Tabelle 6.4, angewendet. **Tabelle 6.5** zeigt die zu den einzelnen Separationsprinzipien zugeordneten innovativen Prinzipien.

Tabelle 6.4: Die vier Separationsprinzipien zur Lösung von Widersprüchen in Anlehnung an [Herb et al., 2000]

Separationsprinzip	Erläuterung	Beispiel
Separation im Raum	Die sich widersprechenden Erfordernisse werden räumlich getrennt.	Kinder auf einen Sitz setzen, an dem kein Airbag auslöst.
Separation in der Zeit	Sich widersprechende Funktionen werden zeitlich getrennt.	Airbag öffnet schnell und mit hoher Kraft. Ab dem Moment des Aufpralls wird der Airbag über elektronisch gesteuerte Ventile langsam entlüftet.
Separation innerhalb eines Objektes und seiner Teile	Trennung gegensätzlicher Anforderungen innerhalb eines Objektes oder seiner Teile.	Mehrere, der Körperform angepasste Airbags. Kleine Airbags bremsen zuerst den Aufprall, bevor ein großer Airbag die Restenergie aufnimmt.
Separation durch Bedingungswechsel	Hier werden sich widersprechende Anforderungen erfüllt durch Modifikation der Bedingungen, unter denen zeitgleich ein nützlicher und ein unnötiger Prozess ablaufen.	Sensorisch gesteuert passt sich die Expansionskraft des Airbags der Sitzposition sowie dem Gewicht und der Größe des Fahrers an.

Tabelle 6.5: Die vier Separationsprinzipien zur Lösung von Widersprüchen und zugeordnete Innovationsprinzipien in Anlehnung an [Herb et al., 2000]

Separationsprinzip	Innovative Prinzipien
Separation im Raum	1, 2, 3, 4, 7, 17, 24, 26
Separation in der Zeit	9, 10, 11, 15, 16, 18, 19, 20, 21, 29, 34
Separation innerhalb eines Objektes und seiner Teile	13, 28, 32, 35, 36, 38, 39
Separation durch Bedingungswechsel	1, 27, 5, 22

Evolutionsprinzip

Bei der Betrachtung von technischen Systemen lässt sich leicht feststellen, dass sich diese im Laufe der Zeit immer weiterentwickelt haben. Betrachten wir einen Pkw, so hat sich dieser im Laufe seiner Geschichte in Stufen bis zum heutigen Fahrzeug entwickelt. Die Entwicklung verlief über eine Vielzahl von Evolutionsstufen. Gleiches gilt beispielsweise auch für einzelne Komponenten in einem

Fahrzeug. Altschuller hat bei seiner Analyse der Patente herausgefunden, dass sich die Technik-Evolution in insgesamt acht Stufen vollzieht.

1. Evolutionsstufe

- Jedes technische System entwickelt sich in vier Lebensphasen: Kindheit, Wachstum, Reife und Sättigung – S-Kurve (Produktlebenszyklus).
- Der evolutionäre Übergang zum nächsten System, zur Folgetechnologie findet immer statt, wenn:
- Der Bedarf vorhanden ist (Market Pull),
- Möglichkeiten (Technologien) bestehen, ihn zu befriedigen (Technology Push).

2. Zunehmende Idealität

- Jedes System birgt außer nützlichen Funktionen auch schädliche Funktionen.
- Systeme entwickeln sich immer in Richtung zunehmender Idealität.
- Nur Verbesserungen, die zur Erhöhung der Idealität beitragen, sind sinnvoll.

3. Ungleiche Entwicklung von Systemen und Teilen

- Jede Komponente eines Systems (z. B. eines Pkws) hat ihre eigene S-Kurve mit eigener Zeitskala.
- Jede Komponente erreicht ihre Grenzen zu einem anderen Zeitpunkt.
- Die Komponente, die zuerst die Reifephase überschreitet, limitiert die Gesamtsystem-Performance.
- Maximaler Fortschritt für das System ergibt sich, wenn die Grenze der Komponente beseitigt wird.

4. Zunehmende Dynamisierung und Regelbarkeit (Übergang zu multifunktionaler Performance; zunehmende Zahl an Freiheitsgraden; zunehmende Steuer- und Regelbarkeit; Erhöhung der Stabilität.)

- Zunehmende System-Dynamisierung gestattet es, Funktionen mit größerer Flexibilität oder Vielfalt zu erfüllen.
- Zunehmende Dynamisierung erfordert ansteigende Steuer- und Regelbarkeit.
- Steuer- und Regelbarkeit kulminiert in selbststeuernden Systemen.

5. Über Komplexität zum genial Einfachen

- Technische Systeme entwickeln sich zunächst in Richtung zunehmender Komplexität und werden dann genial einfach.
- Mono-Systeme entwickeln sich über Bi- und Polysysteme zu neuen Mono-Systemen, die die Funktionsvielfalt des vorherigen Polysystems enthalten.

6. Gezielte Übereinstimmung und Nichtübereinstimmung / Diskrepanz von Teilen

- Systemelemente entwickeln sich zu gezielter Übereinstimmung oder gezielter Nichtübereinstimmung, um die Performance zu verbessern oder schädliche Effekte zu kompensieren. (Z. B. Pkw-Getriebe: Entwicklung vom schlecht synchronisierten Getriebe hin zum genau synchronisierten Getriebe mit lauten Resonanzschwingungen. Diese wiederum werden kompensiert durch gezielte Asymmetrien.)
- Aktionen und Rhythmen werden zunehmend koordiniert und verschachtelt. Systeme zunehmender Komplexität werden dann genial einfach.

7. Übergang zur Mikro-Ebene und Einsatz von Feldern

- Technische Systeme entwickeln sich aus der Makro-Ebene in die Mikro-Ebene (Miniaturisierung).
- Dieser Übergang wird durch immer perfekteren Einsatz von Feldern (elektrische Felder z. B. zur Informationsübertragung) und durch Segmentierung unterstützt.

8. Abnehmende menschliche Interaktion und zunehmende Automatisierung

- Technische Systeme entwickeln sich in Richtung reduzierter menschlicher Interaktion.
- Ausführung, Kontrolle, Entscheidung des Menschen werden in dieser Reihenfolge ersetzt.
- Schließlich entsteht ein automatisierter Prozess, der den Menschen nicht mehr nachahmt, sondern konsequent auf Erfüllung von Funktionen ausgelegt ist.

Abhängig vom Evolutionsstatus des zu entwickelnden Produktes können daraus Ideen generiert werden.

Weitere Informationen zur TRIZ-Methodik finden sich in der mehrfach zitierten Literatur, aber auch im Internet auf der Seite www.triz-online.de. Dort finden sich auch Hinweise auf Software-Tools zur Unterstützung der Anwendung von TRIZ. Die dort genannten Software-Tools enthalten die verschiedenen TRIZ-Methoden mehr oder weniger vollständig. Ergänzt werden diese Methoden meist durch Datenbanken, die eine Vielzahl von physikalischen Effekten enthalten. Diese sind zum besseren Verständnis vielfach animiert. Außerdem ermöglichen diese Software-Tools eine Dokumentation der im Verlaufe der Ideensuche gefundenen Lösungen.

Außerdem finden sich auf der Internetseite Hinweise auf weiterführende Literatur gegeben. Einen interessanten Einblick in die TRIZ-Methodik und ihre ersten Anwendungen liefert [Al'tšuller et al., 1983]. Allerdings ist dieses Buch nur noch in Antiquariaten zu finden.

6.4.4 Einordnung der vorgestellten Methoden zur Ideensuche

Tabelle 6.6 soll Anhaltspunkte für die Anwendung der vorgestellten Methoden geben. Allerdings ist es in der Praxis so, dass insbesondere in Bezug auf die Qualität und die Anzahl der mit einer Methode erreichbaren Ideen sowie der Art der behandelbaren Probleme sehr unterschiedliche Erfahrungen gemacht werden können. Aus diesem Grunde kann Tabelle 6.6 nur Hinweise geben.

6.5 Bewertung und Zusammenstellung der Lösungsideen für die Produktfunktionen

Mit Hilfe der genannten Kreativitätstechniken können innerhalb kurzer Zeit eine Vielzahl von Lösungsideen generiert und daraus Produktkonzepte abgeleitet werden. Nicht alle gefundenen Lösungsansätze sind aber für die konkrete Aufgabenstellung verwendbar, da die Entwicklung eines Produktes immer unter Restriktionen durchgeführt wird. Deshalb soll eine einfache Methode zur Klassifizierung der Ideen helfen, die Ideen herauszufiltern, die im Rahmen eines Entwicklungsprojektes sinnvoll umgesetzt werden können. Ein einfaches Schema kann

Bewertungskriterien	Brainstorming	Brainwriting	Galerie-Methode	Synektik	Reizwort-Analyse	Variation Funktionenstruktur	Bionik	Ordnungsschemata	WOIS	TRIZ	SCAMPER
Gruppenmethode	++	++	++	++	o	-	o	-	+	+	+
Für Einzelpersonen geeignet	--	--	--	--	o	+	++	++	o	o	o
Moderator erforderlich	++	o	-	++	--	--	--	--	+	+	o
Schwierigere Problemstellungen	o	o	+	++	o	+	++	o	++	++	o
Einarbeitung erforderlich	-	-	-	++	-	o	++	o	++	++	o
Aufwand	-	-	o	+	-	o	+	o	+	+	o
Anzahl der Ideen	++	++	+	-	++	o	-	o	o	+	o
Qualität der Ideen	o	o	+	++	o	+	++	o	++	++	o
Legende: ++: trifft zu, hoch --: trifft nicht zu, niedrig, +o-: Zwischenstufen der Bewertung											

Tabelle 6.6: Bewertung der vorgestellten Verfahren der Ideensuche

helfen, Lösungsideen für Funktionen sowie Produktkonzepte in einem ersten Schritt einfach und schnell zu klassifizieren. Danach werden die Lösungen wie folgt gekennzeichnet:

X... völlig unrealistisch (einstimmig im Team)

Funktionen nicht erfüllt, technisch nicht realisierbar, ...

A... gehört nicht zur gestellten Aufgabe

würde die Aufgabe verändern, sprengt den Rahmen, Randbedingungen können mit diesem Lösungsansatz nicht erfüllt werden.

1... neues Konzept

noch unbekannt, Informationen fehlen, verändert den Ist-Zustand wesentlich, hat Einfluss auf wesentliche Funktionen.

2... Veränderung im Detail

bestehendes Konzept bleibt unbeeinflusst, hat keine Auswirkungen auf späteres Konzept.

Die Bewertung der einzelnen Lösungen erfolgt im Team. Welche Klasse von Lösungen (A, 1, 2) im Rahmen des konkreten Entwicklungsprojektes weiterverwenden werden, hängt von den jeweiligen Randbedingungen und der Zielsetzung des Projektes ab.

Nicht verwendete Ideen, auch solche mit der Klassifizierung X, werden dokumentiert, um so für spätere Entwicklungsprojekte zur Verfügung zu stehen.

Zur Sammlung der Lösungsideen, die für die konkrete Entwicklungsaufgabe prinzipiell in Frage kommen, wird der weiter oben beschriebene Morphologische Kasten genutzt. Idealerweise werden die einzelnen Lösungsideen in Form von Skizzen dargestellt. Wenn möglich, sollte jede Lösung auch bereits mit einer groben Kostenabschätzung sowie einer Abschätzung des Entwicklungsrisikos versehen werden, **Bild 6.27**. Werden dann durch die Kombination von Lösungsideen Produktkonzepte abgeleitet, so lässt sich auch schon eine erste, wenn auch noch sehr grobe Schätzung der Herstellkosten vornehmen und das Realisierungsrisiko der Lösung bewerten. Zudem lassen sich so auch ganz gezielt Lösungen auswählen und kombinieren, beispielsweise für ein besonders kostengünstiges Lösungskonzept oder ein risikoarmes Konzept.

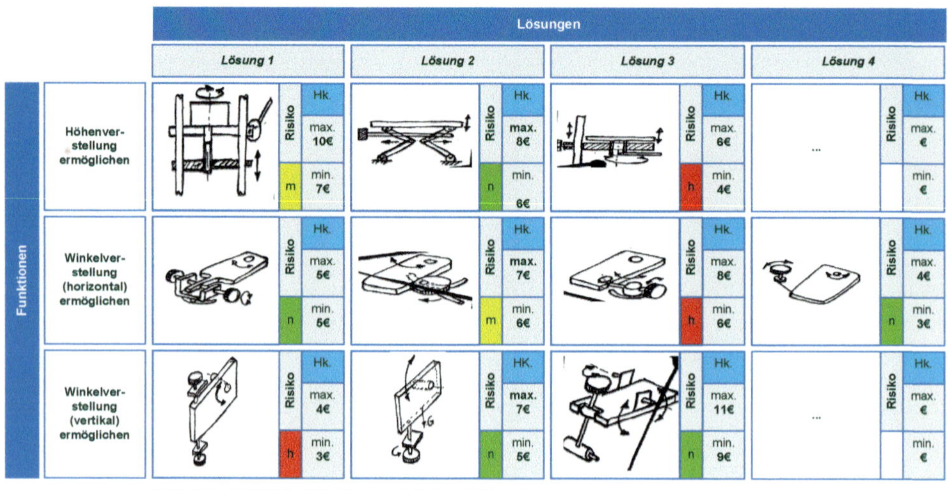

Bild 6.27: Morphologischer Kasten mit Zusatzinformationen zu den Lösungsideen

Neben den beiden genannten Kriterien, Kosten und Risiko, lassen sich natürlich noch weitere Kriterien technischer, ökonomischer und ökologischer Art für die Darstellung im erweiterten Morphologischen Kasten nutzen.

6.6 Darstellung der Produktkonzepte

Ein wichtiger Schritt im Rahmen des Entwicklungsprozesses ist die Visualisierung der Produktkonzepte. Das ist unabhängig davon, ob ein Gesamtkonzept, wie beschrieben, aus einzelnen Lösungen für die Funktionen kombiniert wurde oder gesamthaft im Rahmen der Ideensuche entstanden ist.

Diese Veranschaulichung der Produktkonzepte kann, je nach Phase der Produktentwicklung, durch unterschiedliche Modelle erfolgen, **Bild 6.28**. Insbesondere bei der interdisziplinären Zusammenarbeit im Rahmen der Produktentwicklung sind Modelle wichtig, um die Kommunikation innerhalb des Entwicklungsteams zu verbessern und ein gemeinsames Produktverständnis zu entwickeln.

Aber auch für die Kommunikation hin zum Kunden sind Modelle sehr wichtig. Neuere Ansätze der Produktentwicklung, wie beispielsweise Design Thinking [Plattner et al., 2011] oder das Spiralmodell des Entwicklungsprozesses [Boehm, 1986], [Engeln, 2019] nutzen schon früh im Entwicklungsprozess erste Modelle für die Kommunikation mit den Kunden. Diese Modelle werden dann immer weiter verfeinert, bis zum fertigen Produkt. Durch diese frühe, modellbasierte Kommunikation mit dem Kunden können

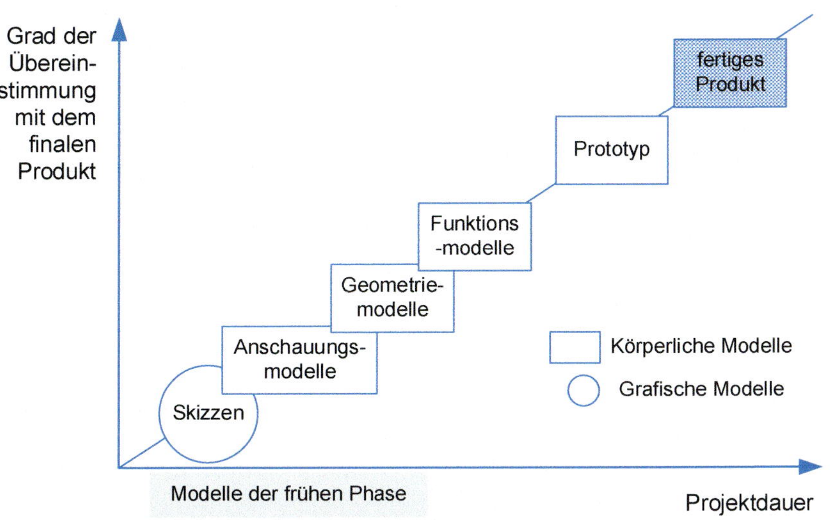

Bild 6.28: Unterschiedliche Modelle zur Unterstützung der Kommunikation bei der interdisziplinären Produktentwicklung [Engeln, 2019]

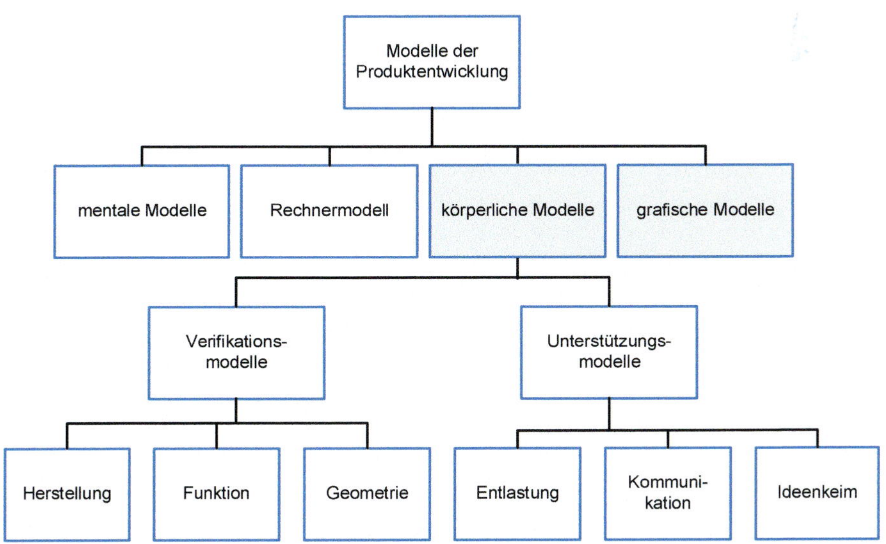

Bild 6.29: Klassifizierung unterschiedlicher Modelle für die Produktentwicklung nach [Milberg und Reinhart, 1998]

- früh im Entwicklungsprozess Rückmeldungen der Kunden eingeholt,
- Änderungswünsche der Kunden erkannt,
- Over-Engineering vermieden

werden. Dieses hilft

- Verschwendung im Entwicklungsprozess zu vermeiden,
- schneller zu den Kundenbedürfnissen passende Produkte zu realisieren,
- die Kommunikation hin zu den Kunden aber auch innerhalb des Entwicklungsteams zu verbessern und so ungeplante Iterationen zu reduzieren.

Wichtig dazu ist die Wahl geeigneter Modelle, **Bild 6.29**, die für die Kommunikation und den aktuellen Stand des Entwicklungsprojektes geeignet und mit vertretbarem Aufwand zu realisieren sind.

6.7 Auswahl von Lösungskonzepten

Die vorherigen Arbeitsschritte führen zu einer Anzahl von prinzipiellen Lösungen für ein Produkt. Diese sind in den nächsten Schritten weiter zu detaillieren. Bei dieser Detaillierung muss die Frage im Vordergrund stehen:

Wie lassen sich die Lösungskonzepte realisieren?

Leider stehen in der Praxis sehr häufig die Probleme einer Lösung im Vordergrund und nicht die Chancen, die mit der Lösung verbunden sind. So werden häufig schon sehr früh zukunftsweisende Lösungen ausgeschlossen.

An diesem Punkt muss auch entschieden werden, mit wie vielen Lösungskonzepten im weiteren Entwicklungsprozess gearbeitet werden soll. Es ist also die Frage zu beantworten, ob an dieser Stelle im Entwicklungsprozess schon eine Festlegung auf ein Lösungskonzept erfolgen kann oder nicht. Für die Weiterverfolgung mehrerer Lösungskonzepte, Set Based Engineering (**Bild 6.30**), spricht:

- Wenig Wissen über die zu verwendenden Technologien
- Unsicherheit, welche Technologien in der Zukunft Akzeptanz im Markt finden
- Hohe Wahrscheinlichkeit, dass sich die Kundenanforderungen im Laufe des Entwicklungsprojektes noch verändern
- Geringes Wissen über die Wettbewerber und deren Produktstrategie
- Unklarheiten bezüglich gesetzlicher Rahmenbedingungen
- Allgemeine Marktunsicherheit.

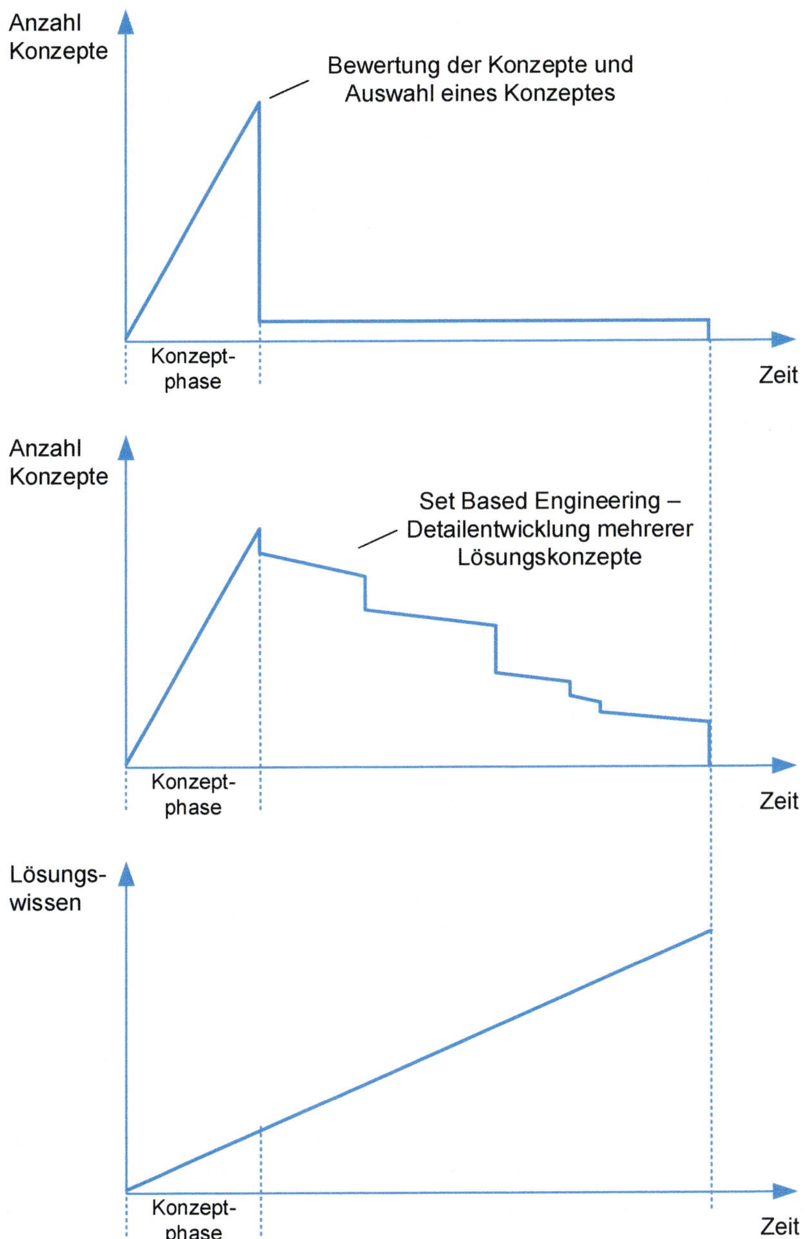

Bild 6.30: Wissen zu unterschiedlichen Lösungskonzepten und Anzahl weiterverfolgter Lösungskonzepte beim Set Based Engineering im Vergleich zur konventionellen Vorgehensweise

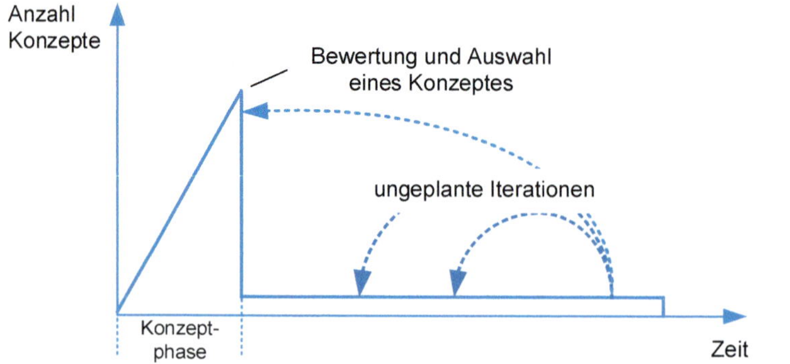

Bild 6.31: Risiko ungeplanter Iterationsschleifen bei Auswahl und Detaillierung nur eines Lösungskonzeptes

Die vorhandenen Lösungskonzepte können mit zunehmender Detaillierung immer wieder mit Kunden besprochen werden, was der Vorgehensweise nach dem Spiralmodell entspricht, um so die für die Kunden optimale Lösung zu finden.

Eine frühe Fokussierung auf ein Lösungskonzept ist dann möglich, wenn

- die eingesetzten Technologien bekannt sind und im Unternehmen beherrscht werden,
- keine technologischen Umbrüche zu erwarten sind,
- die Kundenbedürfnisse sich langsam verändern und während der Dauer des Entwicklungsprojektes keine Veränderungen zu erwarten sind,
- die Wettbewerber und deren Produktstrategie bekannt sind.

Das besondere Risiko der frühen Festlegung auf ein Lösungskonzept besteht darin, dass im Verlaufe der Detaillierung der Lösung festgestellt wird, dass diese doch nicht realisierbar ist. Das macht Rücksprünge, ungeplante Iterationen, **Bild 6.31**, im Entwicklungsprojekt notwendig, bis hin zur Suche nach ganz neuen Lösungskonzepten.

Diese ungeplanten Iterationen führen fast immer zu höheren Projektkosten und zu Zeitverzögerungen. In der Praxis der Produktentwicklung können höhere Kosten, die durch die parallele Entwicklung von mehreren Lösungsalternativen entstehen, einfach ermittelt werden. Deshalb wird dieses Vorgehen nur selten angewendet. Höhere Kosten durch ungeplante Iterationen werden dagegen nur selten systematisch erfasst und ausgewertet.

6.8 Bewertung von Lösungskonzepten

Sollen aus einer Anzahl von Lösungskonzepten nun wenige oder gar nur eines ausgewählt werden, so sollte dieses mit Hilfe einer systematischen Bewertung erfolgen. Zur Bewertung können folgende Kriterien genutzt werden:

- Wie erfüllt ein Lösungskonzept die Anforderungen an das Produkt?
- Wie erfüllt das Lösungskonzept die Anforderungen des Unternehmens und trägt somit zur Zielerreichung des Unternehmens bei?

Dabei werden die im Rahmen der Produktdefinition ermittelten Anforderungen mit ihrer Gewichtung verwendet, siehe Kap. 5.4. Die Lösungskonzepte können dann in das aus dem Wettbewerbsvergleich bekannte Wettbewerbsportfolio, siehe Kap. 5.5, eingetragen werden. So ist es möglich, die Lösungskonzepte untereinander und mit den Wettbewerbsprodukten zu vergleichen.

Um die Lösungskonzepte nur untereinander zu vergleichen, so ist es sinnvoll als Kriterien zu verwenden:

- Können mit dem Konzept die Ziele des Unternehmens erreicht werden?
- Wie hoch ist das Risiko einzuschätzen, dass das Lösungskonzept in der geplanten Zeit zu den geplanten Kosten umgesetzt werden kann?
- Lässt sich das Produkt mit den Kompetenzen des eigenen Unternehmens sicher herstellen?
- Wie hoch sind die notwendigen Investitionen in Herstell- und Vertriebsprozesse für die einzelnen Lösungskonzepte?
- Wie zukunftsfähig ist das Produkt?
- Wo und wie groß sind die Chancen eines Produktes basierend auf dem Lösungskonzept?
- ...

Auch für diese Kriterien ist es sinnvoll, eine Rangfolge zu bilden. Dazu kann eine der bereits oben beschriebenen Vorgehensweisen der Anforderungsgewichtung herangezogen werden. Die verwendeten Kriterien sollen untereinander vergleichbar sein und zu quantifizierbaren, messbaren Aussagen führen. Zur anschaulichen Darstellung der Ergebnisse der Bewertung der einzelnen Lösungskonzepte kann das weiter oben beschriebene Stärken-Schwächen-Profil herangezogen oder es können verschiedene Portfoliodarstellungen genutzt werden (**Bild 6.32**).

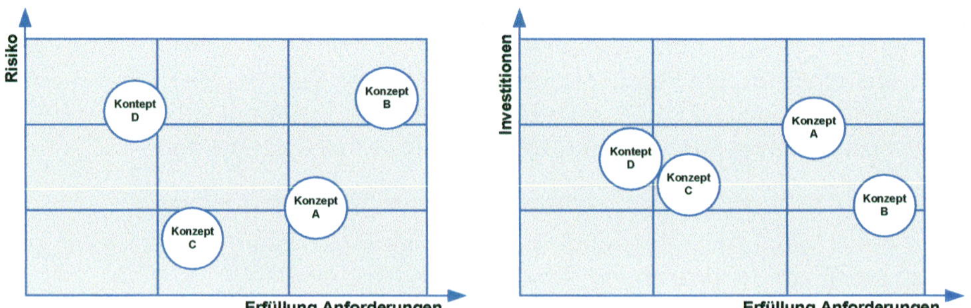

Bild 6.32: Mögliche Portfolio-Darstellungen zum Vergleich unterschiedlicher Lösungskonzepte

Zu Bewertung der Lösungskonzepte kann auch die Nutzwertanalyse, [Herbig, 2016], [Nutzwertanalyse, 2012], verwendet werden. Als maßgebliche Kriterien zur Bewertung der Lösungskonzepte sind auch hier die Anforderungen an das Produkt zu verwenden. Diese können durch weitere Kriterien, wie beschrieben, ergänzt werden.

7 Produktgestaltung

7.1 Aufgaben im Rahmen der Produktgestaltung

Ausgangspunkt der Produktgestaltung sind die Produktkonzepte.

Produkte, auch die des Maschinenbaus, bestehen heute nur noch selten aus rein mechanischen Komponenten. Immer häufiger finden sich elektronische Komponenten mit integrierter Software in den Produkten, da sich so neue Funktionen realisieren lassen und bestehende Funktionen einfacher verwirklicht werden können. Das bedeutet, dass die Aufgaben des Gestaltens eines Produktes auch weiter gefasst werden muss.

Am besten lassen sich die notwendigen Aufgaben der Produktgestaltung ableiten, wenn ein technisches Produkt als System, **Bild 7.1**, beschrieben wird. Ein System allgemein besteht aus einzelnen Komponenten K_i und/oder Teilsystemen T_j, die miteinander in Beziehung stehen. Über die Systemgrenze ist es von seiner Umwelt abgegrenzt. Die Umwelt wirkt auf das System und das System auf seine Umwelt.

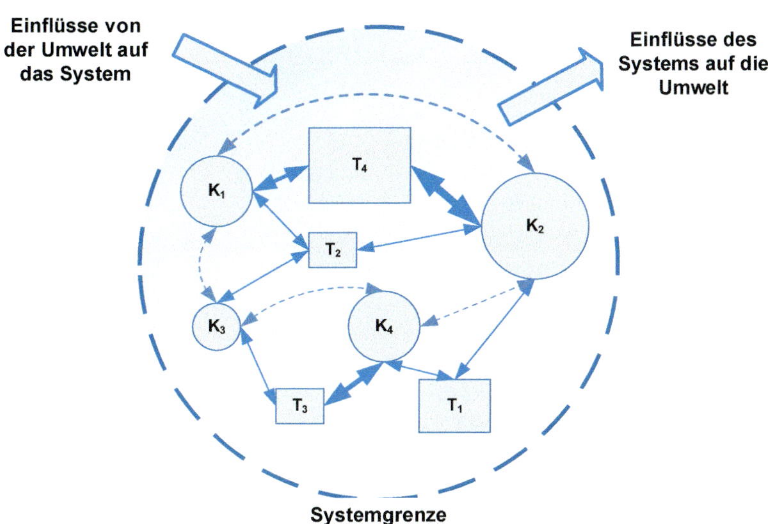

Bild 7.1: Allgemeine Struktur eines Systems

Aus der allgemeinen Systemdarstellung können die notwendigen Aufgaben der Produktgestaltung abgeleitet werden:

- Strukturierung des Produktes (Dabei wird festgelegt, welche Komponenten zu Teilsystemen (Baugruppen) zusammengefasst werden und welche Beziehungen zwischen den Elementen eines Teilsystems, zwischen den Teilsystemen sowie Teilsystemen und Komponenten bestehen sollen.)
- Gestaltung der einzelnen Komponenten des Produktes
- Festlegung der Schnittstellen zwischen den Komponenten und Baugruppen
- Gestaltung der Systemgrenze als Abgrenzung des Systems (Produktes) zu seiner Umwelt
- Gestaltung der Kommunikation zwischen dem Produkt und dem Nutzer.

Die Produktgestaltung erfordert somit die Zusammenarbeit unterschiedlicher Fachdisziplinen, die unterschiedliche Methoden und Vorgehensweisen anwenden, unterschiedliche Produktdaten benötigen und diese unterschiedlich ablegen. In der Folge nimmt so die Komplexität des Entwicklungsprozesses zu.

Die Gestaltung einzelner Komponenten eines Produktes wird nachfolgend nicht weiter betrachtet. Hierzu sei auf Fachliteratur der jeweiligen Disziplinen verwiesen oder auf Literatur, welche die Gestaltungsmethoden der verschiedenen Fachdisziplinen gesamthaft dargestellt, so beispielsweise [Gausemeier et al., 2001].

7.2 Strukturierung von Produkten

7.2.1 Produktstruktur und Komplexität eines Produktes

Eine Produktstruktur zeigt den Aufbau eines Produktes aus Baugruppen (B) und Einzelteilen (E). Der Begriff lässt sich am besten anhand einer einfachen, allgemeinen Produktstruktur, **Bild 7.2**, erläutern.

Ein Produkt besteht aus Einzelteilen, die zu Baugruppen zusammengefasst werden. Diese wiederum werden, je nach Komplexität des Produktes, zu Baugruppen höherer Ordnung bis hin zur Ebene des Produktes zusammengefasst. Dabei ist es sinnvoll, insbesondere mit Blick auf die Montage, immer nur Elemente der direkt darunterliegenden Ebene zu einer neuen Gruppe zusammenzufassen. Im dargestellten Beispiel wird dieses bei den Baugruppen der Ebene 2 umgesetzt, bei den Baugruppen der Ebene 3 wird dieses nicht eingehalten. Die nicht konsequente Umsetzung kann zu höheren Montagekosten führen, wenn Planungs- und Logistikkosten mitgerechnet werden.

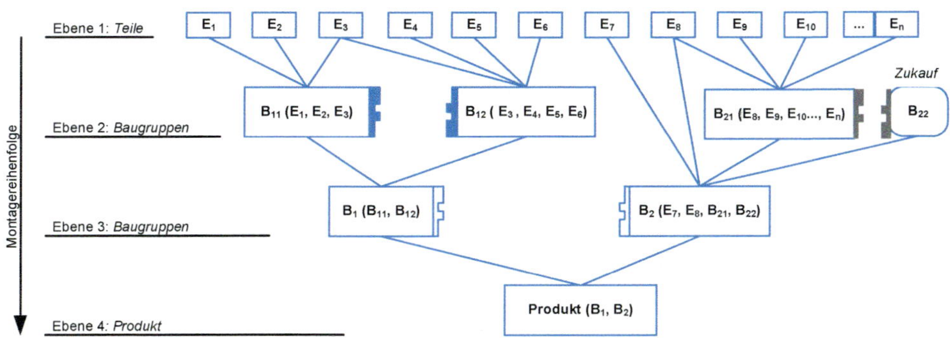

Bild 7.2: Beispiel einer einfachen Produktstruktur

Ausgangspunkt für die Strukturierung eines Produktes sind die geforderten Funktionen und die daraus abgeleiteten Teilfunktionen. Für diese sind die entsprechenden Funktionenträger, die Einzelteile und Baugruppen, zu gestalten. Es ist also sinnvoll, die Strukturierung eines Produktes ausgerichtet an den notwendigen Funktionen vorzunehmen, wenn nicht andere, übergeordnete Anforderungen eine andere Strukturierung notwendig machen.

Die Produktstruktur lässt die Komplexität eines Produktes erkennen. Bestimmt wird die Komplexität, in Anlehnung an die Beschreibung der Komplexität eines Systems nach Bruns [Bruns, 1991] durch die

- Art und Anzahl der Elemente, die Varietät und die
- Art und Anzahl der Beziehungen der Elemente untereinander, die Konnektivität.

Varietät und Konnektivität zusammen bestimmen die Komplexität. Auf Basis der in **Bild 7.3** dargestellten Zusammenhänge lassen sich Regeln zur Begrenzung der Komplexität eines Produktes ableiten, die in **Tabelle 7.1** im nachfolgenden Abschnitt genannt sind.

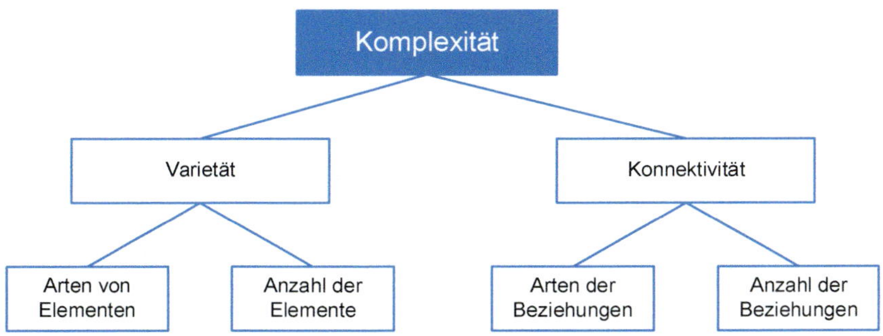

Bild 7.3: Komplexität eines Systems nach [Bruns, 1991]

Tabelle 7.1: Anforderungen und Lösungsansätze zur Strukturierung eines Produktes

Anforderung	Lösungsansatz
Niedrige Entwicklungskosten	• Wiederverwendung von Gruppen und Einzelteilen • Verkürzung der Erprobungszeiten
Niedrige Herstellkosten	• Mehrfachverwendung von Baugruppen und Einzelteilen • Einfache Herstellprozesse mit niedriger Komplexität • Ausnutzung von Lerneffekten in der Montage durch Wiederverwendung von Baugruppen und ähnlichen Produktstrukturen
Hohe Qualität	• Wiederverwendung erprobter und optimierter Baugruppen und Einzelteile
Geringe Komplexität	• Verwendung möglichst einfacher Elemente • Möglichst wenige Elemente • Einfache Beziehungen (Schnittstellen) zwischen den Elementen • Möglichst wenige Beziehungen (Schnittstellen) zwischen den Elementen
Kostengünstige Variantenbildung	• Variantenbildung auf einer hohen Ebene der Produktstruktur durch Weglassen und Hinzufügen von Baugruppen (Konfiguration statt Konstruktion) • Baukasten, Modularisierung, Plattformen
Kostengünstige Entsorgung	• Zusammenfassung ähnlicher Stoffe in Baugruppen • Einfache Demontage durch geeignete Strukturierung
Flexible, zukunftssichere Lösung	• Modulare Produktstruktur • Produktinnovationen durch neue Lösungen für Module • Unabhängige, parallele Weiterentwicklung der Module
Klar strukturierte Lieferkette	• Definition von Baugruppen, für die als Ganzes eine Make-or-Buy-Entscheidung getroffen wird

Für die Produktentwicklung gilt, dass mit zunehmender Komplexität eines Produktes auch die Komplexität der Entwicklungsaufgabe steigt. Es kommt noch hinzu, dass die Komplexität einer Entwicklungsaufgabe auch beeinflusst wird durch die dynamischen Veränderungen von Anforderungen und Randbedingungen während des Entwicklungsprojektes.

7.2.2 Anforderungen an die Produktstruktur

Die Anforderungen an die Struktur eines Produktes werden maßgeblich durch die herstellerbezogenen Merkmale des Produktes bestimmt. Aus diesen lassen sich die in Tabelle 7.1 aufgeführten Anforderungen ableiten.

Auch diese Anforderungen sind nicht für alle Produkte gleich wichtig. Abhängig vom Produkt, den damit am Markt verfolgten Zielen und den Unternehmenszielen sind bestimmte Anforderungen wichtiger, andere weniger wichtig, sodass diese auch sinnvollerweise gewichtet werden. Dieses muss bei der Festlegung der Produktstruktur berücksichtigt werden. Ein Ranking der Anforderungen kann mit den oben beschriebenen Ansätzen erstellt werden.

7.2.3 Integral- und Differenzialbauweise

Bei der Montage werden Komponenten eines Produktes zu übergeordneten Baugruppen oder zum fertigen Produkt zusammengefügt. Die Montage ist auch heute noch stark durch manuelle Tätigkeiten geprägt, sodass sie meist einen signifikanten Anteil der Herstellkosten verursacht. Hinzu kommen Aufwendungen für die Logistik, Lager, Montageplanung etc. Wird der Montageaufwand reduziert, so können damit die Herstellkosten reduziert werden.

Im Rahmen der Produktentwicklung lassen sich unterschiedliche Zuordnungen von Funktionen zu Bauteilen festlegen und so die Zahl der Montageschritte beeinflussen. Ein Bauteil kann eine Funktion übernehmen, **Bild 7.4**, durch Montage mehrerer Bauteile ergibt sich dann eine Baugruppe mit mehreren Funktionen. Das entspricht der Differenzialbauweise.

F_i = Funktion; E_i = Einzelteil

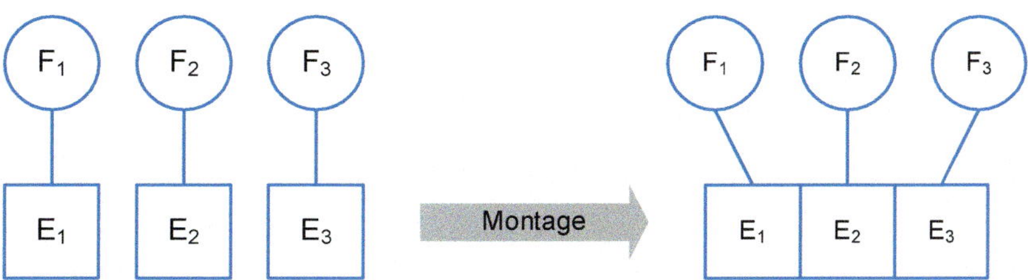

Bild 7.4: Ein Bauteil realisiert eine Funktion – Montage von Bauteilen einer Funktion ergibt eine Baugruppe mit mehreren Funktionen – Differenzialbauweise

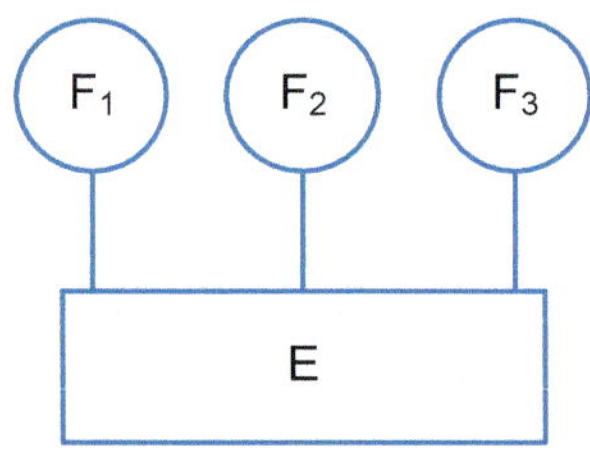

Bild 7.5: Integration mehrerer Funktionen in einem Bauteil – Integralbauweise

Ein Ansatz, den Montageaufwand zu verringern, ist die Integration mehrerer Funktionen in einem dann komplexeren Bauteil, **Bild 7.5**. Unter Einsatz moderner Fertigungstechnologien, beispielsweise Additiven Fertigungstechnologien, lassen sich heute auch komplexe Bauteile wirtschaftlich herstellen. Außerdem eignen sich Fertigungsverfahren wie Gießen von ihren grundsätzlichen Möglichkeiten her für die Herstellung komplexer Bauteile mit hoher Funktionsintegration.

Vorteile der Integralbauweise sind natürlich der geringere Aufwand bei der Montage und Logistik, die vereinfachte Materialbeschaffung sowie die Möglichkeit einer optimalen Auslegung der Bauteile. Nachteile sind bei klassischen Fertigungsverfahren meist hohe Werkzeugkosten, insbesondere bei der Herstellung der Bauteile durch Urformen, die höheren Aufwendungen für die Änderungen an einem Bauteil, aber auch ein höheres Ausschussrisiko in der Fertigung. Ein hoher Integrationsgrad lohnt sich in den meisten Fällen erst bei großen Stückzahlen. Eine Übersicht über die Relativkosten unterschiedlicher Gießverfahren findet sich beispielsweise in [Ashby, 2017].

Bei der Entscheidung für Differenzial- oder Integralbauweise (**Bild 7.6**) muss grundsätzlich die Wirtschaftlichkeit unter den spezifischen Rahmenbedingungen des Unternehmens verglichen werden. Hinzu kommen marktrelevante Fragen, wie beispielsweise nach den Kosten für Ersatzteile aus Sicht der Kunden. Eine

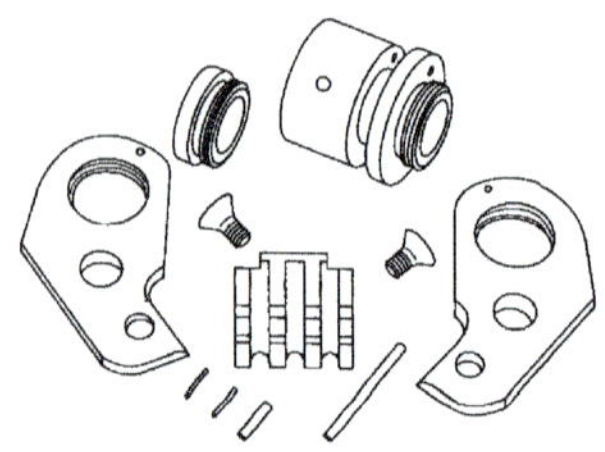

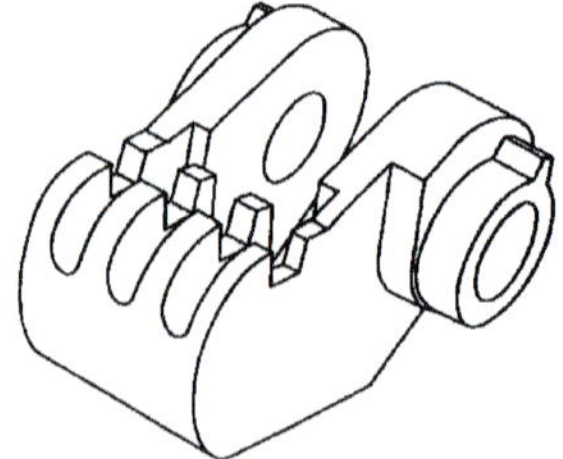

Differenzialbauweise	Integralbauweise
• 11 Einzelteile • hoher Fertigungsaufwand • hoher Montageaufwand • Logistikaufwand	• 1 Feingussteil • Fertigungszeitersparnis 62 % • Montagezeitersparnis 72 %

Bild 7.6: Beispiel für die Differenzial- und Integralbauweise im Vergleich nach [Ehrlenspiel and Meerkamm, 2013]

Bild 7.7: Beispiel für die Integralbauweise – Zahnräder und Klauenkupplung in einem Bauteil

hohe Funktionsintegration führt häufig zu teuren Baugruppen, die im Ersatzteilfall ausgetauscht werden müssen.

Bild 7.7 zeigt ein Beispiel für die Funktionsintegration. Die beiden Funktionen

- Drehmoment übertragen (Zahnrad) und
- Drehmomentübertragung unterbrechen (Klauenkupplung)

wurden in einem Bauteil realisiert, was die Montagekosten deutlich reduziert.

In Integral- oder Differenzialbauweise können sowohl einzelne Module eines Produktes als auch das Produkt als Ganzes ausgeführt werden.

7.2.4 Produktvielfalt

7.2.4.1 Zunahme und Auswirkungen der Produktvielfalt

Bevor Strukturierungsmöglichkeiten von Produkten betrachtet werden, werden zuerst einige Aspekte der zunehmenden Produktvielfalt erläutert.

Der Forderung nach zusätzlichen Produkten oder Produktvarianten kann sich kaum ein Unternehmen entziehen. Unter einer Produktvariante sollen dabei die Abwandlungen eines Produktes bei den kundenrelevanten Merkmalen, Bild 2.4, verstanden werden, um so besondere Anforderungen spezifischer Kundengruppen zu erfüllen. Auslöser der zunehmenden Vielfalt sind:

- Individueller werdende Kundenbedürfnisse. Dieses spiegelt sich in der Aufsplitterung des Gesamtmarktes in immer mehr und kleinere Marktsegmente wider. Die einzelnen Marktsegmente erlauben aber nur geringe Absätze und Umsätze.

- Der steigende Wettbewerbsdruck verlangt in immer kürzeren Zeitabständen nach neuen Produkten.
- Sinkende Absatzzahlen versuchen Unternehmen mit neuen Produktvarianten zu kompensieren, um so möglichst viele, wenn auch kleine Marktsegmente noch bedienen zu können.
- Unternehmen werden in ausländischen Märkten aktiv. Neben anderen Kundenbedürfnissen gelten dort nationale Normen und Richtlinien, die eingehalten werden müssen. Dieses führt zu spezifischen Produktvarianten, je nach Region.

Die drei zuerst genannten Gründe zielen dabei auf die Befriedigung spezifischer Kundenbedürfnisse ab. Deshalb erfolgt die Variantenbildung über die Veränderung der kundenrelevanten Merkmale eines Produktes. Wichtig ist es in diesem Falle, die Varianten so zu bilden, dass die Unterschiede zwischen den Produktvarianten auch vom Kunden wahrgenommen werden. Dieses erscheint zwar selbstverständlich, aber nicht allen Unternehmen gelingt das auch.

Gefährlich ist die in vielen Unternehmen schleichende Zunahme der Variantenvielfalt. Vom Vertrieb werden Wünsche ins Unternehmen hineingetragen und ohne weitere Überprüfung durch die Unternehmensbereiche Entwicklung, Konstruktion und Produktion in neue Produktvarianten umgesetzt. Neue Produktvarianten sollten aber nur dann realisiert werden, wenn

- strategische Überlegungen eine neue Produktvariante begründen, um so die gesetzten Ziele besser zu erreichen und
- das Unternehmen mit den neuen Produktvarianten auch langfristig einen positiven Deckungsbeitrag erwirtschaften kann.

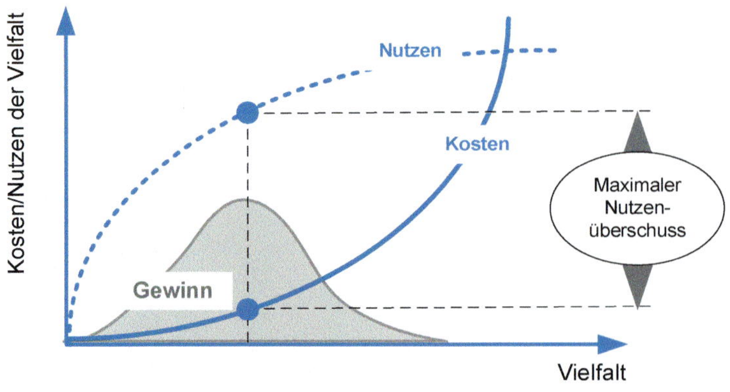

Bild 7.8: Nutzen und Kosten von Produktvarianten in Anlehnung an [Rathnow, 1993]

Bild 7.8 zeigt, dass es einen optimalen Punkt der Vielfalt gibt. Darüber hinaus wird der Nutzenüberschuss einer weiteren Zunahme der Vielfalt immer geringer. Die Kosten steigen bei weiterer Vielfaltszunahme stark an, während der Nutzen nur noch geringfügig oder nicht weiter ansteigt.

Um der schleichenden Zunahme der Produktvarianten zu begegnen, sollten Unternehmen

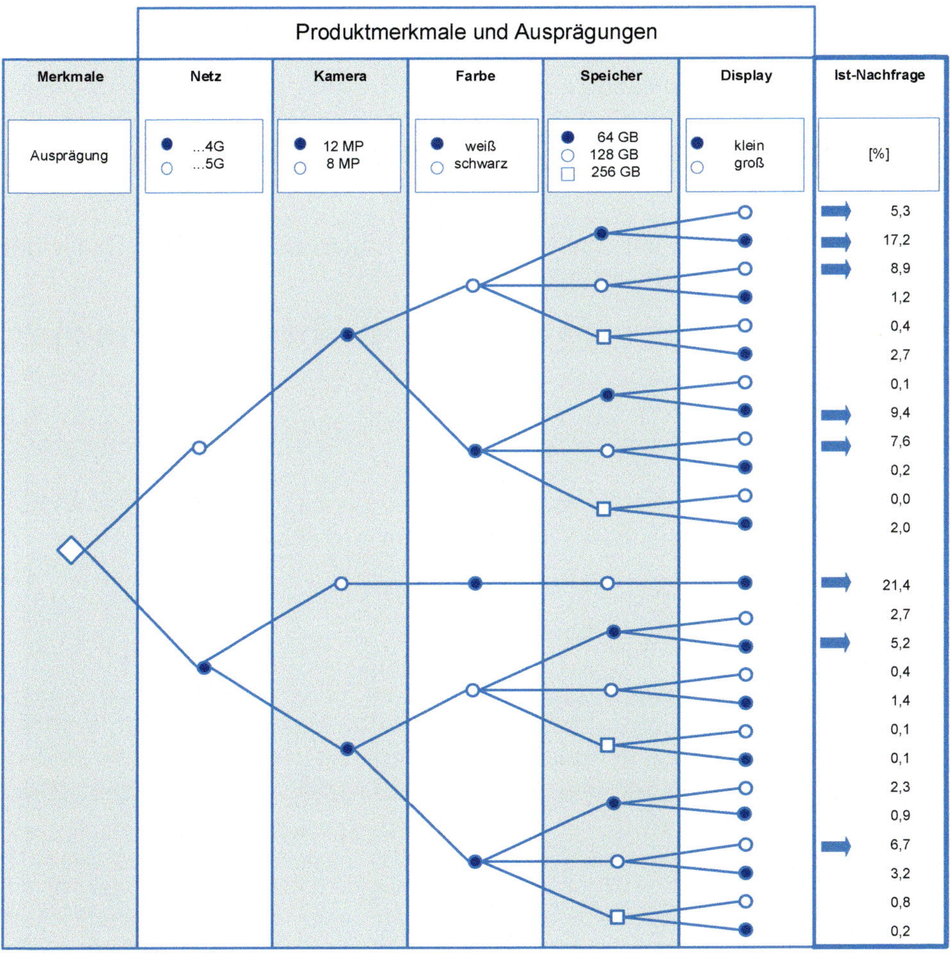

Bild 7.9: Beispiel für die Darstellung der Varianten eines Produktes in einem Variantenbaum (Mobiltelefon)

- klare Regeln zur Aufnahme neuer Varianten in das Produktprogramm festlegen,
- in regelmäßigen Abständen die Produktvarianten hinsichtlich ihrer Anzahl, Zielbeitrag und Wirtschaftlichkeit hin überprüfen.

Als Hilfsmittel zur Darstellung der Variantenvielfalt von Produkten dient der Variantenbaum, **Bild 7.9**. Dieser stellt für ein Produkt die Anzahl der Varianten grafisch dar. Bei komplexeren Produkten mit einer Vielzahl von Modulen kann die Variantenzahl sehr schnell sehr groß werden. Dann lässt sich die Variantenvielfalt nicht mehr so einfach in grafischer Form darstellen. Andere Beschreibungsformen, beispielsweise in Datenbanken, sind dann notwendig.

Es ist sinnvoll, die Variantenstruktur um Absatz, Umsatz, Kosten und gegebenenfalls weitere relevante Zielgrößen für die einzelnen Produktvarianten zu ergänzen. So wird schnell ersichtlich, welche Varianten sich tatsächlich für das Unternehmen lohnen und welche nicht.

Die Auswirkungen der zunehmenden Variantenzahl sind in allen Bereichen eines Unternehmens spürbar, **Bild 7.10**. Ihre Folgen sind:

- höhere Kosten, insbesondere auch der komplexitätsbedingten Kosten und damit verbunden
- Gewinnrückgang und
- durch Zunahme der Komplexität nachlassende Dynamik des Unternehmens.

Gegen diesen Trend reagieren die Unternehmen häufig mit höheren Preisen, um den Gewinnrückgang zu kompensieren. Daraus aber folgt, dass

- die Wettbewerbsfähigkeit weiter sinkt und damit
- Absatz und Umsatz weiter zurückgehen.

So kann ein Teufelskreis entstehen, aus dem es für Unternehmen kein Entrinnen mehr gibt, wenn nicht rechtzeitig geeignete Gegenmaßnahmen ergriffen werden. Geeignete Gegenmaßnahmen beginnen bei der Produktentwicklung. Durch eine geeignete Strukturierung der Produkte kann das Unternehmen hier gegensteuern.

In **Bild 7.11** ist qualitativ dargestellt, wie sich eine bessere Strukturierung der Produkte auswirkt. Je nach Strukturierungsansatz lassen sich bei gleichen Kosten deutlich mehr Varianten realisieren. Auf diesem Wege kann sich ein Unternehmen durchaus Wettbewerbsvorteile verschaffen. Entweder ist ein Unternehmen in der Lage, dem Markt die gleiche Anzahl von Varianten bei niedrigeren Kosten, verglichen mit den Wettbewerbern, anzubieten oder bei gleichen Kosten eine größere Anzahl von Varianten.

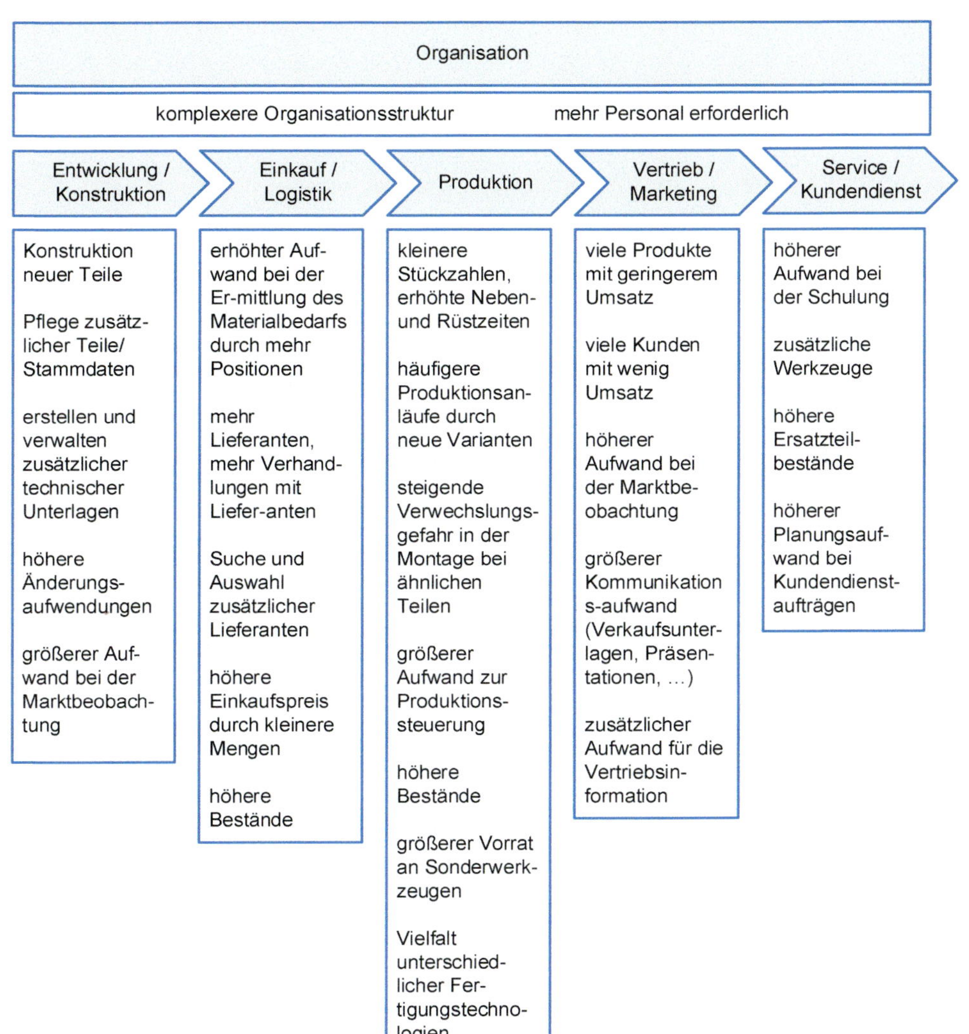

Bild 7.10: Auswirkungen der zunehmenden Variantenvielfalt in den unterschiedlichen Unternehmensbereichen

Es ist abzusehen, dass aufgrund der Marktbedingungen die Zahl der Produktvarianten in den Unternehmen zukünftig eher noch steigen wird. Deshalb kommt der Frage nach sinnvollen Ansätzen der Produktstrukturierung zur Beherrschung der Vielfalt eine besondere Bedeutung zu.

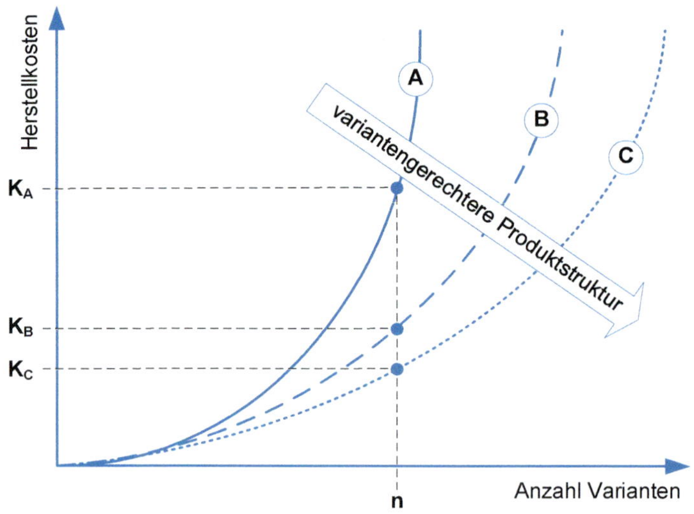

Bild 7.11: Variantengerechtere Produktstruktur führt zu einem langsameren Anstieg der Variantenkosten (C)

7.2.4.2 Planung des Produktprogramms und der Produktvarianten

Ein Ziel der Strukturierung eines Produktes ist es, Baugruppen und Einzelteile möglichst häufig wiederzuverwenden. Um dieses bei der Produktentwicklung berücksichtigen zu können, benötigt die Entwicklung als Basis für ihre Arbeit eine aktuelle Produktplanung.

Das Beispiel in **Bild 7.12** zeigt den prinzipiellen Aufbau eines Produktplans. Darin ist dargestellt, wann ein Unternehmen welches Produkt in den Markt bringen möchte und welche Marktsegmente damit bedient werden sollen. Daneben soll ein Produktplan detaillierte Beschreibungen jedes einzelnen Produktes enthalten. Dazu gehören:

- Kundenprofil (Bedürfnisse, Psychogramme und demografische Merkmale)
- Erwartete Absatzmengen und Preise
- Verfügbarkeit von Entwicklungsressourcen
- Lebenszyklus der gegenwärtigen Produkte
- Zu erwartender Lebenszyklus von Wettbewerbsprodukten
- Verfügbarkeit von Produkt- und Produktionstechnologien.

Ein solcher Produktplan ist aber nicht nur sinnvoll für verschiedene Produkte, sondern auch für Produktvarianten, **Bild 7.13**. Die Produktentwicklung braucht von Beginn an entsprechende Informationen, um die benötigten Varianten zu entwickeln. Die spätere Einführung neuer Varianten, ohne dass diese bereits

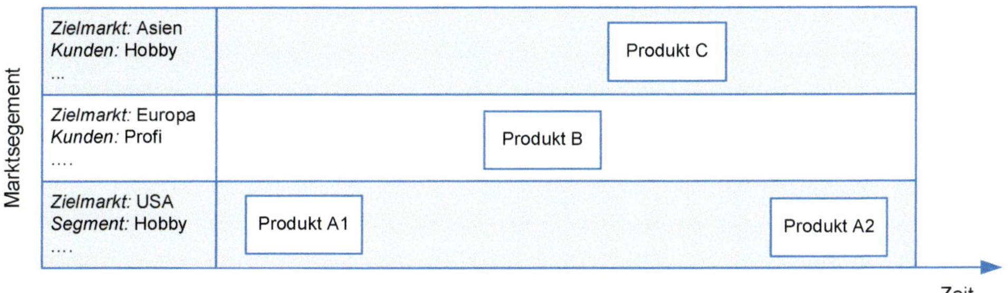

Bild 7.12: Beispiel für den Aufbau eines Produktplans – Wann ist welches Produkt für welches Marktsegment geplant

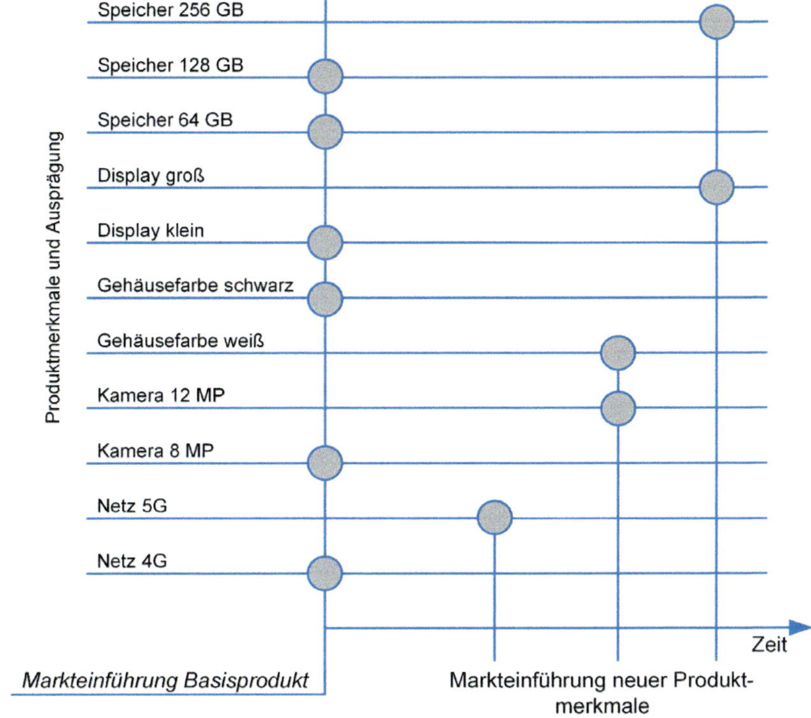

Bild 7.13: Planung der Einführung neuer Produktmerkmale am Beispiel eines Mobiltelefons

bei der Produktkonzeption berücksichtigt wurden, ist meist mit einem hohen Entwicklungsaufwand verbunden. Deshalb ist eine vorausschauende Planung unbedingt erforderlich.

Der Variantenplan zeigt, wann welche Variante in den Markt eingeführt werden soll. Zusätzlich gehören in einen solchen Variantenplan Informationen über die zu erwartenden Absatzzahlen und Zielmarktpreise für die Varianten in den Marktsegmenten. Auf Basis eines solchen Variantenplans kann dann auch schon früh abgeschätzt werden, welche Anpassung der Prozesse im Unternehmen für die Realisierung der Varianten notwendig ist.

In der Literatur wird als Instrumentarium zur frühzeitigen Erkennung und Vermeidung von Varianten die Variant Mode and Effects Analyse (VMEA) [Caesar, 1991] beschrieben. Diese wurde in Anlehnung an die FMEA (Failure Mode and Effects Analysis) entwickelt, die weiter unten beschrieben wird. Die VMEA soll die technische und kostenmäßige Beherrschung der Varianten sicherstellen und umfasst vier Arbeitsschritte:

1. Marktorientierte Ermittlung und Gestaltung der Produktfunktionen
2. Ableitung von Gestaltungsalternativen
3. Bewerten der alternativen Lösungen
4. Schlanker Vertrieb für komplexe Produkte.

7.2.4.3 Strukturierungsansätze zur Beherrschung der Produktvielfalt

Ziel muss es sein, die marktnotwendige Produktvielfalt möglichst kostengünstig zu realisieren und beginnt bei der Produktentwicklung, da diese die Herstellkosten eines Produktes im Wesentlichen festlegt. Zur Bildung von Varianten sollte die Produktentwicklung dem Leitsatz folgen:

Kombinieren statt Konstruieren.

Das bedeutet, die Produkte sind so zu strukturieren, dass neue Produktvarianten durch Kombination aus vorhandenen Elementen oder Anfügen neuer Elemente entstehen. Im Idealfall muss die Entwicklung dazu nicht tätig werden. Nur wenn ein neues Produkt entsteht, wird entwickelt.

Die Kombination der Elemente sollte auf einer möglichst hohen Ebene der Produktstruktur, also nahe der Produktebene, erfolgen. **Bild 7.14** verdeutlicht, warum dieses notwendig ist. Erfolgt die Variantenbildung auf der Ebene der Einzelteile, so zieht sich eine Variante durch alle Ebenen der Produktstruktur durch. Dies führt zu größerer Komplexität des Herstellprozesses durch aufwendigere Produktionssteuerung, kleinere Losgrößen mit Auswirkungen in Fertigung und Montage sowie einer komplexeren Logistik.

Wird bei der Realisierung eines neuen Produktes teilweise auf bereits vorhandene und erprobte Baugruppen zurückgegriffen, so ergeben sich daraus merkliche

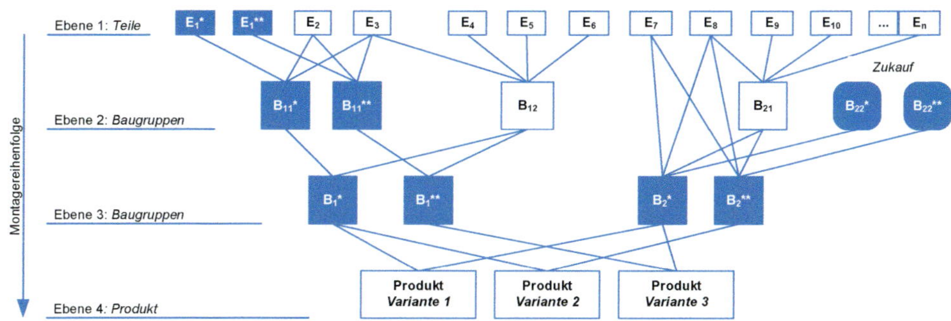

Bild 7.14: Beispiel für die Variantenbildung eines Produktes auf Teileebene

Vorteile. Es werden Zeit und Kosten im Bereich der Produktentwicklung gespart. Aber auch in Fertigung und Montage ergeben sich signifikante Einspareffekte durch bereits bestehende und erprobte Prozesse sowie einem schnelleren Hochlauf der Produktion (Ramp Up). Hinzu kommt die bessere Qualität, da bereits Erfahrungen mit den verwendeten Baugruppen vorliegen.

Mit Hilfe eines so strukturierten Produktes wird auch die Forderung nach einer zukunftssicheren Lösung für das Produkt unterstützt. Die Kombination von erprobten und neuen, innovativen Baugruppen erlaubt es, schnell neue Produkte in den Markt zu bringen, die trotzdem eine hohe Qualität besitzen. Welche Ansätze zur Produktstrukturierung sind bekannt und eignen sich zur Beherrschung der Produktvielfalt? Die bekanntesten sind

- Baukastensysteme,
- Modulbauweise und
- Plattformen

und werden nachfolgend beschrieben. Außerdem wird noch auf die

- Baureihenbauweise

eingegangen. Sie gehört zwar nicht zu den sogenannten Funktionsbauweisen, wie die anderen genannten Ansätze, stellt aber einen wichtigen Ansatz zur Beherrschung der Produktvielfalt dar.

7.2.4.4 Baukasten

Nach [Ehrlenspiel et al., 2014] ist ein Baukasten wie folgt definiert:

„Unter einem Baukasten versteht man ein Kombinationssystem von Bausteinen unterschiedlicher oder gleicher Funktion und Gestalt.“

Diese Definition lehnt sich an ältere Definitionen in [Borowski, 1961] und [Biegert, 1971] an.

In der Literatur wird auch der Begriff des Baukastensystems verwendet, welches nach [Koller, 1998] wie folgt definiert ist:

„Ein Baukastensystem besteht aus einer Menge realer oder/und abstrakter Bausteine gleicher oder unterschiedlicher Gestalt und Funktion(en), welche zu verschiedenen technischen Systemen zusammengebaut werden können.

Bausteine können Bauteile, Baugruppen oder komplexere Gebilde sein. Bausteine (abstrakte) können auch durch Teilbereiche von Bauteilen oder Baugruppen gebildet werden."

Für Baukästen gilt:

- Baukastensysteme sind aus Bausteinen aufgebaut, die lösbar oder unlösbar zusammengefügt sind.
- Die Produktstruktur der einzelnen Bausteine bleibt unverändert, die des Gesamtprodukts verändert sich mit der Verwendung unterschiedlicher Bausteine.
- Die einzelnen Bauteile werden jeweils über definierte Schnittstellen miteinander verbunden.

Der Schnittstellendefinition kommt bei Baukastensystemen eine besondere Bedeutung zu. Wie oben beschrieben, wird darüber die Komplexität des Produktes mit bestimmt. Auch die Zukunftsfähigkeit des Produktes hängt in großem Maße von den vorausschauend definierten Schnittstellen ab. Sie sind so auszulegen, dass sie auch zukünftigen Anforderungen gerecht werden.

Ziel eines Baukastensystems ist es, aus möglichst wenigen Bausteinen eine möglichst große Anzahl unterschiedlicher Produkte zu generieren. In **Bild 7.15** ist das Prinzip des Baukastens schematisch dargestellt. Aus den links im Bild gezeigten Bausteinen kann eine Anzahl von unterschiedlichen Produkten durch Kombinieren hergestellt werden. Der runde Baustein in Bild 7.15 ist bei gleicher Funktion in unterschiedlichen Größenstufen ausgeführt. Dieses entspricht dem Ansatz der Baureihe.

Im Rahmen der Baukastensystematik werden nach [Feldhusen und Grote, 2013] vier Arten von Bausteinen unterschieden, **Bild 7.16**:

- Grundbausteine, die grundlegende Funktionen erfüllen und deshalb vorhanden sein müssen.
- Hilfsbausteine, die Verbindungs- und Anschlusselemente realisieren, müssen ebenfalls vorhanden sein.

- Sonderbausteine, welche besondere, ergänzende, aufgabenspezifische Teilfunktionen realisieren und die nicht in allen Produktvarianten vorkommen.
- Anpassbausteine, die zur Anpassung an andere Systeme und Randbedingungen dienen.

Kundenspezifische Lösungen lassen sich mit einem solchen Baukasten nicht realisieren. Deshalb besteht noch die Möglichkeit, die vorhandenen Bausteine des Baukastens um sogenannte Nichtbausteine zu ergänzen.

- Nichtbausteine dienen zur Realisierung auftragsspezifischer Funktionen und werden in Einzelkonstruktion entwickelt.

Die Nichtbausteine durchbrechen die Baukastensystematik und führen in der Regel zu höheren Kosten bei den Produkten. Allerdings ist es in der Praxis so, dass die Realisierung kundenspezifischer Bausteine durchaus sinnvoll sein kann. Ergibt sich für einen solchen Baustein ein genügendes Marktpotenzial, so kann ein Unternehmen diesen Baustein als Standard in seinen Baukasten aufnehmen.

Nach Möglichkeit sollte aber auf Nichtbausteine verzichtet werden. Sind die Nichtbausteine jedoch unvermeidbar, so sollten Unternehmen sich die Entwicklung vom Kunden bezahlen lassen. Aber auch dann ist genau abzuwägen, ob die Entwicklung aus unternehmensstrategischer Sicht sinnvoll ist.

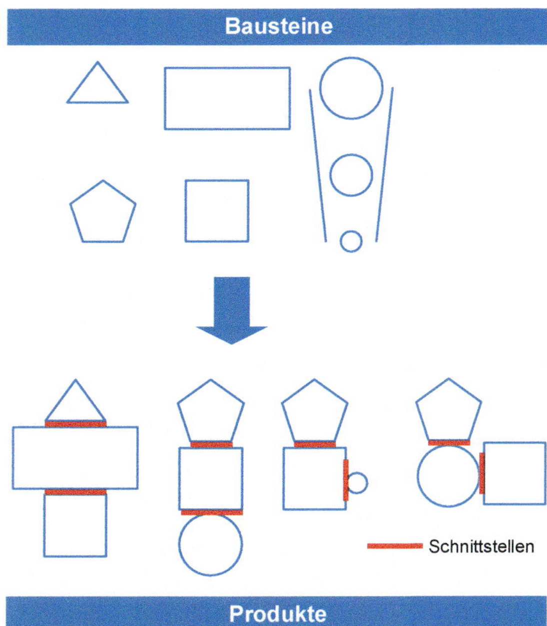

Bild 7.15: Baukastenprinzip – unterschiedliche Produkte aus einer begrenzten Anzahl von Bausteinen

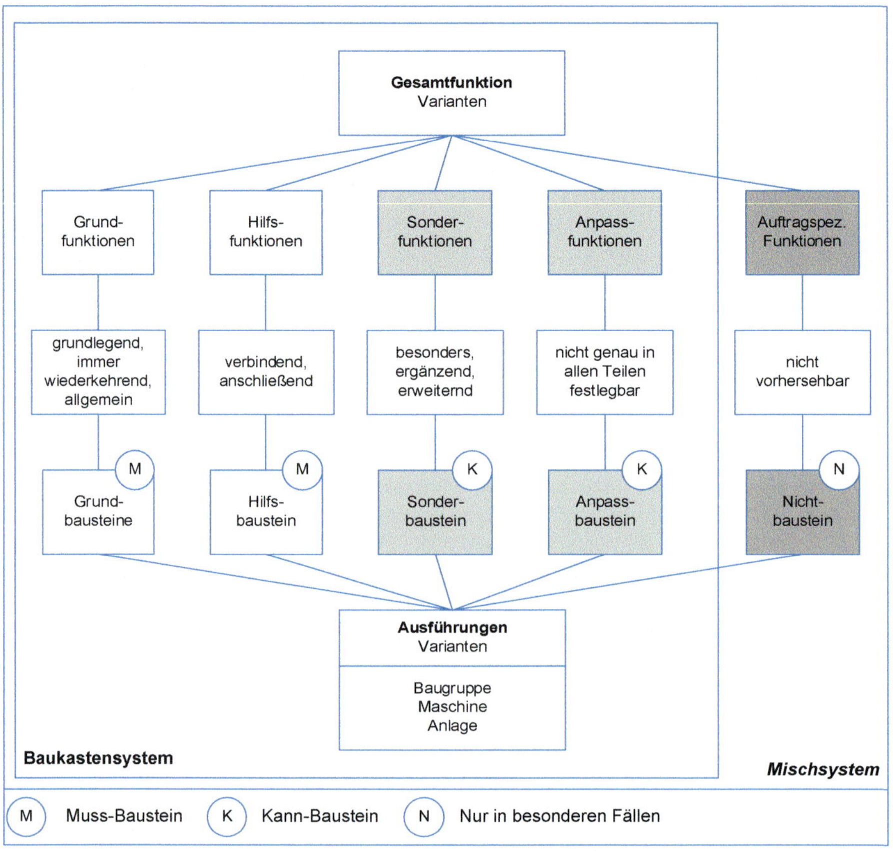

Bild 7.16: Bausteine eines Baukastens in Anlehnung an [Feldhusen und Grote, 2013]

Die Realisierung von Produkten auf der Basis eines Baukastens, wie beispielsweise in Bild 7.17 und 7.18 dargestellt, ist mit Vor- und Nachteilen für Unternehmen und Kunden verbunden. In Anlehnung an [Feldhusen und Grote, 2013] sind diese:

Vorteile aus Sicht des Herstellers

- Kein auftragsspezifischer Konstruktionsaufwand
- Auftragsunabhängige Fertigung der Bausteine in optimaler Losgröße, dadurch einfachere Fertigungssteuerung
- Kostensenkung durch fertigungs- und montagegerechte Produktgestaltung und Lerneffekte
- „Disziplinierung“ des Vertriebs aufgrund eingeschränkter Produktvielfalt

Bild 7.17: Beispiel eines Bausteinproduktes – Vario Türstationen der Firma S. Siedle & Söhne (www.siedle.de, aufgerufen am 10.01.2020)

Bild 7.18: Auszug aus dem Bausteinkatalog der Firma S. Siedle & Söhne zum Produktprogramm Vario (www.siedle.de, aufgerufen am 10.01.2020)

- Angebote können schnell erstellt und die Kosten dabei genau abgeschätzt werden
- Orientierung der Unternehmensorganisation am Baukasten.

Nachteile aus der Sicht des Herstellers

- Realisierung spezifischer Kundenwünsche nur mit hohem Aufwand möglich
- Hoher, einmaliger Entwicklungsaufwand, genaue Vorausplanung erforderlich
- Höheres Entwicklungsrisiko
- Produktdesign wird häufig den Anforderungen des Baukastens untergeordnet.

Vorteile aus Sicht der Kunden

- Kurze Lieferzeiten
- Qualitativ hochwertige Produkte
- Spätere Funktionsänderungen sowie -erweiterungen im Rahmen des Baukastens möglich
- Problemlose Ersatzteilbeschaffung.

Nachteile aus Sicht der Kunden

- Spezielle Kundenwünsche lassen sich nur schwer realisieren
- Teilweise höheres Gewicht und Bauvolumina, dadurch höhere Anforderungen an den Aufstellort.

7.2.4.5 Modulbauweise

Bei den Modulen handelt es sich um Anbauteile an einen komplexen Grundkörper. Im Gegensatz zu den Bausteinen lassen sich die Module nicht frei kombinieren. Die Module repräsentieren spezifische Funktionen. Sie besitzen standardisierte Schnittstellen und können an verschiedenen Stellen des Grundkörpers angesetzt werden. Nach [Piller, 2008] lassen sich die in **Bild 7.19** dargestellten Arten der Modularisierung unterscheiden.

Baukastenprodukte, wie im vorherigen Unterkapitel behandelt, werden nach [Piller, 2008] als vierte Form der Modularisierung unter dem Begriff der freien Modularisierung eingeordnet

Das Basisprodukt kann durchaus eigenständig am Markt angeboten werden. Die einzelnen Module dienen dann zur Aufwertung des Produktes und zur kundenindividuellen Anpassung. Es kann sich bei dem Basisprodukt auch um eine Produktplattform handeln, die erst durch die Anbringung entsprechender Module zu einem verkaufsfähigen Produkt wird. Die Module als solche können in sich wiederum unterschiedliche Leistungsmerkmale besitzen und als Baureihe ausgeführt werden.

Generische Modularisierung

Zusammensetzung eines Produktes aus stets der gleichen Anzahl standardisierter Bauteile, die jeweils unterschiedliche Leistungsmerkmale aufweisen können, auf der Basis eines einheitlichen Grundprodukts

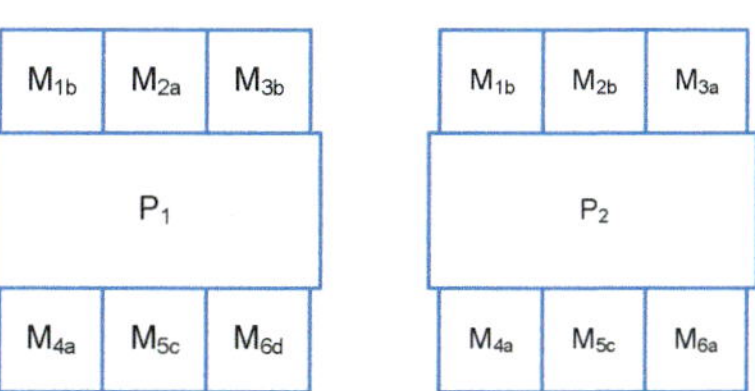

Quantitative Modularisierung

Zusammensetzung von Produkten aus unterschiedlich vielen, standardisierten Komponenten auf einem Basisprodukt

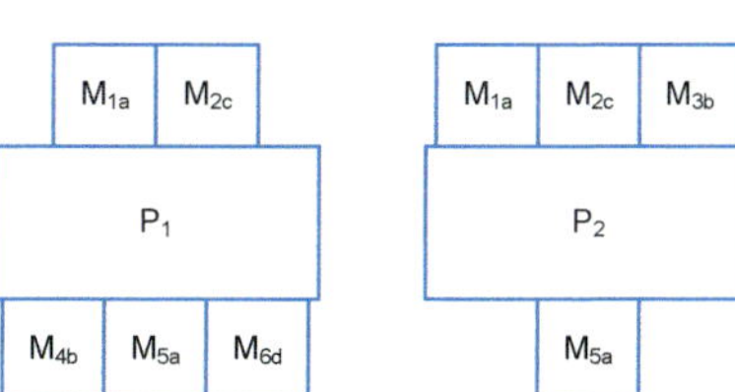

Individuelle Modularisierung

Zusammensetzung von Produkten aus Modulen in fixer oder variabler Anzahl, die teilweise aus einem Standardsatz stammen, teilweise auch kundenindividuell zugeschnitten und/oder gestaltet werden können. Grundlage ist auch hier ein einheitliches Basisprodukt

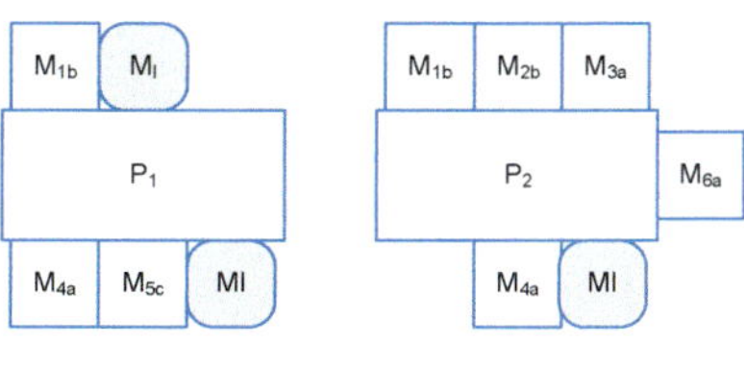

P_1 Basisprodukt M_{6a} Modul k in Spezifikation i M_I individuell gefertigtes Modul

Bild 7.19: Mögliche Arten der Modularisierung eines Produktes nach [Piller, 2008]

In der Literatur werden verschiedene methodische Ansätze zur systematischen Modulbildung beschrieben.

Modular Function Deployment (MFD) [Erixon, 1998]

Kernelement des Modular Function Deployment ist die sogenannte Module Indication Matrix (MIM), welche die technischen Lösungen und die Kriterien für die Modulbildung gegenüberstellt.

Mithilfe der Kriterien nach Erixon [Erixon, 1998], **Tabelle 7.2**, kann entschieden werden, ob es sinnvoll ist, ein Produkt als Modulprodukt zu entwickeln und welche Elemente als Module realisiert werden sollten.

Tabelle 7.2: Kriterien zur Modulbildung im Rahmen des Modular Function Deployment [Erixon, 1998]

„Module Drivers“: Kriterien für die Modulbildung		*Das Modul …*
Product Develop-ment & Design	Carryover	wird in mehr als einer Produktgeneration unverändert verwendet (zeitversetzt).
	Technology Evolution	erfährt während seiner Lebensdauer geplante Änderungen, die vom Unternehmen nicht selbst gesteuert werden.
	Planned Product Changes	erfährt während seiner Lebensdauer geplante Änderungen, die vom Unternehmen selbst gesteuert werden.
Variance	Different Specifictions	wird unterschiedlichen Spezifikationen bzgl. Funktion und Leistung angepasst.
	Styling	wird unterschiedlichen Kundenwünschen bezüglich Form und Farbe angepasst.
Production	Common Unit	wird unverändert im gesamten oder in Teilen des Produktspektrums verwendet (zeitgleich).
	Process and/or Organization	muss spezifische Herstellprozesse durchlaufen.
Quality	Separate Testing	kann vor seiner Endmontage auf seine volle Funktionsfähigkeit getestet werden.
Purchase	Supplier available	wird komplett von einem Lieferanten zugekauft.
After Sales	Service and Maintenance	kann einfach, schnell und kostengünstig inspiziert/gewartet, in Stand gesetzt, ausgetauscht werden.
	Upgrading	ermöglicht Produktaufwertung.
	Recycling	ermöglicht optimale Demontage und Wiederverwertung / Wiederverwendung.

Design for Variety (DfV) [Martin and Ishii, 2002]

Beim DfV werden zwei Arten von Variabilität von Produkten unterschieden: die zeitliche Variabilität, die über die Produktgenerationen entsteht, und die räumliche Variabilität, die sich aus verschiedenen Marktsegmenten ergibt. Es werden zwei Kenngrößen betrachtet:

Generation Variety Index (GVI): Dieser schätzt den Aufwand zur Komponentenanpassung an zukünftige Produktgenerationen aufgrund von veränderten Kundenanforderungen ab.

Coupling Index (CI): Dieser gibt an, wie eng eine Komponente mit anderen Komponenten gekoppelt ist. Je größer der Wert, umso enger sind die Komponenten miteinander gekoppelt und umso größer ist die notwendige Anpassung der anderen Komponenten, wenn die erste Komponente geändert wird.

Der Coupling Index wird nochmals unterteilt in den CI-R- (receiving) und CI-S- (suppling) Index. Damit wird die „abgebende" bzw. „bekommende" Spezifikation angegeben.

Ziel der Entwicklung ist es, den GVI- und den CI-S-Index gleich null werden zu lassen, d. h. die Komponenten zu standardisieren. Ist dieses nicht möglich, so ist das Produkt zu modularisieren.

Modular Product Architecture [Dahmus et al., 2001]

Die Modular Product Architecture fasst nach [Bongulielmi, 2003] verschiedene Untersuchungen des Massachusetts Institute of Technology (MIT) zusammen. Ausgangspunkt ist die Bestimmung der geforderten Variabilität der Produkte anhand einer Untersuchung des Marktes und der Kundenwünsche. Die Modularisierung erfolgt dann über folgende Schritte:

- Erstellung der Funktionenstruktur für die jeweiligen Varianten des Produktes. Diese wird entsprechend in Stoff-, Energie- und Signalflüsse unterteilt.
- Untersuchung der Funktionenstrukturen auf ihre Ähnlichkeit. Ziel ist es, für alle Produktvarianten möglichst eine gemeinsame Funktionenstruktur zu erarbeiten.
- Untersuchung der einzelnen Funktionen auf ihre Varianz (**Tabelle 7.3**).

Tabelle 7.3: Matrix zur Bestimmung der Funktionen und notwendige Varianten der Ausprägung der einzelnen Funktionen

	Produkt A	Produkt B	Produkt C	Produkt D
Funktion 1	Ausprägung 1.1	Ausprägung 1.2	Ausprägung 1.3	Ausprägung 1.4
Funktion 2	Ausprägung 2.1	-	Ausprägung 2.1	Ausprägung 2.2
Funktion 3	Ausprägung 3.1	Ausprägung 3.2	-	-

Ziel ist es,

- die Funktionen, die über alle Produkte/Produktvarianten nur eine Ausprägung besitzen, zu vereinheitlichen und
- unterschiedliche Ausprägungen kritisch zu hinterfragen, um möglichst viele Ausprägungen zu eliminieren und so die Vielfalt zu begrenzen.

Modularisierung von Produkten und Auswirkungen auf den Produktentwicklungsprozess

An dieser Stelle sollen kurz die Auswirkungen der Modularisierung auf den Produktentwicklungsprozess betrachtet werden. In einem ersten Schritt sind das Basisprodukt sowie erste Module zu entwickeln. Dabei muss zu Beginn der Entwicklung bereits festgelegt werden, welche weiteren Module später noch entwickelt werden sollen und wie vorhandene Module weiterentwickelt werden sollen. Dieses ist notwendig, damit Schnittstellen zwischen den Modulen und dem Basisprodukt sowie zwischen den Modulen festgelegt werden können. Spätere Änderungen der Schnittstellen sind meist aufwendig.

Ist das Basisprodukt mit den ersten Modulen vorhanden, so können auch erste Produkte im Markt angeboten werden. Parallel dazu können dann weitere Module entwickelt oder vorhandene Module weiterentwickelt werden, um so die Produkte im Markt aktuell zu halten oder um mit neuen Produktmerkmalen neue Marktsegmente zu erschließen. **Bild 7.20** zeigt prinzipiell den möglichen Entwicklungsablauf bei modularen Produkten.

Ob es wirtschaftlich sinnvoll ist, ein Produkt als modulares Produkt zu realisieren, sollte zu Beginn der Entwicklung sehr genau untersucht werden. Modulare Produkte können durchaus höhere Herstellkosten verursachen, die bedingt sind durch die vorzuhaltenden Schnittstellen. Werden bestimmte Schnittstellen beispielsweise bei einem Modul nur von wenigen Kunden benötigt, so sind die Kosten für die Realisierung der Schnittstellen aber trotzdem bei allen hergestellten Modulen vorhanden. Im Rahmen einer genauen Wirtschaftlichkeitsrechnung sollte daher vor dem Beginn der Entwicklung ermittelt werden, ob die Realisierung eines Produktes als modulares Produkt Sinn macht.

7.2.4.6 Plattformen

Produktplattformen werden häufig im Zusammenhang mit der Automobilindustrie genannt, finden aber auch bei anderen Produkten Anwendung. Für die Plattformen gilt:

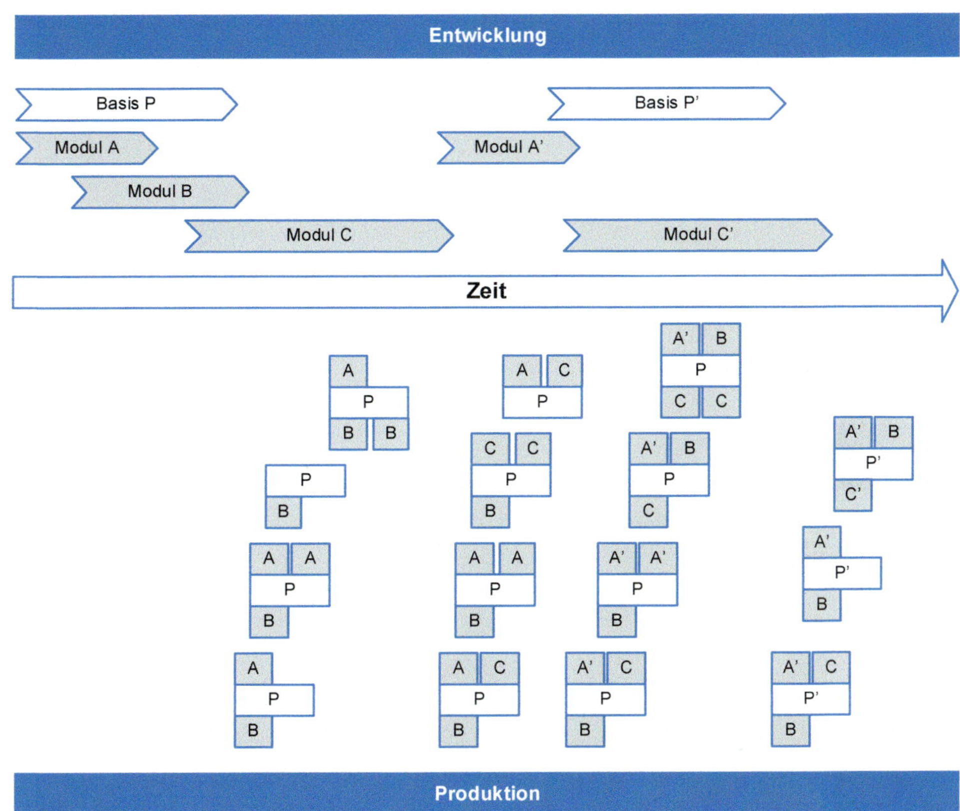

Bild 7.20: Mögliche zeitliche Abfolge der Entwicklung und Produktion von modularen Produkten

- Die Plattformen stellen kein eigenständiges Produkt dar. Sie sind aber ein wesentlicher Teil eines Produktes.
- Produkteigenschaften werden wesentlich durch die Eigenschaften der Plattform bestimmt.
- Die gleiche Plattform kommt bei mehreren Produkten zum Einsatz, auch wenn diese unterschiedliche Preis-Leistungs-Kombinationen besitzen.
- Plattformen benötigen eine längere Entwicklungszeit. Produkte, die dann auf einer Plattform aufgebaut werden, können aber schneller entwickelt werden.
- Die Weiterentwicklung einer Plattform sowie die Entwicklung darauf aufbauender Produkte kann parallel erfolgen.

Bild 7.21: Grundprinzip einer Produktplattform – Produkt gleich Plattform plus produktspezifischer Aufbau

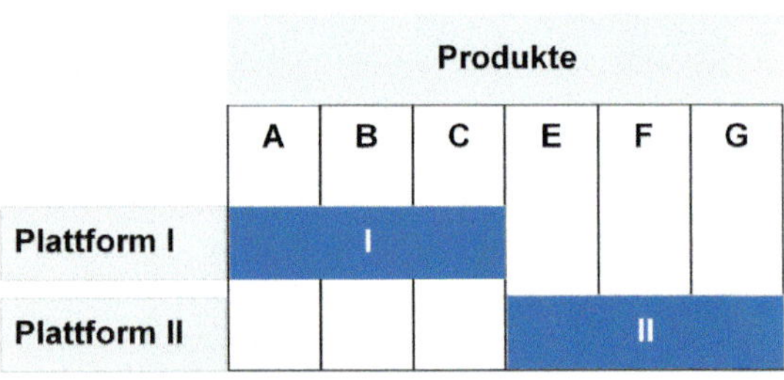

Bild 7.22: Aufbau von verschiedenen Produkten auf Plattformen

Basierend auf den genannten Merkmalen (siehe auch **Bild 7.21** und **Bild 7.22**) kann eine Plattform wie folgt definiert werden:

Eine Plattform ist ein Gleichteilekonzept, das modellübergreifend die Verwendung identischer Teile, Komponenten und Module vorsieht und damit zu einer signifikanten Verringerung der Variantenvielfalt und Komplexität führt.

Heute geht die Entwicklung von Plattformen durchaus noch weiter. Um die Skaleneffekte durch die Gleichteileverwendung noch zu vergrößerten, werden auch in verschiedenen Plattformen gleiche Baugruppen verwendet.

Bild 7.23 zeigt beispielshaft die Verwendung der Baugruppen B_1 und B_2 in beiden Plattformen. Daraus ergibt sich nochmals eine deutlich größere Stückzahl der beiden Baugruppen und damit weiteres Potenzial, diese kostengünstig herzustellen.

Das Problem bei der Entwicklung einer Plattform als Basis für verschiedene Produkte besteht nun darin, das richtige Maß zwischen Standardisierung und Individualität zu finden, **Bild 7.24**.

Zur Konzeption einer Plattform bedarf es deshalb geeigneter Instrumentarien [Robertson und Ulrich, 1998], siehe auch **Bild 7.25**:

- Produktplan
- Differenzierungsplan (Individualisierung)
- Plan zur Vereinheitlichung (Standardisierung)
- Beziehungsmatrix zwischen Differenzierungsmerkmalen und Baugruppen.

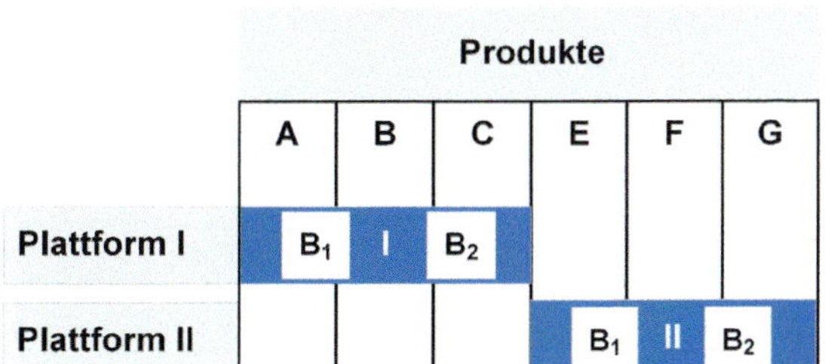

Bild 7.23: Verwendung identischer Baugruppen B_i in unterschiedlichen Plattformen

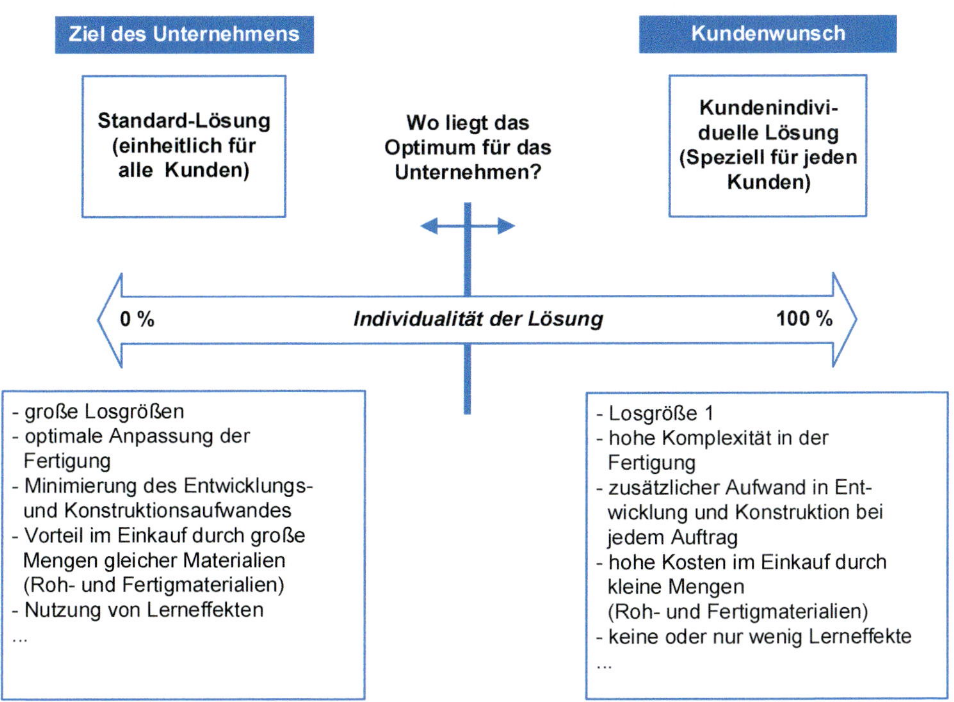

Bild 7.24: Problem der Plattformentwicklung: Richtige Position zwischen Standard- und Individuallösung

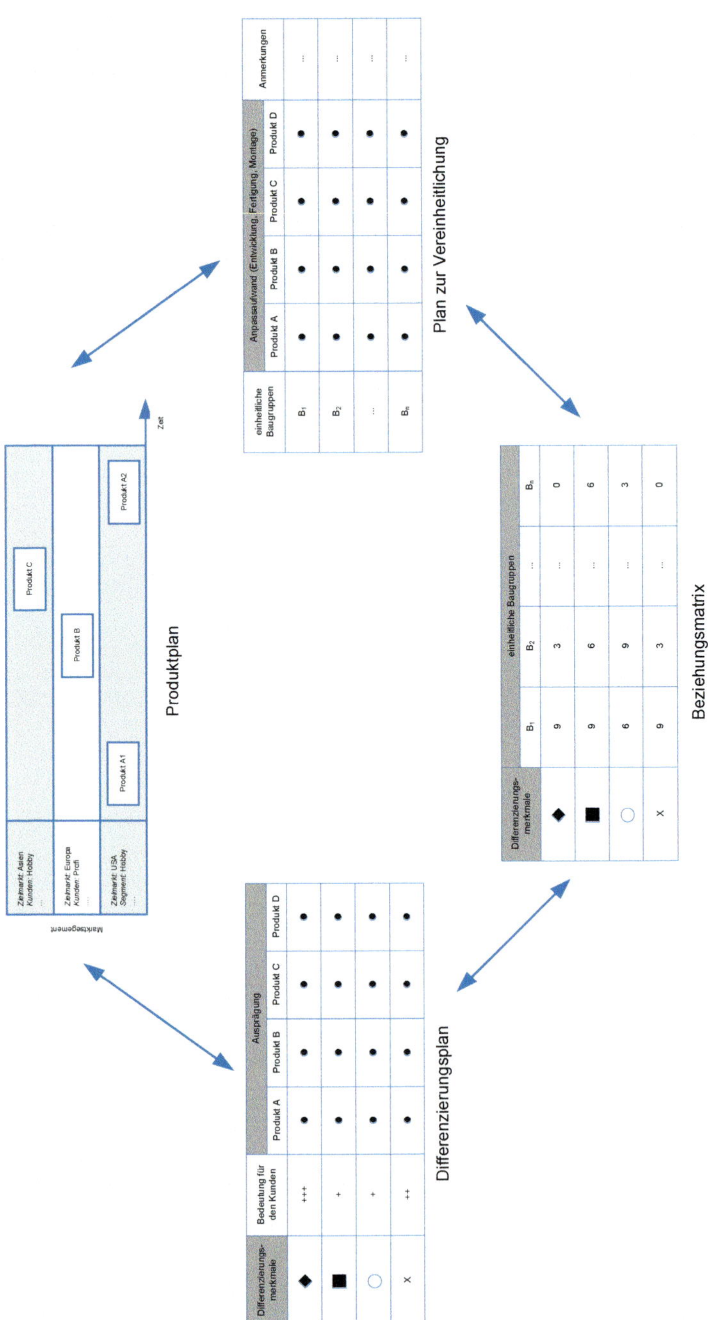

Bild 7.25: Hilfsmittel zur Definition einer Produktplattform in Anlehnung an [Robertson und Ulrich, 1998]

Produktplan

Der Produktplan beschreibt die zukünftig geplanten Produkte und Produktvarianten, die das Unternehmen in den Markt bringen möchte, siehe hierzu auch Kapitel 7.2.4.2.

Differenzierungsplan

Der Differenzierungsplan beschreibt die gewünschte Unterscheidung zwischen den Modellen aus der Sicht des Kunden. Im Differenzierungsplan werden zuerst die maßgeblichen Unterscheidungsmerkmale zwischen den einzelnen Modellen festgelegt. Sinnvoll sind hier die zehn bis zwanzig wichtigsten Kriterien, die nach ihrer Bedeutung für den Kunden gewichtet werden. Danach wird für jedes dieser Kriterien die Ausprägung für die einzelnen Modelle beschrieben.

Im ersten Durchgang ist der Differenzierungsplan ein Idealplan, in dem er die für den Kunden wünschenswerte Differenzierung beschreibt. Dieser Plan wird in folgenden Iterationsschritten modifiziert, um der Forderung nach Einheitlichkeit zu genügen.

Plan zur Vereinheitlichung

Der Plan zur Vereinheitlichung beschreibt aus der Sicht des Unternehmens den Umfang, in dem die Produkte aus denselben physischen Elementen bestehen sollten, um den größten Kostensenkungseffekt zu erreichen.

Beziehungsmatrix

Die Beziehungsmatrix dient dazu, die Sicht des Kunden und des Unternehmens zusammenzuführen, um so zu entscheiden, wo letztendlich gleiche Komponenten verwendet werden können und wo nicht. Mit Hilfe numerischer Faktoren (9, 6, 3, 0) oder von Zeichen kann die Stärke der Abhängigkeit zwischen den Differenzierungsmerkmalen und den Komponenten (Baugruppen) gekennzeichnet werden.

Blöcke, die in keiner Abhängigkeit oder nur einer schwachen Abhängigkeit zu einem wichtigen Differenzierungskriterium stehen, sind konsequent zu standardisieren und in die Produktplattform zu integrieren. Eine Differenzierung dieser Blöcke würde nicht zu einem zusätzlichen Marktwert führen.

Basis für den Erfolg einer Plattform ist die Fähigkeit, die Dinge aus der Sicht des Kunden zu sehen und aus dieser Sicht auch die Frage zu beantworten, wie sich die auf einer Plattform aufbauenden Produkte voneinander unterscheiden.

Vorteile der Entwicklung einer Plattform

- Die hohe Anzahl von Gleichteilen ermöglicht erhebliche Kostensenkungspotenziale in den Bereichen Produktion und Entwicklung.
- Eine geringere Anzahl von unterschiedlichen Teilen und Prozessen senkt die Kosten für Verwaltung, Logistik, Distribution, Lagerhaltung, Verkauf, Service und Einkauf.
- Verringerung der Kosten für die Bauteilpflege während der Produktlebensdauer.
- Plattformen ermöglichen eine hohe Varianz bei niedrigen Kosten. Dadurch können gezielt Marktnischen mit maßgeschneiderten Produkten angesprochen werden.
- Teile und Montageprozesse, die für ein Modell entwickelt wurden, können für andere Modelle übernommen werden.
- Bessere Qualität (siehe auch Baukästen).

Nachteile der Entwicklung einer Plattform

- Höherer Aufwand bei Bauteiländerungen in der laufenden Serie, da mehr Randbedingungen berücksichtigt werden müssen.
- Steigende Austauschbarkeit der Produkte.
- Nahezu identische Grundeigenschaften von Produkten auf einer Plattform (z. B. nahezu gleiche Fahreigenschaften von Fahrzeugen auf einer Plattform) und dadurch Gefahr der Kannibalisierung von Produkten aus dem eigenen Unternehmen.
- Fehler in einem Bauteil oder in einer Baugruppe wirken sich auf eine große Anzahl von Produkten aus. Mit der Mehrfachnutzung von Bauteilen und Bauelementen auch in mehreren Plattformen potenzieren sich die Auswirkungen von Fehlern.

Die Entwicklung von Produkten, die auf Plattformen aufbauen, kann erfolgen, wie in **Bild 7.26** grob dargestellt. Die Plattformentwicklung erfolgt mit einem gewissen Vorlauf zur Entwicklung der auf der Plattform aufbauenden Produkte. Für die einzelnen Produkte sind nur noch die produktspezifischen Elemente zu entwickeln. Wenn die Plattform einmal vorhanden ist, können darauf aufbauend relativ schnell neue Produkte entwickelt werden.

Parallel zur Entwicklung der Plattform kann die Entwicklung neuer Technologien erfolgen. Diese können dann sowohl bei der Plattform wie auch den einzelnen, darauf aufbauenden Produkten eingesetzt werden.

Die Plattform eröffnet die Möglichkeit, schnell auf sich verändernde Marktanforderungen zu reagieren. Es bleiben aber die bereits genannten kritischen Punkte bei

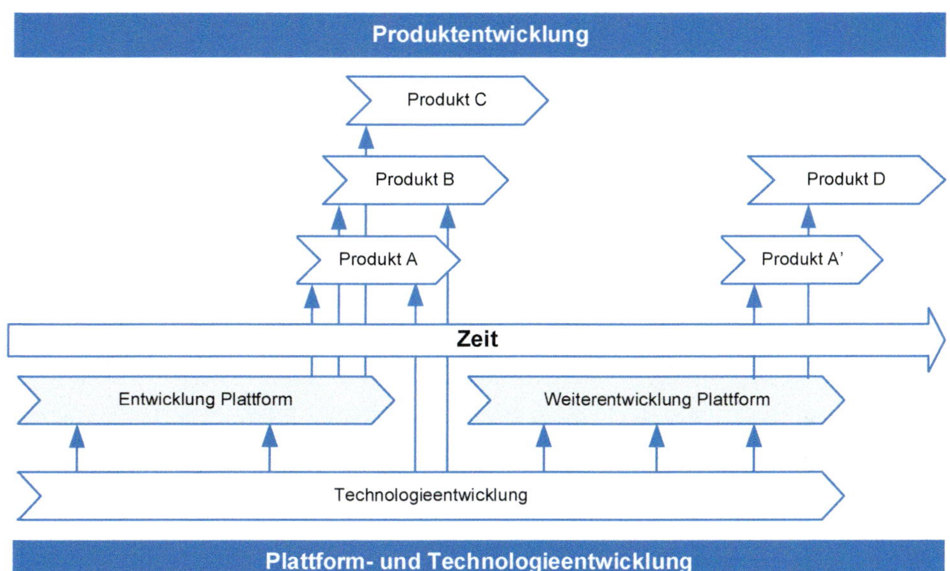

Bild 7.26: Modell der Entwicklung von Plattformprodukten

plattformbasierten Produkten. Vor allem ist zu bedenken, dass Änderungen an der Plattform sich auf alle darauf aufbauenden Produkte auswirken und Anpassungen erfordern. Gleiches gilt auch für Fehler in der Plattform. Der Aufwand wird umso größer, je mehr Produkte auf der Plattform aufbauen.

7.2.4.7 Baureihen

Die bisher vorgestellten Ansätze beruhen im Wesentlichen darauf, dass zur Realisierung unterschiedlicher Produkte oder Produktvarianten möglichst viele gleiche Baugruppen oder Bauteile verwendet werden, die bestimmte Funktionen realisieren. Baureihen dagegen stellen einen etwas anderen Ansatz dar. Sie sind nach [Feldhusen und Grote, 2013] wie folgt definiert:

„Unter einer Baureihe versteht man technische Gebilde (Maschinen, Baugruppen oder Einzelteile), die

- *dieselbe Funktion,*
- *mit der gleichen Lösung,*
- *in mehreren Größenstufen,*
- *bei möglichst gleicher Fertigung*

in einem weiten Anwendungsbereich erfüllen."

Die Produktstruktur bleibt bei Baureihenprodukten unverändert. **Bild 7.27** zeigt eine Getriebebaureihe, wobei die Stufung nach dem Drehmoment erfolgt.

Mit dem Drehmoment verändern sich die Abmessungen und das Gewicht des Getriebes. Das Beispiel zeigt eine eindimensionale Baureihe. Die Stufung erfolgt entsprechend dem Drehmoment. Baureihen können aber durchaus über mehrere Dimensionen gespannt werden. **Bild 7.28** zeigt ein Produkt, das in der ersten Dimension über die Leistung gestuft ist. In den Leistungsklassen S_2 und S_3 ist das Produkt zusätzlich noch in einer zweiten Dimension über die Abmessungen gestuft. Es gibt so in diesen beiden Stufen Getriebe gleicher Leistung, aber unterschiedlicher Abmessungen.

Für Baureihenprodukte, die in einer Dimension gestuft sind, lassen sich mit Hilfe der Gesetze der Ähnlichkeitsmechanik aus dem Grundentwurf recht einfach die Folgeentwürfe ableiten. Voraussetzung ist die Ähnlichkeit der Produkte. Von Ähnlichkeit wird dann gesprochen, wenn das Verhältnis mindestens einer physikalischen Größe beim Grundentwurf und den Folgeentwürfen konstant ist.

Am häufigsten findet die geometrische Ähnlichkeit Anwendung. Geometrische Ähnlichkeit bedeutet, dass alle geometrischen Größen des Grundentwurfs und der Folgeentwürfe in einem festen Verhältnis zueinander stehen, **Bild 7.29**. Dieses gilt beispielsweise für die Produkte der Leistungsstufen S_1 bis S_4 in Bild 7.28. Es gilt nicht mehr für das Produkt der Leistungsstufe S_5, weil hier ein Sprung in den Abmessungen gegeben ist. Dieser kann beispielsweise durch die Notwendigkeit einer anderen Fertigungstechnologie bedingt sein, weil diese in der Leistungsklasse S_5 zu niedrigeren Herstellkosten führt.

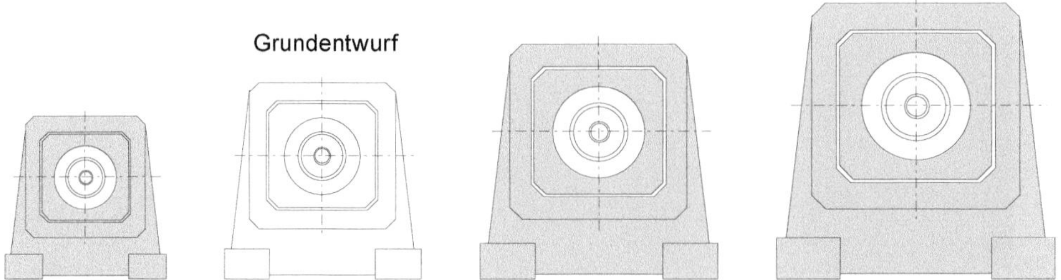

Bild 7.27: Beispiel einer Getriebebaureihe für unterschiedliche Drehmomente

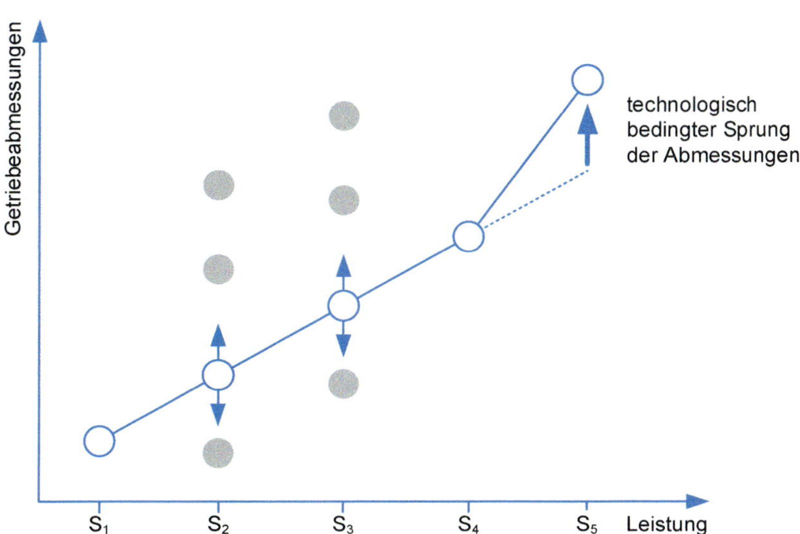

Bild 7.28: Zweidimensionale Stufung einer Getriebebaureihe über Leistung und Abmessungen

In der Praxis, insbesondere bei komplexen Produkten, ergibt sich meist keine vollständige Ähnlichkeit, was mit bedingt ist durch den Willen zur Standardisierung und damit zur Verwendung von Gleichteilen. In einem solchen Fall handelt es sich dann um partielle Ähnlichkeit oder – übertragen auf die Baureihen – um halbähnliche Baureihen.

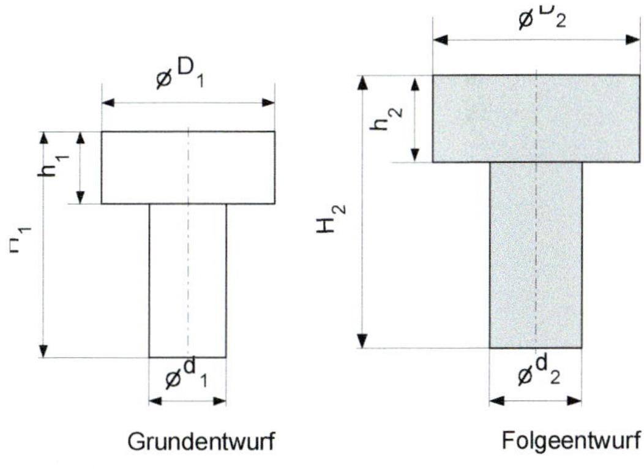

$$\varphi_L = \frac{H_2}{H_1} = \frac{h_2}{h_1} = \frac{\varnothing D_2}{\varnothing D_1} = \frac{\varnothing d_2}{\varnothing d_1}$$

Bild 7.29: Beispiel für die geometrische Ähnlichkeit zweier Bauteile (ϕ_L = Stufensprung der Länge)

Aus dem Prinzip der Baureihen folgt, dass bei diesen Kostensenkungseffekten nur begrenzt durch Gleichteile entstehen, da unterschiedliche Leistungsmerkmale auch unterschiedliche Bauteilabmessungen erfordern. Kostensenkungseffekte ergeben sich bei Baureihen durch:

7

Konstruktion

- Für ähnliche Produkte, Baugruppen oder Bauteile braucht die konstruktive Arbeit nur einmal geleistet zu werden. Mit Hilfe der Ähnlichkeitsgesetze kann diese dann auf die Folgeentwürfe übertragen werden.
- Es kann mehr in die Optimierung der einzelnen Bauteile investiert werden, was dann auf die Folgeentwürfe übertragen werden kann.

Produktion

- Bei einer sinnvollen Stufung der Baureihenprodukte wird die Zahl der Varianten begrenzt.
- Die Zahl der notwendigen Fertigungstechnologien wird reduziert.
- Höhere Qualität ist erreichbar.
- Kostensenkung insbesondere in der Montage durch ausgeprägte Lerneffekte, da die Produkte grundsätzlich gleich aufgebaut sind.
- Kürzere Durchlaufzeiten in der Produktion.

Vertrieb

- Die Menge der notwendigen Produktinformationen wird reduziert, da die Produkte in Funktion und Aufbau gleich sind.
- Es reduziert sich der Aufwand für die Vertriebsschulungen, aufgrund der Ähnlichkeiten bei den Produkten.

Service / Kundendienst

- Der Schulungsaufwand für die Mitarbeiterinnen und Mitarbeiter im Bereich Service / Kundendienst wird reduziert.
- Es sind weniger unterschiedliche Werkzeuge notwendig.
- Vereinfachung der Werkzeugbevorratung.
- Einheitliche Wartungs- und Instandhaltungspläne.

Beachten muss man bei Baureihen, dass sie nicht für alle Kundenanforderungen eine optimale Lösung zur Verfügung stellen. Dieses bedeutet höhere Anforderungen an den Vertrieb, da er in einem solchen Fall mit Argumenten überzeugen muss. Passt eine vorhandene Lösung nicht zu den Anforderungen des Kunden, so ist es vielfach besser auf diesen Umsatz zu verzichten und nicht durch teure, kundenspezifische Anpassungen eine geeignete Lösung zu entwickeln.

7.2.4.8 Vor- und Nachteile von Gleichteilestrategien

Egal welcher Ansatz verwendet wird, die Nutzung von Gleichteilen hat immer zum Ziel, dem Markt ein möglichst breites Produktspektrum anzubieten, gleichzeitig aber die Anzahl von Entwicklungsaufgaben sowie von unterschiedlichen Bauteilen und Baugruppen im Unternehmen zu begrenzen, **Bild 7.30**.

Vor- und Nachteile der unterschiedlichen, betrachteten Ansätze sind im entsprechenden Kapitel beschrieben. Generell können bei der Verwendung von gleichen Teilen und Baugruppen folgende wichtige positive Effekte genannt werden:

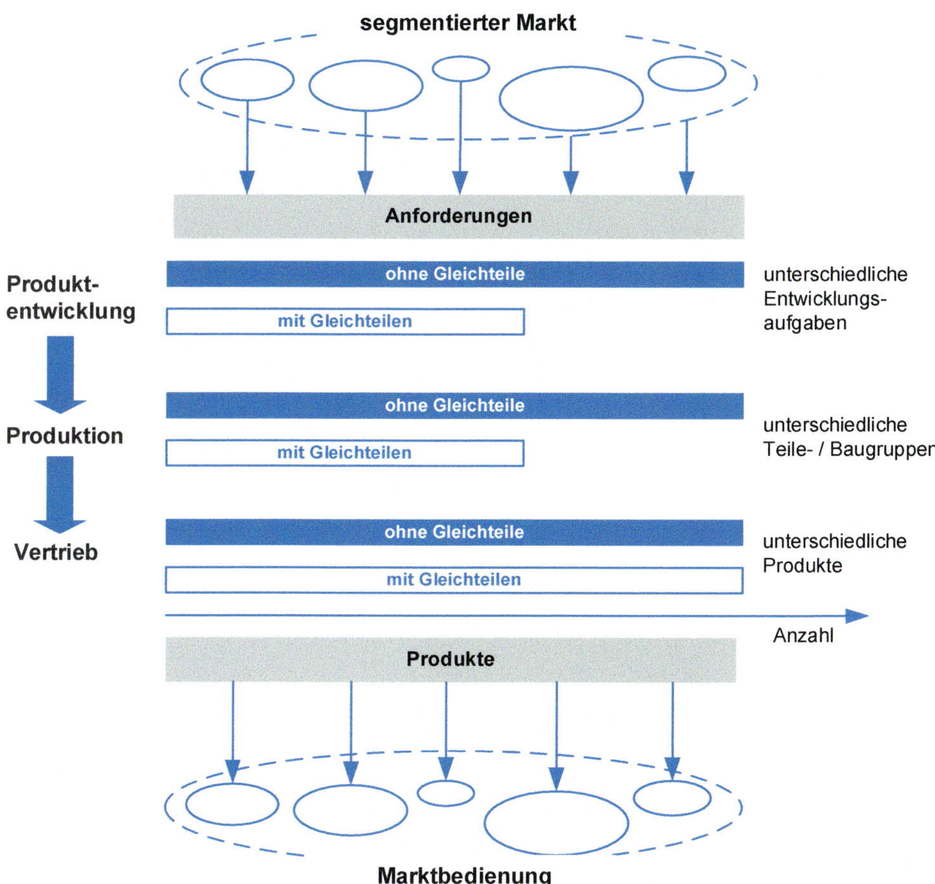

Bild 7.30: Reduzierung der Anzahl der Entwicklungsaufgaben sowie von Bauteilen und Baugruppen durch Gleichteileverwendung

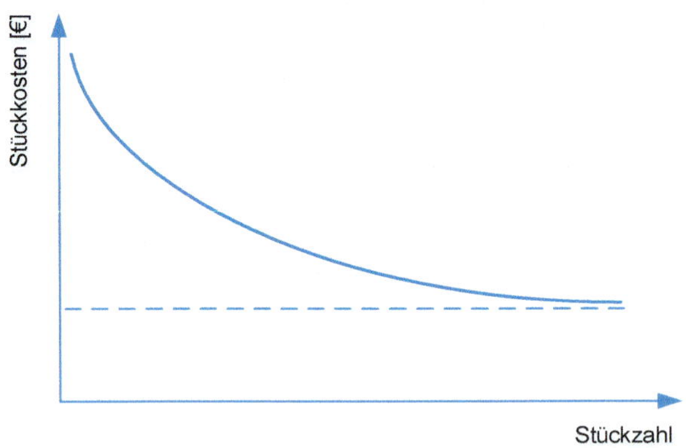

Bild 7.31: Stückkosten in Abhängigkeit von der Stückzahl (Skaleneffekt)

- Kostengünstigere Fertigung der Teile und Baugruppen durch große Stückzahlen (Skaleneffekt), **Bild 7.31**
- Günstigerer Einkaufspreis durch größere Stückzahlen
- Standardisierte Prozesse zur Produktion von Bauteilen und Baugruppen
- Es kann bei der Entwicklung mehr Aufwand betrieben werden, die einzelnen Bauteilen und Baugruppen zu optimieren.

Allerdings sind mit der Verwendung von Gleichteilen auch negative Effekte verbunden.

Die Komplexität der Entwicklungsaufgabe steigt deutlich an, da mit der Verwendung von gleichen Bauteilen/Baugruppen in mehreren Produkten der Abstimmungsaufwand auch ansteigt, **Bild 7.32**.

Die Stückkosten bei Mehrfachverwendung von Bauteilen/Baugruppen sinken zwar in Produktion und Einkauf, andererseits steigen aber die Komplexitätskosten bei der Produktentwicklung an, **Bild 7.33**. Zudem führt die steigende Komplexität meist auch zu längeren Entwicklungszeiten.

Ein Ansatz zur Reduzierung der Komplexität der Entwicklungsaufgabe ist die Design Structure Matrix (DSM) [Eppinger und Browning, 2012]. Mit ihrer Hilfe lassen sich die Abhängigkeiten der Entwicklungsaufgaben übersichtlich in einer Matrix darstellen und die Komplexitätstreiber erkennen. Mittels einer einfachen Vorgehensweise kann dann die Matrix umgeformt und so die Komplexität der Entwicklungsaufgabe reduziert werden.

Es lässt sich so ein optimaler Grad der Gleichteileverwendung für ein Unternehmen definieren.

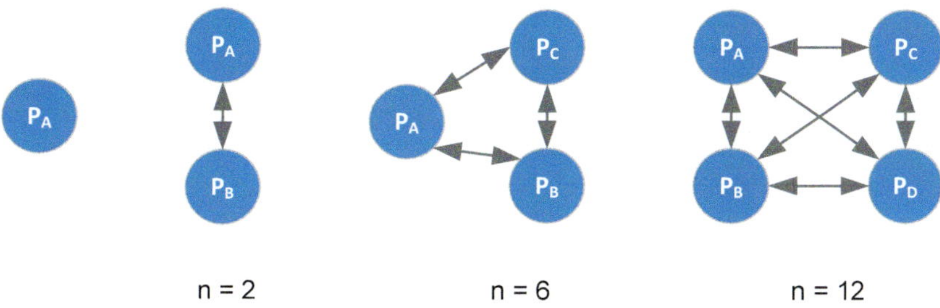

n...maximale Anzahl der Beziehungen

Bild 7.32: Anstieg des Abstimmungsaufwands bei der Mehrfachverwendung von Bauteilen/Baugruppen in unterschiedlichen Produkten – steigende Komplexität der Entwicklungsaufgabe

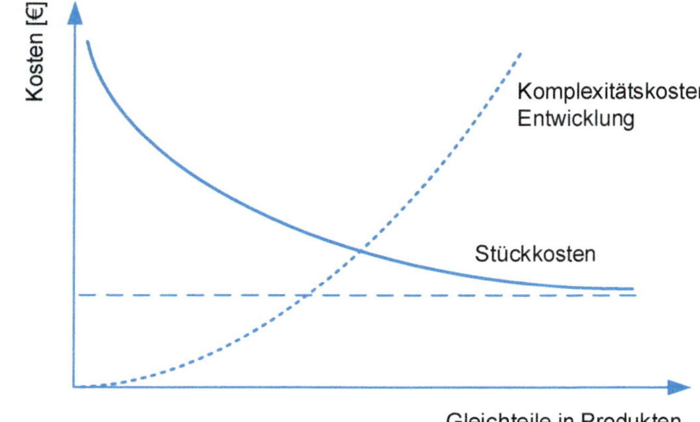

Bild 7.33: Stückkosten und Komplexitätskosten bei der Gleichteileverwendung

Allerdings gilt es, noch einen weiteren wichtigen Punkt bei der Gleichteileverwendung zu beachten. Die Produktion großer Stückzahlen von Bauteilen/Baugruppen erfolgt in der Regel mit einer hochautomatisierten Produktion. Ein hoher Automatisierungsgrad der Produktion erfordert hohe Investitionen.

Es lässt sich in Unternehmen beobachten, dass in einem solchen Fall die Bereitschaft, mehrfach genutzte Bauteile/Baugruppen zu ändern, sinkt. Solche Bauteile/Baugruppen werden erst dann wieder weiterentwickelt oder gar neu entwickelt, wenn die getätigten Investitionen in die Produktion amortisiert wurden, **Bild 7.34**.

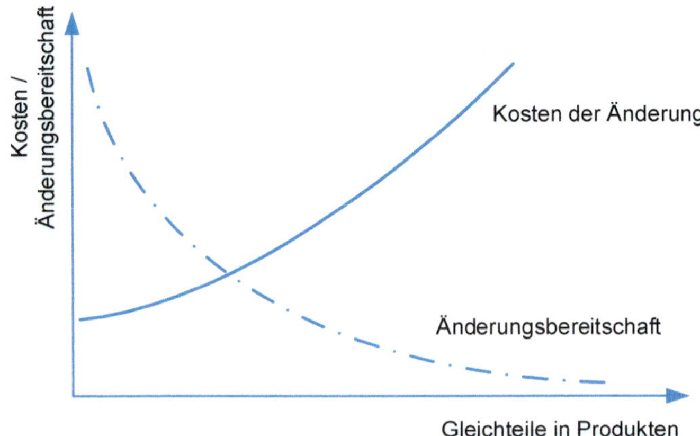

Bild 7.34: Kosten der Änderungen an Gleichteilen und Änderungsbereitschaft in Abhängigkeit von der Häufigkeit der Verwendung

Das heißt also, dass die Verwendung von Gleichteilen zu einer sinkenden Innovationsfähigkeit eines Unternehmens führen kann. Eine schnelle Anpassung von Bauteilen/Baugruppen, die in mehreren Produkten verwendet werden, an neue Anforderungen unterbleibt aus betriebswirtschaftlichen Erwägungen und aus Gründen der Komplexität der Änderung.

Im Rahmen der Produktentwicklung sollte also genau abgewogen werden, ob und bei welchen Bauteilen/Baugruppen eine Mehrfachverwendung in Produkten wirklich sinnvoll ist oder wo es besser ist, individuelle Bauteile/Baugruppen mit Verwendung in nur einem spezifischen Produkt zu entwickeln.

7.2.5 Funktionen-Kosten-Matrix

Um Produkte zielkostenorientiert zu entwickeln, ist ein ständiger Abgleich zwischen den Kostenzielen und den tatsächlich zu erwartenden Herstellkosten, besonders in der Phase der Produktgestaltung, erforderlich. Der Vergleich zwischen den Ziel- und Ist-Kosten erfolgt auf Basis der Funktionen. Weiter oben wurde beschrieben, wie aus dem Ziel-Marktpreis eines Produktes die Ziel-Funktionenkosten ermittelt wurden. Entsprechend ist für die Phase der Produktgestaltung ein einfaches Werkzeug notwendig, mit welchen Ist- und Zielkosten verglichen werden können.

Um die Ist-Funktionenkosten zu berechnen, ist ein Hilfsmittel, mit dem die Zielkosten für die einzelnen Funktionen, die Funktionenträger und die Funktionenträgerkosten zusammengebracht werden können, notwendig. Dazu dient die sogenannte Funktionen-Kosten-Matrix, siehe **Tabelle 7.4**.

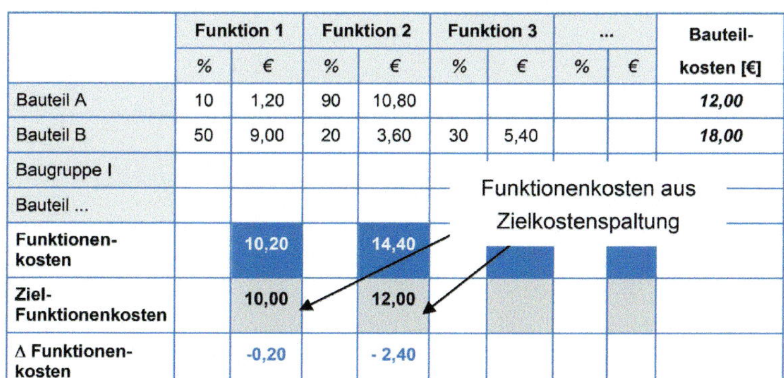

	Funktion 1		Funktion 2		Funktion 3		...		Bauteil-
	%	€	%	€	%	€	%	€	kosten [€]
Bauteil A	10	1,20	90	10,80					***12,00***
Bauteil B	50	9,00	20	3,60	30	5,40			***18,00***
Baugruppe I									
Bauteil ...									
Funktionen-kosten		**10,20**		**14,40**					
Ziel-Funktionenkosten		**10,00**		**12,00**					
Δ Funktionen-kosten		**-0,20**		**- 2,40**					

Tabelle 7.4: Prinzipieller Aufbau einer Funktionen-Kosten-Matrix

Aus der weiter oben beschriebenen Zielkostenspaltung sind die zulässigen Kosten der einzelnen Produktfunktionen bekannt. Im Rahmen der Produktgestaltung werden Bauteile und Baugruppen, die Funktionenträger, entwickelt. Parallel zur Entwicklung und Detaillierung der Bauteile und Baugruppen ist eine Schätzung der Herstellkosten durchzuführen. Die Schätzung kann mittels Verfahren der Kurzkalkulation, siehe Kapitel 12, erfolgen oder durch Experten im Entwicklungsteam aus Einkauf oder Produktion.

Dienen einzelne Bauteile/Baugruppen dazu, genau eine Produktfunktion zu erfüllen, so ist die Zuordnung der Herstellkosten zu der einen Funktion und damit der Vergleich von Ist- und Soll-Funktionenkosten einfach. Dieses kann durch eine entsprechende Strukturierung des Produktes erreicht werden. Trägt aber ein Bauteil/ eine Baugruppe dazu bei, mehrere Funktionen zu erfüllen, so ist zuerst abzuschätzen, wie groß der Anteil eines Bauteils/einer Baugruppe bezüglich der Erfüllung der einzelnen Funktionen ist. Die Addition der Kostenanteile in den Spalten der Funktionen-Kosten-Matrix führt dann zu den tatsächlichen Funktionenkosten, die direkt mit den geplanten Funktionenkosten verglichen werden können.

Die Anwendung der Funktionen-Kosten-Matrix bietet folgende Vorteile:

- Anschaulicher Vergleich der Kostenziele und der tatsächlichen Kosten der Produktfunktionen.
- Es kann in einem sehr frühen Stadium der Produktentwicklung erkannt werden, ob die Zielkosten für das Produkt erreichbar sind.
- Bauteile bzw. Baugruppen, die noch zu teuer sind, werden so schnell erkannt.

Natürlich sind am Anfang der Produktentwicklung die Herstellkosten der einzelnen Elemente noch mit einer großen Unsicherheit versehen. Aber im Verlaufe der

Entwicklungsarbeit werden die Werte genauer, sodass dann präzisere Aussagen möglich sind, inwieweit die Ziel-Herstellkosten für das Produkt erreicht werden.

Neben dem Kostenvergleich bei der Entwicklung von Baugruppen und Bauteilen bietet die Funktionen-Kosten-Matrix weitere Vorteile:

- Sie unterstützt den systematischen Kosten-/Nutzenvergleich von Produkten im Rahmen der Wettbewerbsanalyse (Produkt-Benchmarking).
- Die Werthaltigkeit der einzelnen Funktionen des Produktes kann mit ihrer Hilfe bewertet werden.

8 Produktdesign als wichtiges Element der Produktentwicklung

Prof. Dipl.-Des. Jürgen Goos,
Fakultät für Gestaltung, Hochschule Pforzheim

8.1 Einführung

Als wesentlicher Baustein für eine marktgerechte Produktentwicklung ist das Produktdesign oder Industrial Design als Erfolgsfaktor zu nennen. Mit zunehmend austauschbaren Produktfunktionalitäten und Qualitätsmerkmalen innerhalb eines globalen Marktumfeldes ist das Produktdesign und, damit eng verbunden, das Image eines Unternehmens eine herausragende Möglichkeit der Profilierung und Differenzierung gegenüber dem Wettbewerb. Produktdesign wird also immer wichtiger für den Absatzerfolg eines Unternehmens.

Kunden entscheiden sich für ein Produkt nicht nur anhand rein objektiver Leistungsmerkmale. Es kommt zusätzlich darauf an, wie diese Merkmale im Sinne einer Kommunikation zwischen Unternehmen und Kunde durch das Design des Produktes vermittelt werden. Produktdesign bietet Unternehmen die Chance, bei technologisch vergleichbaren Produkten eine eigenständige Marktposition und ein Markenimage zu behaupten. Design wird zu einem wichtigen Marketinginstrument. Der ästhetische und emotionale Mehrwert spiegelt sich zudem oftmals in den erzielbaren Verkaufspreisen wider.

Produktdesign ist eines der wesentlichen Standbeine einer erfolgreichen Unternehmensstrategie und verkörpert Unternehmenswerte, Attribute der Unternehmensmarke, Ästhetik, Funktion, Innovation, Technologie und Nachhaltigkeit. Wie wichtig diese Faktoren sind, zeigt die dramatische Zunahme der Produktpiraterie in Bezug auf das Design von Produkten.

Nahezu alle Produkte im Konsumgüter- aber auch zunehmend im Investitionsgüterbereich werden heute in Zusammenarbeit mit Produktdesignern entwickelt. Dabei leistet der Designer nicht eine rein gestalterische Tätigkeit im Sinne einer ästhetischen Perfektionierung eines fertigen Produktes. Der Tätigkeitsschwerpunkt liegt in einer ausbalancierten Kombination aus technisch-wissenschaftlichen, künstlerischen und humanwissenschaftlichen Aktivitäten unter Beachtung ökonomischer und ökologischer Faktoren. Der Produktdesigner arbeitet interdisziplinär und übernimmt eine Rolle als Integrator im Sinne einer ganzheitlichen Unternehmensgestaltung und eines effizienten Designmanagements. Designbüros verantworten zunehmend kom-

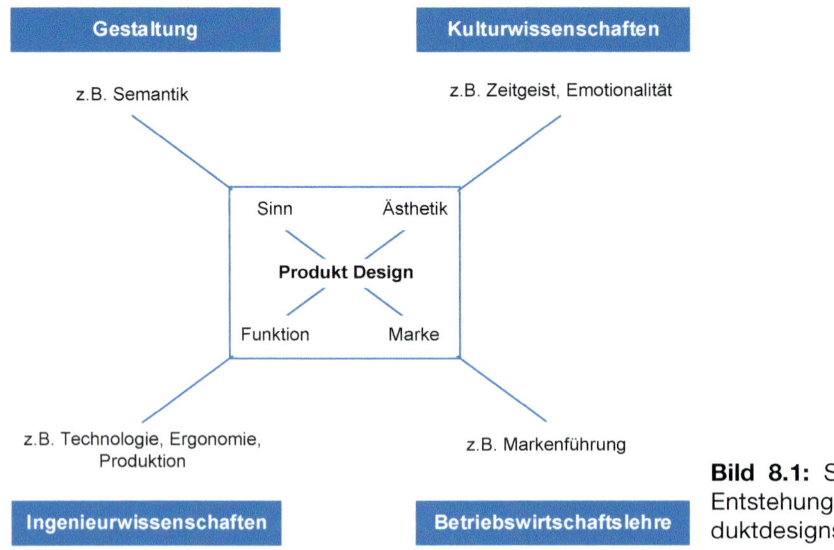

Bild 8.1: Struktur der Entstehung des Produktdesigns

plette Produktentwicklungsprozesse. Designleistungen in der Produktentwicklung umfassen daher Dienstleistungen von der Produktanalyse über die Ideenfindung, die Produktkonzeption und den Entwurf bis hin zu Designmodellen und Prototypen.

Die komplexe Struktur, in der Produktdesign entsteht, veranschaulicht **Bild 8.1**.

Die Ergebnisse und der Neuigkeitsgrad sind dabei stark abhängig vom Briefing bzw. Lastenheft des Auftraggebers.

Man kann hier im Wesentlichen die drei Kategorien Redesign, New Design und Designinnovation unterscheiden:

Das klassische Redesign, also die Überarbeitung oder das Facelifting eines bekannten Produkts, fallen in die Kategorie der Produktpflege. Die Chancen, Risiken und Kosten sind hier leicht abzuschätzen. Es gibt aber wenig Potenzial für neue Märkte.

New Design, als ein grundsätzlich neu entwickeltes Produkt auf Basis bekannter Technologie und Funktionalität, bietet bei überschaubarem Risiko die Garantie hoher Marktakzeptanz.

Designinnovationen bieten die Chance, gänzlich neue Marktsegmente zu schaffen und die Markt- und Markenführerschaft in diesen Bereichen zu erlangen. Erfolgreiche Produkte in dieser Kategorie sind extrem imageträchtig. Das Risiko und die Kosten sind dagegen nicht unbedingt kalkulierbar.

Die erzielbaren Ergebnisse sind aber auch stark abhängig vom Profil des einzelnen Designers. Denn Design bleibt immer auch ein kreativer Schöpfungsakt einer einzelnen Person, selbst wenn die Kernkompetenzen von Industriedesignern grundsätzlich ähnlich sind. Hierzu gehören etwa:

- Integration von Form, Technik und Marke in ein ästhetisches zielgruppenspezifisches Erscheinungsbild
- Produktinnovation (Bekanntes in Frage stellen – Neues finden)
- Zielorientiertes Gestalten mit geplanter emotionaler Wirkung
- Kommunikation zwischen Produkt und Nutzer
- Marktdifferenzierung und -segmentierung
- Markenbildung.

Das individuelle Profil eines Produktdesigners wird dagegen durch eine entsprechende Spezialisierung stark differieren. Für ein Unternehmen ist es daher wichtig, sich den passenden Partner für die jeweilige Aufgabe zu suchen. Das Spektrum reicht dabei von den technisch orientierten Funktionalisten bis zu eher künstlerisch geprägten Stylisten. Während die Funktionalisten sich eher an die Aussage von Louis Sullivan *„form ever follows function“* [Sullivan, 1896] halten (Sullivan setzte hier allerdings Funktion mit Bedeutung gleich), folgen die Stylisten der Philosophie von Raymond Loewy: *„Hässlichkeit verkauft sich schlecht.“* [Loewy, 1953]

8.2 Designprozess

Designprojekte lehnen sich in ihrem Ablauf an die Produktentwicklungsprozesse in der Konstruktion an. Diese Abstimmung ist sehr wichtig, da beide Entwicklungspartner in der Regel simultan an einem Projekt arbeiten. Dennoch gibt es hier einen wesentlichen Unterschied. Der Designer entwickelt ein Produkt von einer ganzheitlichen Betrachtung heraus hin zum Detail. Der Ingenieur entwickelt ein Projekt aus einer Summe von Detaillösungen zum Ganzen. Das heißt im Klartext: Der Designer fängt da an, wo der Ingenieur aufhört. Dieser Konflikt bietet viele Chancen zu einer wirklich innovativen Produktentwicklung, führt aber auch leicht zu Problemen bei der Zusammenarbeit.

Das Projektmanagement im Designbereich umfasst im Wesentlichen sechs Phasen:

Analysephase

Definition der Aufgabenstellung, Markterkundung, Zielgruppenanalyse, Kundenansprüche, Trendanalyse, Unternehmensstrategie, Erkundung der zu verwendenden Technologien, Produktionseinschränkungen, Gesetzgebungen und Normen.

Leistungen: Erstellung eines Lastenheftes, Produktanalyse

Konzeptionsphase

Entwicklung grundsätzlicher Lösungsansätze, Konzeption alternativer Produktstrukturen und technisch funktionaler Prinzipien, Ideenfindung zu Material, Fertigungsmöglichkeiten, Ergonomie, Produktausstattung und Kommunikation. Erstellung eines maßstäblichen Packages als Grundlage für den Entwurfsprozess.

Leistungen: Visualisierung mittels illustrativer Darstellungen und einfacher Anschauungsmodelle für Proportionsstudien und ergonomische Untersuchungen.

Entwurfsphase

Gestalterische Umsetzung der Konzeption unter Berücksichtigung der technischen Randbedingungen. Erstellung von Design- und Detailvarianten, konstruktive Ausarbeitung, Abstimmung von Design und Technik.

Leistungen: Skizzen, Renderings, CAD-Modelle, Vormodelle

Modellbau / Visualisierung

Erstellung von realitätsnahen physischen Designmodellen zur Überprüfung der Entwürfe und Marktbefragungen. Fotorealistische Computervisualisierung und gegebenenfalls Animation der Produktfunktionalität.

Detaillierungsphase

Optimierung des Entwurfs, Definition aller designrelevanten Merkmale für die konstruktive Umsetzung, Definition von Farben, Oberflächen und der Produktgrafik.

Leistungen: CAD-Modelle, technische Zeichnungen, Reinzeichnungen, Dokumentation

Realisationsphase

Begleitung der Konstruktion und Produktoptimierung bis zum Serienanlauf.

9 Quality Function Deployment – QFD

Quality Function Deployment (QFD) ist eine Methode zur gezielten Umsetzung von Kundenanforderungen in Produktmerkmale, um so ein hohes Maß an Kundenzufriedenheit zu erreichen. QFD kann eingesetzt werden von der Produktplanung bis hin zur Planung der Fertigungs- und Montageprozesse.

9.1 Historie und wichtige Ziele

Quality Function Deployment wurde in den späten 1960er Jahren in Japan entwickelt und auch dort zuerst bei verschiedenen Unternehmen eingesetzt. QFD unterstützt die Entwicklung von Produkten mit Blick auf Total Quality Management (TQM) [Akao und Mazur, 2003].

- 1966: Erstmals wird QFD bei der Firma Bridgestone Kurume Factory in Japan eingesetzt
- 1972: Anwendung bei Mitsubishi Heavy Industries, Schiffswerft
- 1974: Erstmalige Anwendung bei der Toyota Motor Company zur Entwicklung eines Kleintransporters
- 1978: Yōji Akao veröffentlicht das Buch „Quality Function Deployment“. In Deutschland erscheint es 1992 [Akao, 1992]
- 1983: Anwendung von QFD in den USA (Ford, danach unter anderem durch Hewlett Packard AG, Motorola)
- 1987: Bob King, Schüler von Akao, veröffentlicht das Buch „Better Products in Halfe the Time“. In Deutschland erscheint es 1994 [King, 1994]
- 1987: Erste Anwendung von QFD in Deutschland.

Wichtige Ziele der Anwendung von QFD sind angelehnt an [Akao und Mazur, 2003]:

- Reduzierung ungeplanter Änderung während des Entwicklungsprojektes
- Reduzierung von Entwicklungskosten
- Kürzere Entwicklungszeiten
- Benchmarking von Wettbewerbsprodukten
- Sicherung eines Wettbewerbsvorteils für das eigene Unternehmen
- Sammlung und Aufbereitung wichtiger Marktinformationen

QFD stellt somit eine wichtige Methode zur Unterstützung der Produktentwicklung dar, gerade auch im Zusammenhang mit neuen Vorgehensweisen wie dem agilen Vorgehen. QFD hilft zu Beginn des Entwicklungsprojektes ein klares Bild der Kunden, der Kundenanforderungen und der Wettbewerbssituation zu erarbeiten und führt so zu einem planbareren Verlauf eines Entwicklungsprojektes. Agiles Vorgehen unterstützt dann im weiteren Projektverlauf die frühzeitige Abstimmung der Entwicklungsrichtung mit den Kunden und die Berücksichtigung möglicher Änderungen im Entwicklungsprojekt.

9.2 Marketing-Technik-Matrix

Die heute bekannteste Darstellung des QFD ist das House of Quality. Um die Kundenanforderungen möglichst gut in ein Produkt umzusetzen, verbindet das House of Quality Marktanforderungen (Marketing-Block) und die technischen Lösungen (Ingenieur-Block) miteinander, **Bild 9.1**.

Ausgangspunkte sind bei dieser Methode, wie auch bei der in den vorhergehenden Kapiteln beschriebenen Vorgehensweise, eine genaue Kenntnis der Kunden und deren Anforderungen. Durch den Einsatz des QFD soll dann sichergestellt werden, dass Produktmerkmale und zugehörige Ausprägungen festgelegt werden, welche die Kundenanforderungen am besten erfüllen.

9.3 Erstellung des House of Quality (HoQ)

Das House of Quality, **Bild 9.2**, bietet eine anschauliche Darstellung der Arbeitsschritte des QFD und der jeweiligen Ergebnisse. Erstellt wird das House of Quality in insgesamt vierzehn Schritten, wobei auch Versionen mit mehr oder weniger Arbeitsschritten Anwendung finden, je nach spezifischer Entwicklungsaufgabe.

1. *Kundenanforderungen eintragen*
   Bevor die Kundenanforderungen eingetragen werden, sind sie auch hier, wie weiter oben beschrieben wurde, zuerst mit Blick auf Vollständigkeit und korrekter Beschreibung zu analysieren.
2. *Gewichtung der Kundenanforderungen*
   Auch beim QFD sind die Anforderungen zu gewichten, damit klar erkennbar wird, welches die aus Sicht der Kunden wichtige Anforderungen sind. Den Anforderungen werden im Verlauf der Entwicklung, Schritt 9 im HoQ, die Produktmerkmale zugeordnet, die diese Anforderungen erfüllen.

Bild 9.1: Quality Function Deployment zur Verbindung von Marketing (Was?) und Technik (Wie?)

3. *Schwerpunkte aus Sicht des Kundendienstes; Auswertung von Kundenreklamationen*

   Der Kundendienst kennt durch seine Arbeit vor Ort beim Kunden die Probleme mit den Produkten des eigenen Unternehmens sowie die Meinung der Kunden dazu recht gut. Zudem erfährt er bei Einsätzen vor Ort häufig auch viel über ähnliche Produkte der Wettbewerber. Die Stimme des Kundendienstes ist deshalb bei der Entwicklung zu berücksichtigen. Gleiches gilt, wenn das Unternehmen ein systematisches Reklamationswesen besitzt. In diesem Schritt sind deshalb die Anforderungen des Kundendienstes mit den wichtigsten Kundenanforderungen zu vergleichen und die ermittelten Anforderungen der Kunden auch aus der Sicht des Kundendienstes zu bewerten.

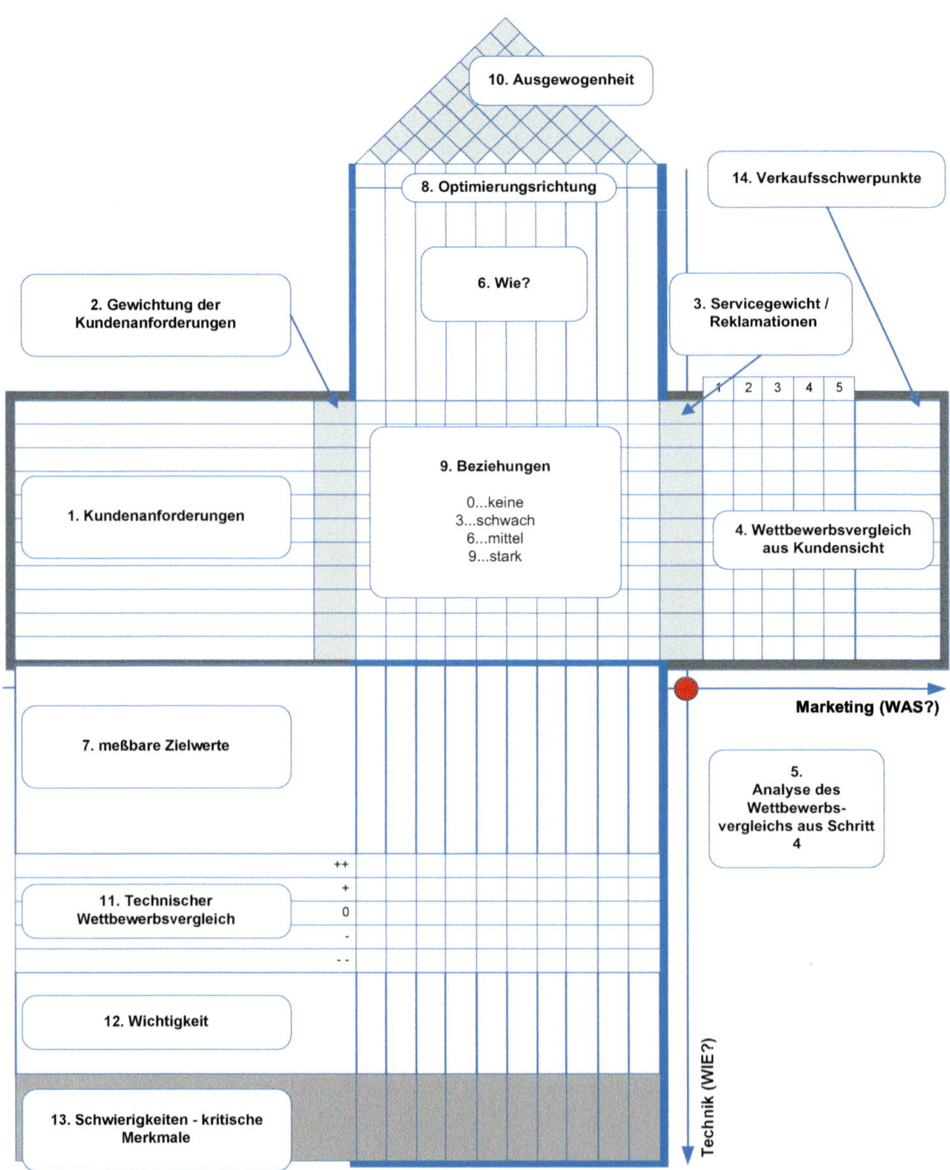

Bild 9.2: Prinzipieller Aufbau eines House of Quality (HoQ)

4. *Wettbewerbsvergleich aus der Sicht der Kunden*
   Es wird in diesem Schritt untersucht, wie die Wettbewerbsprodukte die Kundenanforderungen erfüllen.
   - Bewertung der Erfüllung der Kundenanforderungen durch die Wettbewerbsprodukte mittels einer Punktebewertung, beispielsweise 1 für ungenügend erfüllt bis 5 für sehr gut erfüllt.
   - Darstellung der Ergebnisse in einem Stärken-Schwächen-Profil
   - Eintragen der Ziele für das eigene neue Produkt.
5. *Analyse des Wettbewerbsvergleichs*
   - In diesem Schritt wird anhand der Bewertung der Anforderungserfüllung sowie der Gewichtung der Anforderungen der Kundennutzen des Produktes ermittelt.
   - Numerische Berechnung des Kundennutzens: Summe aller Gewichtungen der Kundenanforderungen mal Bewertung aus dem Wettbewerbsvergleich.
   - Das Produkt mit der höchsten Punktzahl erfüllt die Kundenanforderungen am besten.
6. *Festlegung der Produktmerkmale*
   Wie sieht die Lösung für das neue Produkt aus? In diesem Schritt werden die technischen Produktmerkmale (WIE) zur Umsetzung der Kundenanforderungen (WAS) festgelegt. Dieses ist der zentrale Arbeitsschritt im QFD, da hier die Kundenanforderungen direkt mit der technischen Lösung des Produktes in Verbindung gebracht werden. Basis für die Umsetzung, **Bild 9.3**, ist die Gliederung der Anforderungen in primäre, sekundäre und tertiäre Anforderungen.
7. *Festlegung messbarer Zielwerte, Ausprägungen, der festgelegten Produktmerkmale*
   Hier werden die Ausprägungen der Produktmerkmale festgelegt. Damit bekommen die Produktmerkmale eine überprüfbare Kenngröße (Kraft, Moment, Länge, Gewicht, ...).
8. *Optimierungsrichtung*
   In diesem Schritt wird die Veränderungsrichtung der Produktmerkmale hin zu einer aus Kundensicht optimaleren Lösung festgelegt. Es wird kritisch hinterfragt, ob die festgelegten Produktmerkmale und Zielwerte ausreichen, um die Kundenanforderungen zu erfüllen oder in welche Richtung die Werte verändert werden müssen, um die Kundenanforderungen besser zu erfüllen. Kennzeichnung im HoQ mit:

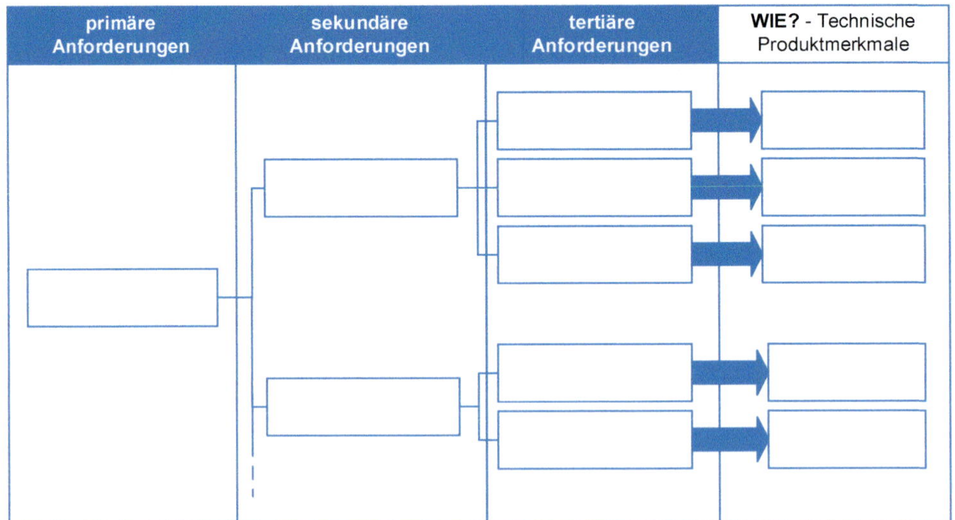

Bild 9.3: Umsetzung der Kundenanforderungen in technische Produktmerkmale

⬆... Besser, wenn der Zielwert größer wird, z. B. größere Leistung, längere Lebensdauer.

⬇... Besser, wenn der Zielwert kleiner wird, z. B. geringeres Gewicht, kleinere Abmessungen.

0... Optimal, wenn Zielwert unverändert bleibt.

9. *Bewertung der Beziehung zwischen den Kundenanforderungen und den Produktmerkmalen (Bewertung 9, 6, 3, 0)*
   In diesem Schritt wird untersucht, wie stark die Beziehung zwischen den Kundenanforderungen einerseits und den Produktmerkmalen andererseits ist. In die Felder der aus den Anforderungen und Produktmerkmalen entstehenden Matrix werden dazu Korrelationswerte eingetragen.
   - Als Korrelationswerte werden die Ziffern 9 (starke Beziehung), 6, 3, bis 0 (keine Beziehung) verwendet. Zur besseren Anschaulichkeit können anstelle der Ziffern auch grafische Symbole verwendet werden.
   - Wichtige Kundenanforderungen benötigen hoch bewertete Beziehungen zu Produktmerkmalen.

Wurden alle Korrelationen eingetragen, so lässt sich in diesem frühen Entwicklungsstadium schon beurteilen, ob die Produktmerkmale so überzeugend sind, dass ein aus Kundensicht attraktives Produkt entsteht.

10. *Beurteilung der Ausgewogenheit der Produktmerkmale*
Dazu wird im Dach des HoQ die Korrelation der einzelnen Produktmerkmale untereinander betrachtet. Es können so Zielkonflikte zwischen den einzelnen Merkmalen sichtbar gemacht werden.
   - Es werden immer zwei Produktmerkmale miteinander verglichen.
   - Bewertungssymbolik:

     -... Negative Beeinflussung – die Verbesserung des betrachteten Merkmals verschlechtert gleichzeitig das andere Merkmal

     o... Neutral – die beiden Merkmale beeinflussen sich nicht

     +... Positive Beeinflussung (Verstärkung) – die Verbesserung des einen Merkmals verbessert gleichzeitig das andere Merkmal
   - Merkmale, die sich nicht beeinflussen, können auch unabhängig voneinander entwickelt werden (Parallelentwicklung).

   Welche Aussagen lässt das Dach des HoQ nun zu?
   Viele Minuszeichen (-): Das gewählte Produktkonzept ist ausgeschöpft. Es besteht kaum noch Spielraum für Veränderungen, die Lösung ist nicht ausgewogen.
   Viele positive oder neutrale Zeichen (+ oder 0): Das gewählte Produktkonzept ist noch nicht ausgeschöpft und besitzt noch weiteres Potenzial.

11. *Technischer Wettbewerbsvergleich*
Neben dem bereits durchgeführten Wettbewerbsvergleich auf Basis der Kundenanforderungen wird ein zweiter, technischer Vergleich durchgeführt. Bei diesem werden die technischen Lösungen der Wettbewerber und die vorgesehenen Lösungen für das eigene Produkt verglichen.
   - Vergleich der Merkmale aller im Wettbewerb zueinanderstehenden Produkte. Bei eventuellen Wissenslücken sind entsprechende Analysen erforderlich.
   - Folgende Fragen gilt es zu beantworten:
     Wie löst der Wettbewerber im Vergleich zu den definierten Produktmerkmalen seine Funktionen bzw. Anforderungen?
     Müssen enge und damit teure Toleranzen sein?
     Ist die Lösung des Wettbewerbers kostengünstiger?
     Kommt die Lösung des Wettbewerbers mit weniger Teilen aus?
     Welche Arbeitsprozesse und Verfahren wurden gewählt?
     Ist die Lösung des Wettbewerbers robuster gegen Störeinflüsse oder Fehlbedienung?
   - Bewertungssystematik:

++... Lösung ist sehr gut

--... Lösung ist nicht akzeptabel, sehr schlechte Lösung

12. *Bewertung der Wichtigkeit der Produktmerkmale aus Sicht der Kunden*
Auf diese Weise wird erkennbar, was das Neue und Besondere an dem zu entwickelnden Produkt sein wird.
Die Wichtigkeit ist ein für jedes Produktmerkmal numerisch berechneter Wert aus der Gewichtung der einzelnen Kundenanforderungen und der Beziehungsziffer zwischen Kundenanforderung und Produktmerkmal, siehe Gleichung (9.1):

$$W_{i=} \sum_{j=1}^{m} G_j * B_{ij} \tag{9.1}$$

m Anzahl der Kundenanforderungen

W_i Wichtigkeit des Produktmerkmals i

G_j Gewichtungsfaktor der Anforderung j

B_{ij} Beziehungsziffer zwischen Produktmerkmal i und Anforderung j

13. *Schwierigkeit – kritische Merkmale*
In diesem Schritt werden die technischen Merkmale des neuen Produktes hinsichtlich möglicher Schwierigkeiten bei der Realisierung bewertet. Beispiele für mögliche Schwierigkeiten im Zusammenhang mit den technischen Merkmalen können sein:
   - Kosten: Es bereitet Probleme, die vorgegebenen Kostenziele zu erreichen.
   - Termine: Die Realisierung des technischen Merkmals innerhalb des vorgegebenen Zeitrahmens bereitet Schwierigkeiten.
   - Fertigung: Es ist ein Fertigungsverfahren notwendig, mit dem noch keine Erfahrung vorliegt.
   - Werkstoff: Es ist ein neuartiger Werkstoff erforderlich, mit dem noch keine Erfahrung vorliegt.

   Bei mehreren Schwierigkeitsmerkmalen können diese ähnlich wie die Anforderungen gewichtet werden.

   Die eigentliche Bewertung der Schwierigkeit kann mittels numerischer Bewertung durchgeführt werden, z. B. durch die Vergabe von Punkten: (Schwierigkeitsgrad hoch = 9, mittel = 6, niedrig = 3, ohne = 0).

$$S_i = \sum_{k=1}^{n} s_k * B_{ik} \tag{9.2}$$

n Anzahl der Schwierigkeitsmerkmale

S_i Schwierigkeit des Produktmerkmals i

s_k Gewichtungsfaktor der Schwierigkeit k

B_i Beziehungsziffer zwischen Produktmerkmal i und Schwierigkeit k

In einer Portfoliodarstellung können Wichtigkeit und Schwierigkeit der Produktmerkmale zusammengebracht werden, **Bild 9.4**.

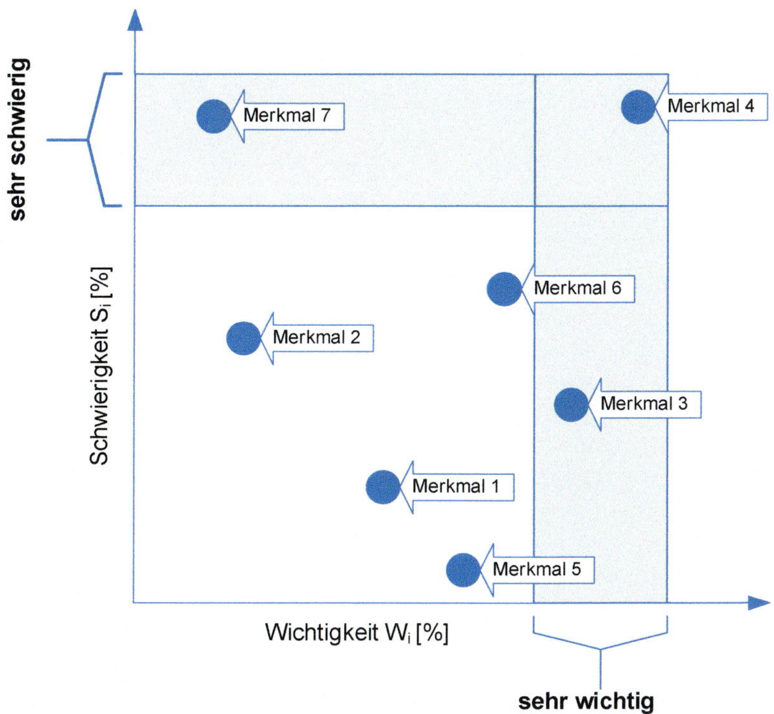

Bild 9.4: Schwierigkeit der Realisierung eines Produktmerkmals über der Wichtigkeit des Merkmals

Diese Darstellung veranschaulicht in einer sehr frühen Phase der Produktentwicklung mögliche Risiken auf dem Weg zu einer erfolgreichen Realisierung des neuen Produktes.

- Besitzen alle Produktmerkmale nur einen niedrigen Schwierigkeitsgrad, so besteht nur ein geringes Risiko bei der Realisierung.
- Wichtige Produktmerkmale mit einem hohen Schwierigkeitsgrad zeigen ein hohes Risiko bei der Realisierung des Produktes.
- Ist der Schwierigkeitsgrad für die Mehrzahl der Produktmerkmale hoch, so ergibt sich ein sehr hohes Risiko, dass das Produkt in der gewünschten Form nicht realisiert werden kann.

Um bei einem höheren Realisierungsrisiko doch zu einer erfolgreichen Realisierung zu kommen, sollten

- die definierten Produktmerkmale und ihre Zielwerte nochmals kritisch hinterfragt werden,
- besondere Priorität bei der Gestaltung der Produktmerkmale auf die Merkmale gelegt werden, die wichtig und schwierig sind.

14. *Definition der Verkaufsschwerpunkte*
    Wichtig für den erfolgreichen Vertrieb des neuen Produktes sind die Vorteile des neuen Produktes gegenüber den Wettbewerbsprodukten. Anhand der durchgeführten Wettbewerbsvergleiche und der festgelegten Produktmerkmale werden als Argumentationshilfe für den Vertrieb in diesem Arbeitsschritt die Vorteile des neuen Produktes gegenüber den Wettbewerbsprodukten herausgearbeitet.

9.4 Beispiel: House of Quality für einen Filzschreiber

Bild 9.5 zeigt beispielhaft das ausgefüllte HoQ für ein einfaches Produkt, einen Filzschreiber. Die beiden wichtigsten Kundenanforderungen sind „schön und sauber schreiben“ und „ungiftige Materialien“. Wichtige Produktmerkmale aus der Korrelation zwischen den Anforderungen und den Produktmerkmalen sind die Tinte und das Filzmaterial. Von den Produktmerkmalen beeinflussen sich Tintenmenge und Außenmaße stark negativ, was leicht einzusehen ist. Hier gilt es also einen geeigneten Kompromiss zu finden. Stark positiv beeinflussen sich die Außenmaße und das Gewicht. Je kleiner der Stift wird, umso leichter wird er.

Die Auswertung des Portfolios mit der Wichtigkeit und der Schwierigkeit, **Bild 9.6**, zeigt, dass in diesem Beispiel die Tinte den größten Risikofaktor für die erfolgreiche Realisierung ist. Da diese zugekauft wird, muss hier besonders intensiv mit potenziellen Lieferanten an einer kundengerechten Lösung gearbeitet werden. Ein weiteres problematisches Produktmerkmal ist das Filzmaterial. Es besitzt aus Sicht des Kunden eine sehr hohe Wichtigkeit, ist aber gleichzeitig schwierig in der Realisierung.

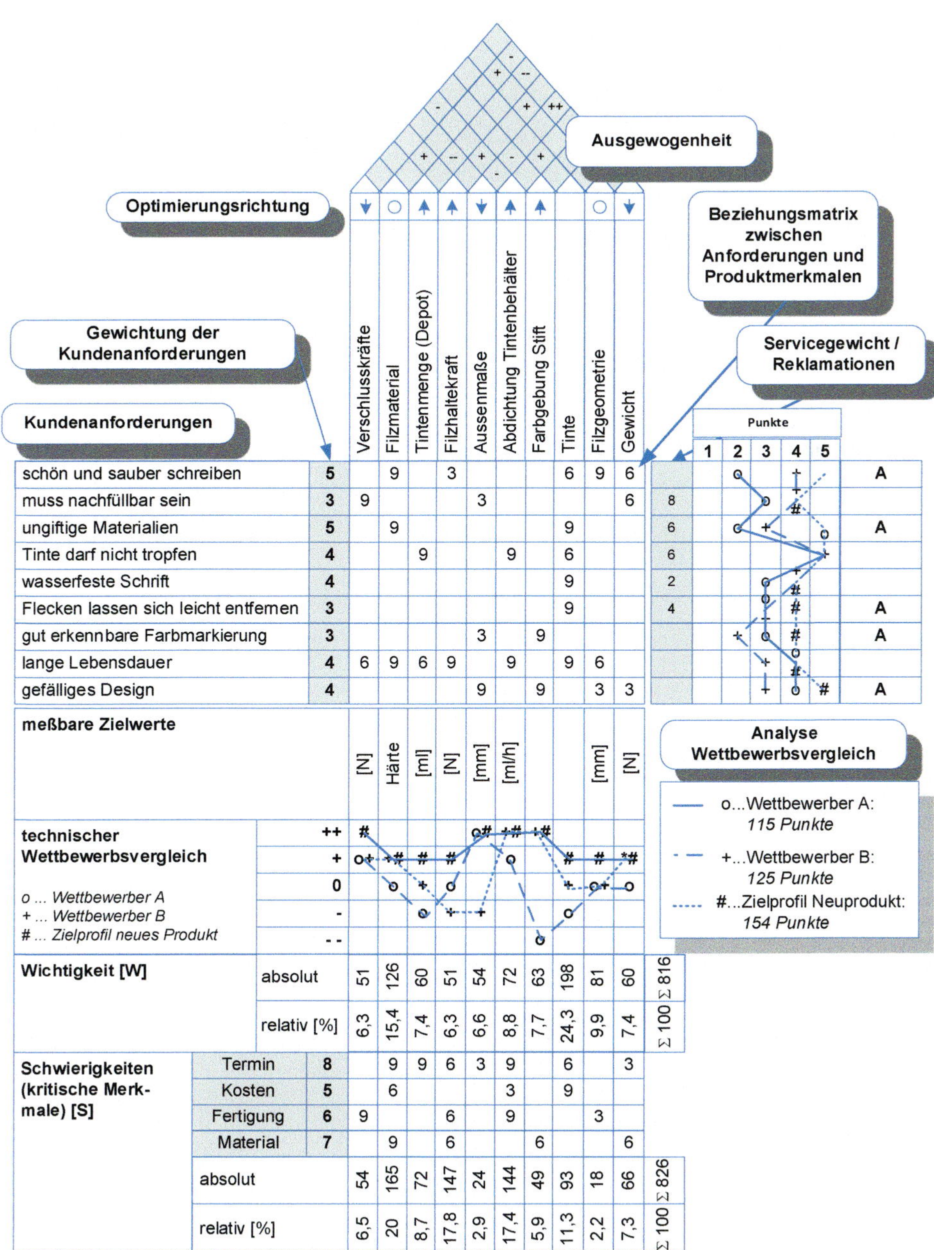

Bild 9.5: House of Quality (HoQ) zur Entwicklung eines Filzschreibers

9

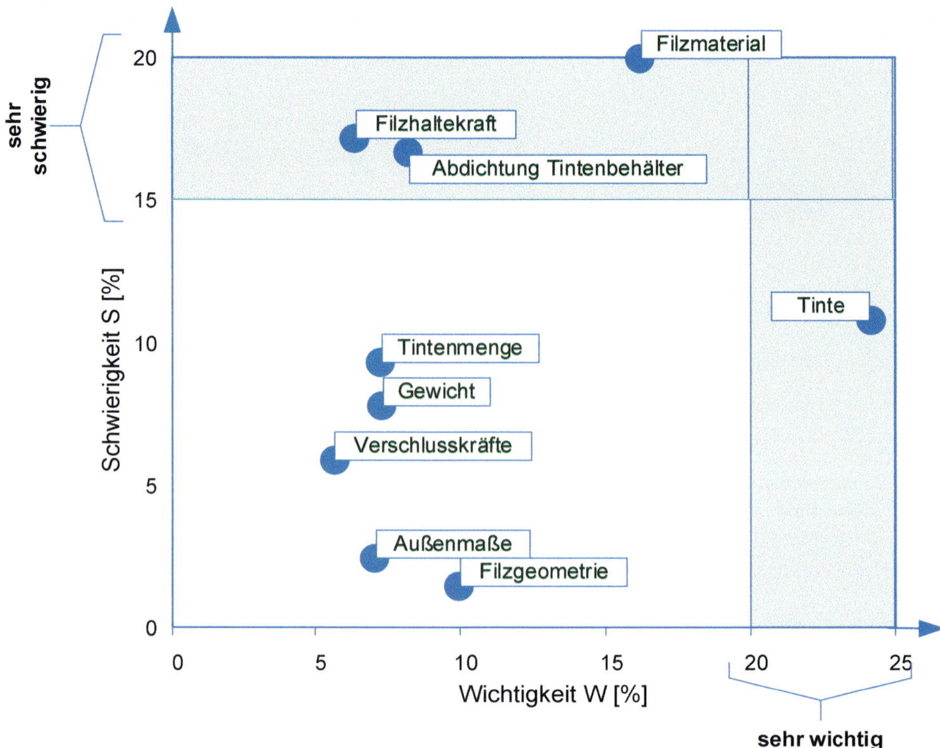

Bild 9.6: Schwierigkeit der Realisierung der Merkmale des Filzschreibers in Abhängigkeit von ihrer Wichtigkeit

Wie das Beispiel zeigt, werden durch die Darstellung im Portfolio die besonders problematischen Produktmerkmale schon in einer sehr frühen Phase der Produktentwicklung transparent.

9.5 Anwendung des House of Quality von der Produktplanung bis zur Fertigungs- und Montageplanung

Beschrieben wurde bisher die Anwendung von QFD für den ersten Schritt, die Produktplanung. Auf der Basis der Kundenanforderungen wurden systematisch die erforderlichen Produktmerkmale festgelegt.

Quality Function Deployment bietet mit dem House of Quality einen systematischen Weg bis zur Umsetzung der Kundenanforderungen in die Fertigungs- und Monta-

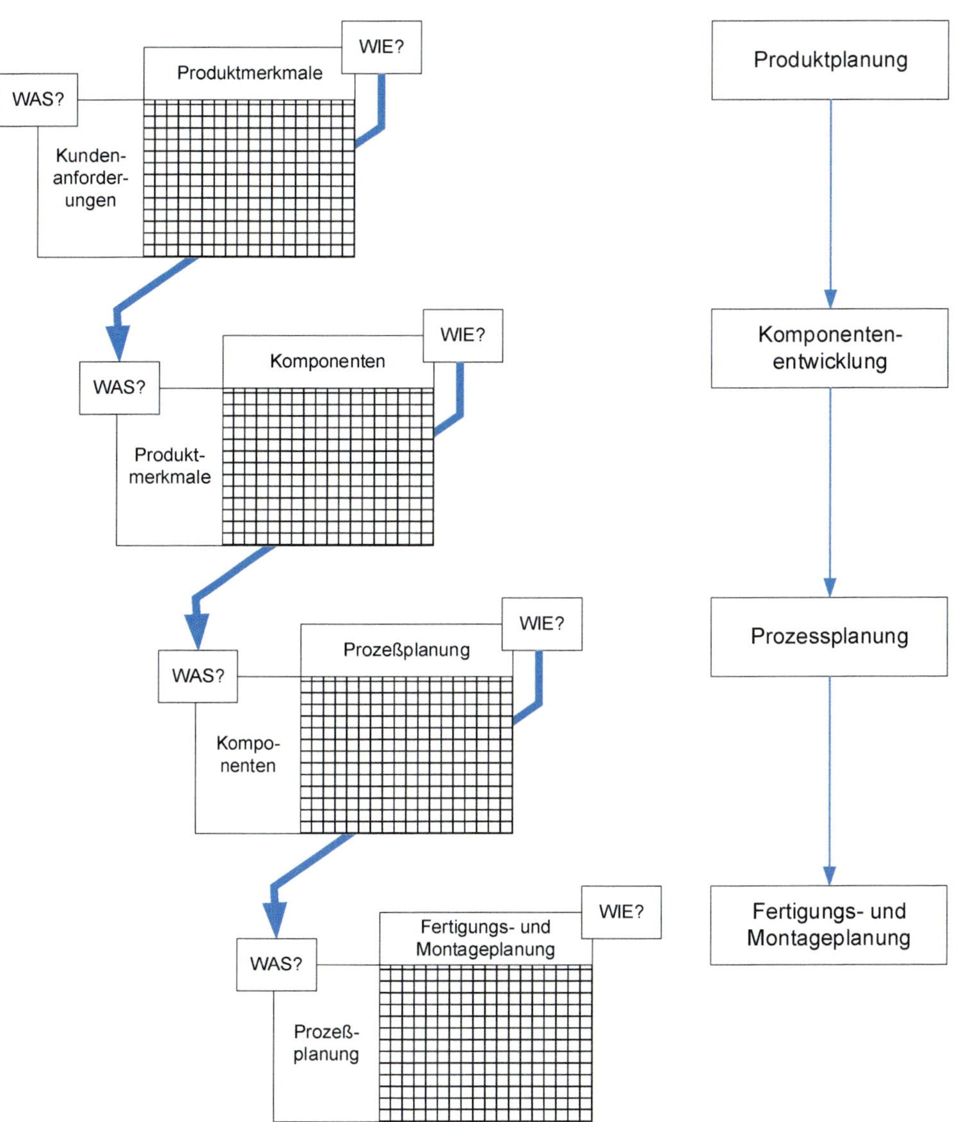

Bild 9.7: Zusammenhang zwischen den einzelnen Häusern des Quality Function Deployment von der Produktplanung bis zu den Fertigungs- und Montageprozessen

geplanung mit den Zwischenschritten Komponentenentwicklung, Prozessplanung sowie Fertigungs- und Montageplanung, **Bild 9.7**. Dazu wird das Wie des vorhergehenden House of Quality jeweils zum Was des nächstfolgenden House of Quality.

Produktplanung

In diesem ausführlich beschriebenen House of Quality werden die notwendigen Produktmerkmale zur Erfüllung der festgelegt.

Komponentenentwicklung

Die Produktmerkmale müssen in Produktkomponenten (Einzelteile, Baugruppen, Software) umgesetzt werden. Dazu wird aus dem Wie der Produktplanung das Was der Komponentenentwicklung. Es sind nun die notwendigen Komponenten festzulegen, mit denen die Produktmerkmale realisiert werden sollen. Das Haus für die Komponentenentwicklung ist jetzt entsprechend den oben beschriebenen Arbeitsschritten aufzubauen und zu vervollständigen.

Prozessplanung

In diesem Schritt erfolgt der Übergang zur Herstellung des Produktes. Das Wie aus der Komponentenentwicklung wird zum Was der Prozessplanung. Es soll über diesen Schritt sichergestellt werden, dass der Herstellprozess den Anforderungen der Komponenten tatsächlich gerecht wird, da ansonsten die Kundenanforderungen nicht im realen Produkt verwirklicht sind. Ergebnisse dieses Schritts sind unter anderem optimale Zielwerte für die Prozesse, aber auch besonders kritische Prozessschritte.

Fertigungs- und Montageplanung

Hier erfolgt die detaillierte Planung der einzelnen Fertigungs- und Montageschritte. Das Wie der Prozessplanung wird zum Was der Fertigungs- und Montageplanung. Es werden Einstellparameter für einzelne Herstellschritte, Betriebsbedingungen und Pläne zur Qualitätssicherung definiert.

Die systematische Ableitung der verschiedenen Häuser beim Quality Function Deployment kommt der ingenieurmäßigen Arbeitsweise sehr entgegen.

10 Fehlermöglichkeits- und Einflussanalyse (FMEA)

Die Fehlermöglichkeits- und Einflussanalyse (FMEA) ist eine systematische Vorgehensweise zur frühzeitigen Erkennung möglicher Fehler eines Produktes und der sich daraus ergebenden Risiken. Sie kann dazu in verschiedenen Phasen der Produktentwicklung eingesetzt werden. Außerdem wird sie zur Fehlererkennung im Produktionsprozess eines Produktes angewendet, um mögliche Produktfehler durch Produktionsfehler zu erkennen und nach Möglichkeit auszuschließen.

Durch die Anwendung der FMEA soll die Qualität eines Produktes sichergestellt werden. Qualität ist dabei nach DIN EN ISO 9000 wie folgt definiert ist:

„Die Qualität der Produkte und Dienstleistungen einer Organisation wird durch die Fähigkeit bestimmt, Kunden zufrieden zu stellen sowie durch die beabsichtigte und unabsichtliche Auswirkung auf relevante interessierte Parteien. Die Qualität von Produkten und Dienstleistungen umfasst nicht nur deren vorgesehene Funktion und Leistung, sondern auch ihren wahrgenommenen Wert und Nutzen für den Kunden.“ [DIN EN ISO 9000:2015-11]

10

Die Vorgehensweise der FMEA soll an dieser Stelle beschrieben werden, da sie eine zentrale Methode zur Qualitätssicherung von Produkten ist. Entsprechend findet sie in vielen Unternehmen unterschiedlichster Branchen Anwendung. Ausführliche Darstellungen der FMEA finden sich in der entsprechenden Spezialliteratur, beispielsweise [Kamiske, 2015], [Werdich, 2011] und [Hering und Schloske, 2019].

10.1 Historie und wichtige Ziele der FMEA

Die FMEA hat ihren Ursprung beim US-Militär und fand erstmals breite Anwendung bei Raumfahrtprojekten. Wichtige Stationen der Entwicklung sind:

- 1940er: Entwicklung grundlegender Elemente der FMEA durch das US-Militär
- 1960er: Anwendung der Methode im Rahmen des Apollo-Projektes der NASA sowie Übernahme in der Luft- und Raumfahrtindustrie
- 1970er: Einsatz bei der Entwicklung kerntechnischer Anlagen und erste Anwendungen in der Automobilindustrie
- 1980: DIN 25448 – Ausfalleffektanalyse mit dem Untertitel FMEA

- 2006: DIN EN 60812: Analysetechniken für die Funktionsfähigkeit von Systemen – Verfahren für die Fehlzustandsart- und -auswirkungsanalyse (FMEA)
- Kontinuierliche Weiterentwicklung und Anwendung in einer Vielzahl von Branchen.

Folgende wichtige Ziele können mit der Anwendung der FEMA erreicht werden:

- Mögliche Fehler in einem Produkt schon bei seiner Entwicklung erkennen und ausschließen oder aber ihre Auswirkungen minimieren
- Nachweis erbringen, dass systematisch mögliche Risiken analysiert und Maßnahmen zur Vermeidung oder zur Minimierung der Auswirkungen ergriffen wurden
- Prüfen, dass das Produkt sicher und zuverlässig seine Funktionen erfüllt
- Fehlerkosten und Änderungskosten reduzieren.

10.2 Arten der Fehlermöglichkeits- und Einflussanalyse (FMEA)

Im allgemeinen Sprachgebrauch gibt es eine Vielzahl von unterschiedlichen FMEA Bezeichnungen, wie in [Werdich, 2011] dargestellt. In den maßgeblichen Normen und Richtlinien finden sich aber in der Regel drei unterschiedliche Arten der FMEA:

- System-FMEA
- Konstruktions-FMEA
- Prozess-FMEA.

Nach [Hering und Schloske, 2019] dient die System-FMEA der Sicherstellung der Betriebssicherheit von Systemen, die Konstruktions-FMEA der Funktionssicherheit von Produkten und die Prozess-FMEA der Sicherstellung von Null-Fehlern in der Produktion. **Bild 10.1** zeigt den Zusammenhang zwischen den drei FMEA-Arten nach [Stamatis, 2003].

Durch den Begriff Konstruktions-FMEA entsteht leicht der Eindruck, es handle sich rein um eine Betrachtung der mechanischen Elemente eines Produktes. Das würde bei den meist mechatronischen Produkten Elektronik und Software außen vorlassen. Gerade diese Elemente gilt es aber im Rahmen einer FMEA unbedingt mit zu betrachten, da sie häufige Fehlerquellen sind.

In der Praxis hat sich die Unterteilung in System- und Konstruktions-FMEA aber nicht wirklich durchgesetzt. Die Unterscheidung in System- und Konstruktions-FMEA ist nicht immer so eindeutig möglich, so dass häufig nur

- Produkt-FMEA und
- Prozess-FMEA

unterschieden werden. Die Produkt-FMEA wird während der Entwicklung eines Produktes angewendet. Sie soll so früh wie möglich eingesetzt werden, um mögliche Fehler möglichst früh zu erkennen. In der frühen Phase der Entwicklung lassen sich Fehler noch einfach und mit geringen Kosten beseitigen. Zudem lassen sich so auch grundlegende Probleme eines Produktkonzeptes erkennen. Im weiteren Verlauf der Entwicklung und zunehmender Detaillierung des Produktes kann dann die FMEA zur Absicherung der ordnungsgemäßen Funktion der Funktionenträger, mechanische Baugruppen und Bauteile, elektronische Bausteine und Software, genutzt werden.

Nachfolgend wird die Produkt-FMEA beschrieben. Detaillierte Beschreibungen der anderen FMEA-Arten finden sich in der bereits genannten Spezialliteratur.

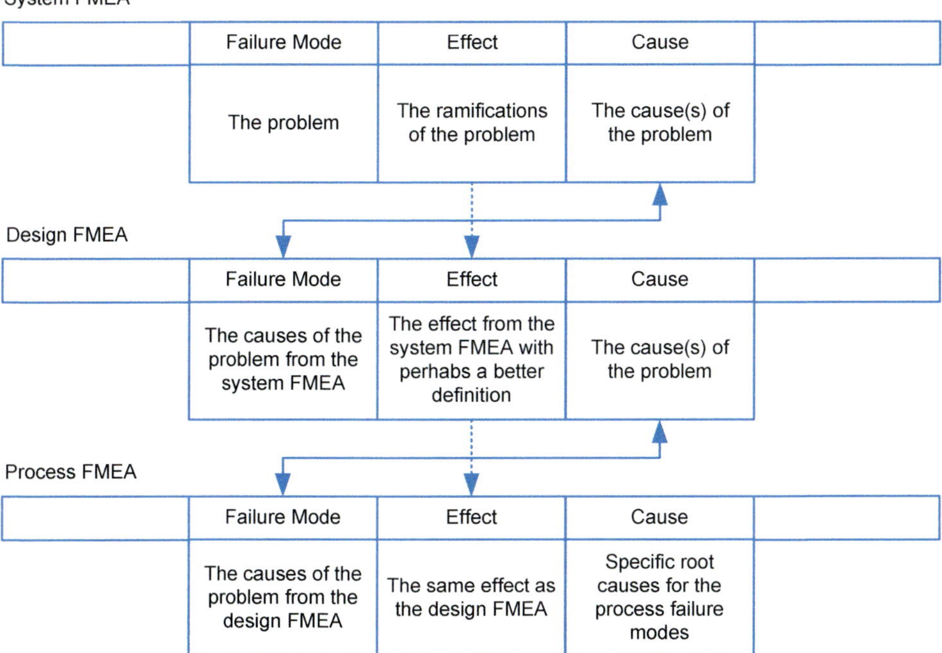

Bild 10.1: Zusammenhang zwischen System-, Konstruktions- und Prozess-FMEA nach [Stamatis, 2003]

10.3 Vorgehensweise zur Erstellung einer FMEA

Die Durchführung einer FMEA verlangt eine gründliche Vorbereitung. Dazu gehört

- eine genaue Festlegung des zu untersuchenden Gegenstandes,
- die Planung, wann im Verlaufe eines Produktentwicklungsprozesses eine FMEA durchgeführt werden soll,
- die Bereitstellung der notwendigen Ressourcen und Unterlagen sowie
- die Festlegung des Teams, welche für die Erstellung der FMEA verantwortlich ist.

Bei der Planung einer FMEA ist darauf zu achten, dass der zeitliche Aufwand zur Erstellung FMEA in einem vernünftigen Verhältnis zur Produktkomplexität, dem Risiko, das vom Produkt ausgeht und dem möglichen Schaden für das Unternehmen steht. In der Praxis findet sich hierbei leider häufig ein Missverhältnis. Bei Produkten, von denen ein hohes Risiko ausgeht, wird eine FMEA nur „pro forma" durchgeführt, für andere Produkte, von denen nur ein geringes Risiko ausgeht, werden sehr zweitaufwendige FMEA durchgeführt. Beides ist nicht zielführend und entspricht nicht dem, was mit einer FMEA eigentlich erreicht werden soll. Aufbauend auf der Vorbereitung wird die FMEA entsprechend den Schritten in **Bild 10.2** durchgeführt.

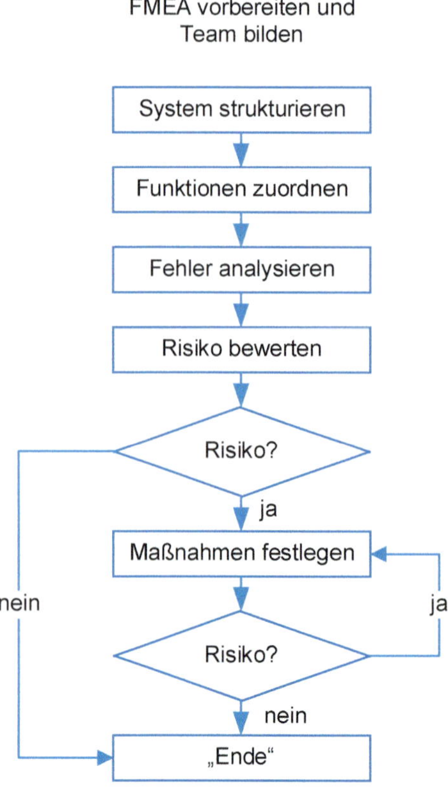

Bild 10.2: Vorgehensweise zur Erstellung einer FMEA

Strukturierung des Systems

In diesem Schritt geht es um die sinnvolle Strukturierung des Produktes zur Durchführung der FMEA. Dabei kann auf die weiter oben schon beschriebene Produktstruktur zurückgegriffen werden.

Eine FMEA kann für das gesamte Produkt oder aber nur für die als kritisch erkannten Bausteine durchgeführt werden. Bausteine können dabei Baugruppen oder Einzelteile der mechanischen und elektrisch/elektronischen Hardware aber auch Software sein (**Bild 10.3**).

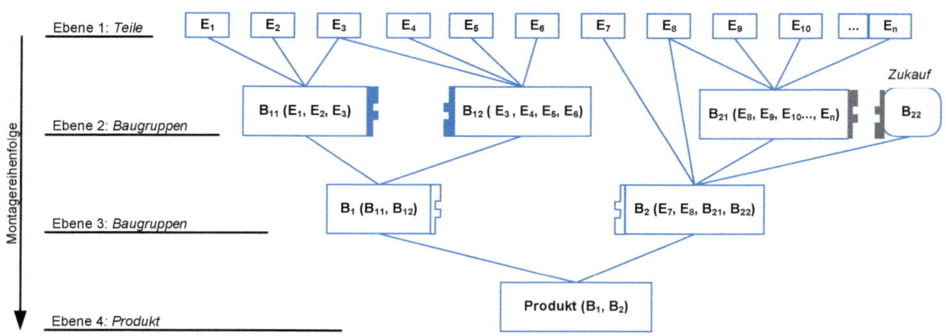

Bild 10.3: Beispiel einer einfachen Produktstruktur

Durch die Fokussierung auf die wirklich wichtigen Bausteine wird der Aufwand zur Durchführung der FMEA reduziert.

Funktionen zuordnen

10

Im nächsten Schritt werden den einzelnen Bausteinen als Funktionenträger die Funktionen zugeordnet, die sie im Produkt erfüllen. Dazu kann auf die im Rahmen der Funktionenanalyse erarbeiteten Funktionen zurückgegriffen werden. Liegt diese nicht vor, so ist für die zu betrachteten Bausteine eine Funktionenanalyse durchzuführen. Für die Funktionen gilt,

- ein Baustein kann eine Funktion erfüllen,
- ein Baustein kann mehrere Funktionen erfüllen,
- zur Erfüllung einer Funktion sind mehrere Bausteine erforderlich.

Ist die Produktstruktur erarbeitet und sind die Funktionen den Bausteinen zugeordnet, so kann mit Hilfe einer Bausteine-Funktionen-Matrix, **Bild 10.4**, die Korrelation zwischen den Funktionenträgern (Hard- und Software-Bausteine) und den Funktionen dargestellt werden. Mit Hilfe der Bausteine-Funktionen-Matrix kann herausgearbeitet werden, welche Funktionen bzw. Bausteine besonders kritisch sind, auf die sich die FMEA dann fokussiert. Als zusätzliches Merkmal kann in diese Matrix die Wichtigkeit der Funktionen mit herangezogen werden. Diese ergibt sich, wie weiter oben beschrieben, aus den Beziehungen von Anforderungen und Funktionen, Bild 6.8.

Unter Berücksichtigung der Wichtigkeit der Anforderungen ergibt sich für das einfache Beispiel in Bild 10.4, dass der Baustein C sowie die Bausteine A und E mit Priorität zu bearbeiten sind.

	Funkt. 1			Funkt. 2		Funkt. 3				Summe wichtige Funktionen	Summe Funktionen	pri. Weiterbearbeitung
	TF 1.1	TF 1.2	TF 1.3	TF 2.1	TF 2.2	TF 3.1	TF 3.2	TF 3.3	TF 3.4			
Wichtigkeit Funktionen	10	3	22	2	4	18	8	9	2			
Baustein A	x			x		x	x		x	2	5	**2**
Baustein B	x	x						x		1	3	
Baustein C	x		x	x		x				3	4	**1**
Baustein D		x			x	x				1	3	
Baustein E		x			x	x			x	1	4	**2**
Anzahl Bauteile	3	3	1	2	2	4	1	1	2			

Bild 10.4: Beispiel einer einfachen Bausteine-Funktionen-Matrix

Es kann durch dieses Vorgehen eine sinnvolle Reihenfolge für die Durchführung einer FMEA am Produkt abgeleitet werden und unwesentliche Bausteine oder Funktionen können begründet von einer Betrachtung in der FMEA ausgeschlossen werden.

Fehler analysieren

In diesem Schritt werden die möglichen Fehler des Produktes oder der betrachteten Bausteine und die daraus folgenden Fehlfunktionen analysiert. Als Fehlfunktion gelten alle Abweichungen von der geforderten Funktion. Die Abweichungen können unterschieden werden in:

- Keine Funktion
- Unzureichende Funktion (Über- oder Untererfüllung)
- Nur zeitweise Funktion
- Unbeabsichtigte Funktion.

Die Fehlfunktionen müssen so genau wie möglich beschrieben werden, denn nur so lassen sich die Fehlerursachen ermitteln. Anhand der Produktstruktur und der Funktionsstruktur lässt sich dann nachvollziehen, auf welche Funktionen und welche Komponente eines Produktes eine Fehlfunktion auch noch Auswirkungen hat.

FMEA Fehler-Möglichkeits-Einfluss-Analyse			Projekt:		Auftraggeber:				
Nr.	Baustein / Komponenten	Funktion	möglicher Fehler	potentielle Folgen des Fehlers	potentielle Fehlerursachen	derzeitiger Zustand Vermeidungs-/ Kontrollmaßnahmen	A	B	E	RPZ
	1	2	3	4	5	6	7	8	9	10
Bemerkung/Sonstiges:										

Bild 10.5: Beispiel eines Formulars zur Risikobewertung im Rahmen einer FMEA

Risiken bewerten

Ausgehend von den Bausteinen und den Funktionen des Produktes erfolgt in diesem Schritt die Bewertung der Risiken möglicher Fehlfunktionen. Dazu wird ein entsprechendes Formular verwendet, wie es beispielhaft in **Bild 10.5** dargestellt ist.

Die Risikobewertung erfolgt in folgenden Schritten:

1. Baustein auswählen
2. Beschreibung der Funktionen des Bausteins
3. Beschreibung möglicher Fehler des Bausteins
4. Beschreibung der Fehlerauswirkung/Folgen eines Fehlers auf das Produkt sowie dessen Kunden/Nutzer
   Die Fehlerauswirkungen sind so zu beschreiben, wie sie die Kunden/Nutzer empfinden. Dabei muss die Auswirkungskette vom Baustein zu den Kunden/Nutzern nachvollziehbar sein. Die Auswirkungen auf Kunden/Nutzer sind Basis für die spätere Bewertung der Bedeutung der Fehlerauswirkungen.
5. Analyse der Fehlerursachen
   Die Analyse möglicher Fehlerursachen erfolgt im interdisziplinären Team und ist die zentrale Aufgabe bei der FMEA-Erstellung. Die vollständige Auflistung aller denkbaren erfahrungsbezogenen und neuen Fehlerursachen ist entscheidend für die präventive Wirksamkeit der Methode.
6. Derzeitiger Zustand; Vermeidungs- und Kontrollmaßnahmen
   Unter Fehlervermeidung sind alle Präventivmaßnahmen, die in der Systemauslegung, Konstruktion oder Produktion ergriffen werden, um die Fehlerursache erst gar nicht auftreten zu lassen oder deren Auftreten zumindest zu erschweren, zu verstehen.

7. Auftretenswahrscheinlichkeit (A) des Fehlers beim Kunden/Nutzer
   Die Bewertung der Auftretenswahrscheinlichkeit gibt die Wahrscheinlichkeit an, mit der die Fehlerart als Folge der betrachteten Fehlerursache, ohne vorherige Entdeckung bei den Kunden/Nutzern auftreten wird. Dabei handelt es sich um einen Erwartungswert, nicht um einen Wunsch- oder Zielwert zum Zeitpunkt der Erstellung der FMEA. Eingeführte Maßnahmen zur Vermeidung der Fehler werden bei der Bewertung als wirksam vorausgesetzt.
8. Bedeutung (B) der Folgen auf das System bzw. die Kunden/Nutzer aus Kunden-/Nutzersicht
   Die Bewertung der Bedeutung spiegelt die Auswirkung des Fehlers auf das System und/oder den Kunden wider.
9. Entdeckungswahrscheinlichkeit (E) des Fehlers
   Die Bewertung der Entdeckungswahrscheinlichkeit gibt die Wahrscheinlichkeit an, mit der die Fehlerart oder Fehlerursache entdeckt wird, bevor das Erzeugnis den „Kunden“ erreicht bzw. der Fehler durch das System im Feld entdeckt und dem Benutzer angezeigt wird.
10. Berechnung der Risikoprioritätszahl

    $$\mathbf{RPZ = B \times A \times E} \qquad (10.1)$$

    Die Risikoprioritätszahl gibt eine Orientierung, ob Maßnahmen zu ergreifen sind oder nicht. Dabei ist die Eingriffsgrenze, ab welcher Maßnahmen erforderlich sind, sehr unterschiedlich, abhängig vom Produkt. Sie kann in einem Bereich von RPZ = 40 bis RPZ = 125 liegen.

Die Bewertung von Auftretenswahrscheinlichkeit A, Bedeutung B und Entdeckungswahrscheinlichkeit C erfolgt über die Vergabe von Punkten von 1 – 10. Je höher der Wert, umso höher sind Auftretenswahrscheinlichkeit, Bedeutung und Entdeckungswahrscheinlichkeit. Beispielhaft sei hier die Bewertung in **Tabelle 10.1** nach [Hering und Schloske, 2019] dargestellt. In der entsprechenden Fachliteratur finden sich detaillierte Darstellungen, die sich, je nach Quelle, etwas unterscheiden.

Ein einfaches Beispiel zur Berechnung der Risikoprioritätszahl zeigt **Bild 10.6**. Für den Baustein Abroller einer Verpackungsmaschine ist ein Ausschnitt aus der durchgeführten FMEA mit Berechnung der Riskoprioritätszahl dargestellt.

Neben der Berechnung der Risikoprioritätszahl (RPZ) sind aber auch insbesondere die Einzelfaktoren Bedeutung B und Auftretenswahrscheinlichkeit A wichtige Kenngrößen der Risikobeurteilung.

Tabelle 10.1: Bewertungstabelle der Konstruktions-FMEA (in Anlehnung an [Hering und Schloske, 2019], Teil 1

Bedeutung	B	Auftretenswahrscheinlichkeit	A	Entdeckungswahrscheinlichkeit	C
Sicherheit – Auswirkungen auf die sichere Nutzung des Produktes. **Gesundheit** – Die Gesundheit des Nutzers oder anderer Personen könnte gefährdet sein	10	**Auftreten** während der Lebensdauer **kann** zu diesem Zeitpunkt **nicht bestimmt werden. Keine Vermeidungsmaßnahmen** vorhanden. Zu erwartendes **Auftreten** über Lebensdauer der Komponente **extrem hoch**.	10	Absolut unsicher – Kein Test oder kein Testverfahren	10
Gesetze – Nichteinhaltung von gesetzlichen und behördlichen Vorgaben	9	**Sehr hohes Auftreten** während der Lebensdauer der Komponente	9	**Sehr unsicher** – Testverfahren nicht ausgelegt, um spezifische Fehlerursache zu erkennen.	9
Verlust einer **Hauptfunktion** über die vorgegebene Lebensdauer	8	**Hohes Auftreten** während der Lebensdauer der Komponente	8	Fähigkeit, um Fehlerursachen zu entdecken ist **unsicher**, basiert auf den Verifizierungs- oder Validierungsverfahren, Testumfang, Einsatzbedingungen	8
Herabsetzung einer **Hauptfunktion** während der vorgesehenen Lebensdauer	7	**Moderat hohes Auftreten** während der Lebensdauer der Komponente	7	Fähigkeit, um Fehlerursachen zu entdecken, ist **sehr gering**, basiert auf den Verifizierungs- oder Validierungsverfahren, Testumfang, Einsatzbedingungen	7
Verlust einer **Komfortfunktion** während der vorgesehenen Lebensdauer	6	**Moderates Auftreten** während der Lebensdauer	6	Fähigkeit, Fehlerursachen zu entdecken, ist **gering**, basiert auf den Verifizierungs- oder Validierungsverfahren, Testumfang, Einsatzbedingungen	6
Herabsetzung einer **Komfortfunktion** während der Lebensdauer	5	**Moderat geringes Auftreten** während der Lebensdauer der Komponente	5	Fähigkeit, Fehlerursachen zu entdecken, ist **mäßig**, basiert auf den Verifizierungs- oder Validierungsverfahren, Testumfang, Einsatzbedingungen	5

Tabelle 10.1: Bewertungstabelle der Konstruktions-FMEA (in Anlehnung an [Hering und Schloske, 2019], Teil 2

Bedeutung	B	Auftretenswahrscheinlichkeit	A	Entdeckungs-wahrscheinlichkeit	C
Wahrnehmbare Qualität von Optik, Akustik oder Haptik durch die **meisten Kunden**	4	**Geringes Auftreten** während der Lebensdauer der Komponente	4	Fähigkeit, um Fehlerursache zu entdecken, ist **mäßig hoch**, basiert auf den Verifizierungs- oder Validierungserfahren, Testumfang, Einsatzbedingungen	4
Wahrnehmbare Qualität von Optik, Akustik oder Haptik durch **viele Kunden**	3	**Geringes Auftreten** während der Lebensdauer der Komponente	3	Fähigkeit, um Fehlerursache zu entdecken, ist **hoch**, basiert auf den Verifizierungs- oder Validierungserfahren, Testumfang, Einsatzbedingungen	3
Wahrnehmbare Qualität von Optik, Akustik oder Haptik durch **einige Kunden**	2	**Sehr geringes Auftreten** während der Lebensdauer der Komponente	2	Fähigkeit, um Fehlerursache zu entdecken, ist **sehr hoch**, basiert auf den Verifizierungs- oder Validierungserfahren, Testumfang, Einsatzbedingungen	2
Keine wahrnehmbare Auswirkungen	1	**Auftreten** des Fehlers während der Lebensdauer **ist ausgeschlossen**	1	Fähigkeit, um Fehlerursache zu entdecken, ist **sicher**	1

FMEA **Fehler-Möglichkeits-Einfluss-Analyse**				Projekt: **Verpackungsmaschine**		Auftraggeber: **XYZ**				
Nr.	**Baustein / Komponente**	**Funktion**	**möglicher Fehler**	**potentielle Folgen des Fehlers**	**potentielle Fehlerursachen**	**derzeitiger Zustand Vermeidungs-/ Kontrollmaßnahmen**	**A**	**B**	**E**	**RPZ**
...										
10	Abroller	Band speichern	Bandbremse öffnet nicht	Gesamtanlage kommt zum Stehen	Endschalter defekt	Probelauf (x Umreifungen)	7	2	4	56
					Bremse defekt	Probelauf (x Umreifungen)	7	2	4	56
					Bremse falsch eingestellt	Probelauf (x Umreifungen)	8	4	4	128
			Flaschenzugführung schwergänig	Einschußprobleme/ Gesamtanlage steht	Kugelbuchsen / Führungsstange verschmutzt	Probelauf (x Umreifungen)	7	1	2	14
			Flaschenzug nimmt Rückzugband nicht auf	Band verklemmt/ Einschußprobleme/ Gesamtanlage steht	Kugelbuchsen / Führungsstange verschmutzt	Probelauf (x Umreifungen)	7	1	6	42
...										
Bemerkung/Sonstiges:										

Bild 10.6: Risikobewertung am Beispiel der Baugruppe einer Verpackungsmaschine

Bedeutung B > 8

Eine Bedeutung B > 8 weist im Allgemeinen auf ein Sicherheitsrisiko hin. In diesen Fällen muss das Auftreten wirkungsvoll verhindert oder eine 100 %ige Entdeckung des Fehlers sichergestellt werden.

Auftretenswahrscheinlichkeit A > 8

Bei einer Auftretenswahrscheinlichkeit > 8 sollte das Kosten-/Qualitätsrisiko betrachtet werden, da in diesem Fall der Fehler mit großer Wahrscheinlichkeit auftritt.

Neben der RPZ und den genannten Einzelfaktoren können verschiedene Portfoliodarstellungen, auch als Risikomatrizen bezeichnet, verwendet werden. Diese bringen in einer Darstellung jeweils zwei der drei Faktoren Auftretenswahrscheinlichkeit A, Bedeutung B und Entdeckungswahrscheinlichkeit C zusammen. Ein Beispiel zeigt **Bild 10.7**. Die Ergebnisse der Bewertung der Bausteine oder auch

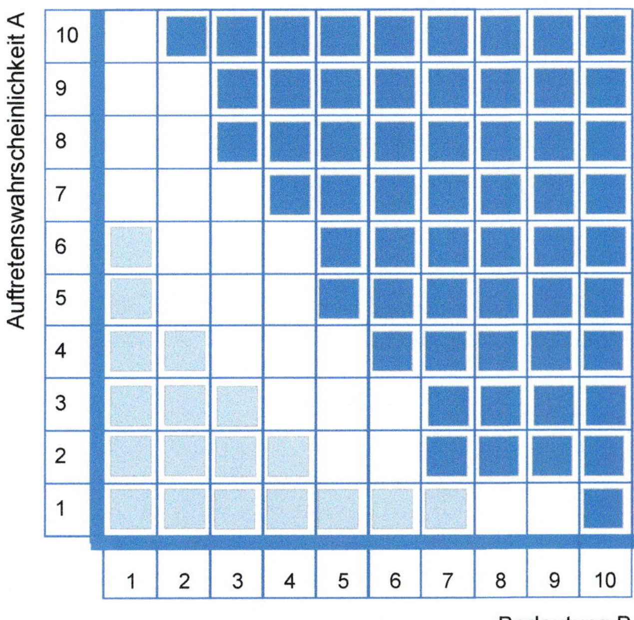

Bild 10.7: Beispiel für eine Risikomatrix in Anlehnung an [Kamiske, 2015]

Handlungsbedarf, sofortige Maßnahmen erforderlich

kein zwingender Handlungsbedarf, geeignete Maßnahmen erforderlich

kein Handlungsbedarf

des Produktes werden in der Matrix dargestellt und je nach Position in der Matrix sind entsprechend Maßnahmen zu ergreifen oder aber nicht.

Maßnahmen festlegen und Realisierung überwachen

11. Es folgt als nächster Schritt bei der Erstellung einer FMEA die Festlegung geeigneter Maßnahmen zur Risikominimierung. Für die Festlegung der Maßnahmen sollten folgende Prioritäten gelten:
    Prio. 1: Maßnahmen, die das Auftreten des Fehlers verhindern (Bekämpfung der Ursache)
    Prio. 2: Maßnahmen zur Abmilderung der Fehlerfolge
    Prio. 3: Maßnahmen zur Verbesserung der Entdeckungswahrscheinlichkeit.
12. Auf Basis der definierten Maßnahmen wird die Risikoprioritätszahl RPZ neu berechnet. Die Maßnahmen werden in das Formular, Bild 10.6, eingetragen.
13. Zur Umsetzung wird für jede Maßnahme eine verantwortliche Person benannt und ein Datum festgelegt, bis zu dem die Maßnahme umgesetzt sein muss.
14. Zu dem festgelegten Zeitpunkt wird dann überprüft, ob die Maßnahme wie geplant umgesetzt wurde und ob mit der Maßnahme die gewünschte Wirkung erreicht wurde.
15. In dieser Spalte des Formulars wird festgehalten, ob mit der Maßnahme die gewünschte Wirkung erreicht wurde. Wurde die gewünschte Wirkung nicht erreicht, ist eine neue Maßnahme festzulegen und umzusetzen, bis die gewünschte Wirkung gegeben ist (**Bild 10.8**).

10.4 FMEA und agile Vorgehensweisen

Klassisch ist die FMEA eine Methode, die bei komplexen Produkten angewendet wird, die in einem detailliert beschriebenen Prozess entwickelt werden. Die Rahmenbedingungen der Produktentwicklung haben sich aber deutlich verändert, was dazu führt, dass Produkte immer häufiger unter Anwendung agiler Vorgehensweisen entwickelt werden. Ein Merkmal agiler Vorgehensweise ist es, den Kunden möglichst früh Teile des Produktes oder das ganze Produkt in Form von frühen Prototypen zur Verfügung zu stellen und dann in Iterationen mit den Kunden immer weiter zu verbessern. So sollen Produkte entstehen, die tatsächlich auch die Kundenbedürfnisse treffen. Insbesondere bei der Softwareentwicklung haben sich agile Vorgehensweisen schon etabliert und die meisten technischen Produkte enthalten heute einen großen Anteil an Software zur Realisierung der Funktionen. Intensiv wird aber auch daran gearbeitet, agile Vorgehensweise auf die Entwicklung der Hardware von Produkten zu übertragen.

Verantwortlich:		Erstellungsdatum:	Anmerkungen:	
empfohlene Maßnahme	Verantw.	Termin	Maßnahme durch- geführt am:	Bemerkung / andere Maßnahme
11	12		13	14
			Maßnahmen geprüft:	

Bild 10.8: Fortsetzung des Formulars (Bild 10.5) zur Risikobewertung mit Beschreibung von Maßnahmen zur Risikominimierung und zur Verfolgung der Umsetzung

Es ist auch bei agilen Vorgehensweisen unbedingt notwendig, sicherzustellen, dass kein Produkt oder auch Teile eines Produktes an Kunden ausgeliefert werden, die ein Sicherheitsrisiko darstellen. Fehlfunktionen sind also unbedingt zu vermeiden. Es empfiehlt sich folgende Vorgehensweise, wenn Produkte agil unter Anwendung von Sprints entwickelt werden:

- Ermittlung der im Sprint zu entwickelnden Funktionen
- Beschreibung möglicher Fehlfunktionen der Funktionen
- Beschreibung der Auswirkungen der Fehlfunktionen
- Überprüfung, welches Risiko besteht und ob durch dieses Risiko die Sicherheit der Kunden gefährdet ist, oder ein wirtschaftliches Risiko für das Unternehmen besteht
- Wenn ein Risiko besteht, Ermittlung der zu den Funktionen gehörenden Funktionenträger (Hard- und Software-Bausteine zur Realisierung der Funktionen). Als Hilfsmittel kann dazu die Bauteile-Funktionen-Matrix, Bild 10.4, genutzt werden
- Festlegung von Maßnahmen zur Risikominimierung
- Übernahme der Maßnahmen in den Sprint Backlog
- Bearbeitung der Maßnahmen und Überprüfung der Wirksamkeit der Maßnahmen
- Sind die Maßnahmen nicht ausreichend, so sind neue Maßnahmen festzulegen und wiederum in den Sprint Backlog zu übernehmen.

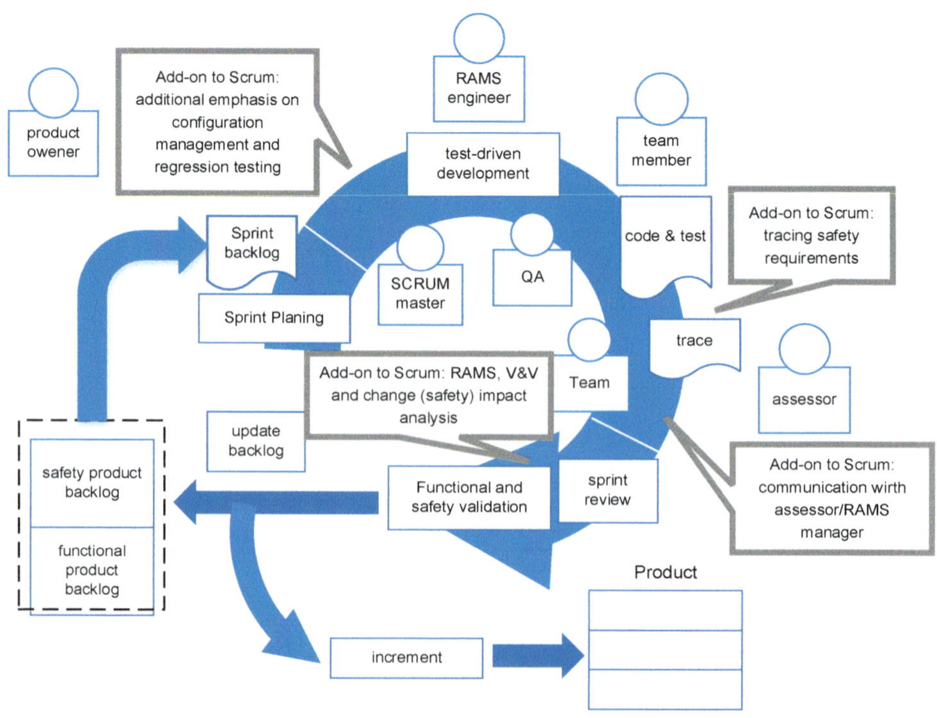

Bild 10.9: Safe Scrum-Modell in Anlehnung an [Myklebust et al., 2018]

Die FMEA muss also an die Bedingungen des agilen Vorgehens angepasst und Bestandteil des agilen Vorgehens bei der Entwicklung sicherheitsrelevanter Funktionen werden. Sie darf aber keinesfalls zum Hemmschuh für das agile Vorgehen werden.

In [Myklebust et al., 2018] wird ein Safe Scrum-Modell (**Bild 10.9**) vorgestellt. Safe Scrum erweitert das grundlegende Scrum-Modell, um den Prozess für die Entwicklung und Sicherheitszertifizierung sicherheitskritischer Software anwendbar zu machen. Dieses kann als Basis genommen werden, wenn es darum geht, in einem Sprint Funktionen zu entwickeln, die Auswirkungen auf die Sicherheit der Kunden haben.

10.5 Design Review Based on Failure Mode (DRBFM)

Hierbei handelt es sich um eine Variante der FMEA, die speziell für Änderungen und die Weiterentwicklung bestehender Produkte 1997 von Toyota entwickelt wurde. Anstoß für die Entwicklung dieser Methode war die Erkenntnis, dass Änderungen die häufigste Quelle von Produktfehlern sind.

DRBFM ist gerade auch im Zusammenhang mit neuen Vorgehensweisen bei der Produktentwicklung interessant, da sie parallel zur Entwicklung einer Produktvariante oder einer Änderung erstellt wird (**Bild 10.10**). Somit ist sie auch für die Entwicklung von Produktinkrementen im Rahmen agiler Vorgehensweisen nutzbar. Die Anwendung des DRBFM erfolgt in nachfolgend kurz beschriebenen Arbeitsschritten:

geplante Änderungen am Produkt?	Änderungen werden dabei entweder auf Ebene der Bausteine (Hard- und/oder Software) oder auf Ebene des Produktes durchgeführt. Geplante Änderungen der Funktionen führen zwangsläufig zu Änderungen an den Bausteinen.

betroffene Bausteine?	Hierzu kann die Bausteine-Funktionen-Matrix, Bild 10.4, genutzt werden, um zu sehen, welche Bausteine von den Änderungen betroffen sind (Analyse der Wirkungskette).

Risiken für Kunden und das Unternehmen?	Die Analyse der Risiken ist sehr sorgfältig vorzunehmen. Dazu kann die 5-W-Methode (fünf „Warum"-Fragen) genutzt werden, zur genauen Ursache-Wirkungsbestimmung. So soll sichergestellt werden, dass die potenziellen Probleme genau erkannt und auch exakt beschrieben werden.

Maßnahmen zur Risikominimierung	Festlegung geeigneter Maßnahmen zur Risikominimierung im interdisziplinären Team. Geplante Änderungen und Maßnahmen zur Risikominimierung sind aufeinander abzustimmen.

Umsetzung der Maßnahmen	Die festgelegten Maßnahmen zur Risikominimierung werden gleichzeitig mit den geplanten Änderungen am Produkt / am Baustein umgesetzt. Wird festgestellt, dass die geplanten Maßnahmen nicht ausreichen, so sind neue Maßnahmen festzulegen und umzusetzen, um die geforderte Risikominimierung zu erreichen (iteratives Vorgehen).

Gegenüber einer FMEA wird beim DRBFM keine numerische Bewertung von Risiken vorgenommen. Der Optimierungsbedarf wird alleine durch das interdisziplinäre DRBFM-Team bestimmt. Im Vergleich zu einer FMEA ist der Aufwand deutlich geringer, da auch kein Moderator gebraucht wird.

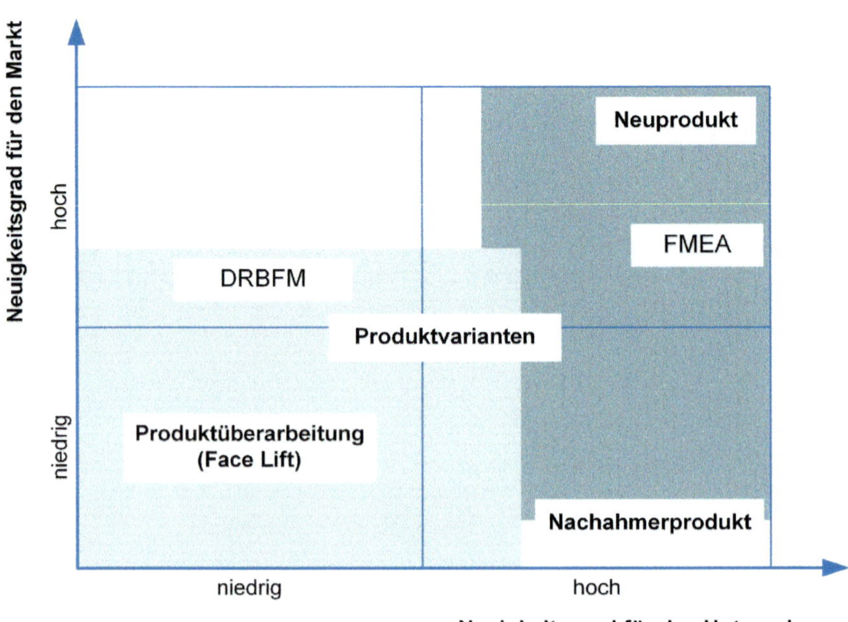

Bild 10.10: Anwendungsbereiche von DRBFM und FMEA

Bei Toyota ist DRBFM eine Methode im Rahmen des Lean Development. Einer der Grundgedanken des Lean Development ist die Nutzung erprobter Bausteine bei der Fahrzeugentwicklung und eine Reduzierung des Grades an nicht erprobten Bausteinen im Rahmen eines Fahrzeugentwicklungsprojektes. So kann das Risiko in Entwicklungsprojekten reduziert und die Produktqualität verbessert werden; DRBFM unterstützt dieses Vorgehen. Allerdings darf die Anwendung erprobter Bausteine nicht mit der Nutzung nur immer wieder gleicher Bausteine verwechselt werden.

11 Wirtschaftliche Bewertung von Produktentwicklungsprojekten

11.1 Kosten im Zusammenhang mit der Entwicklung von Produkten

Die im Zusammenhang mit der Produktentwicklung in einem Unternehmen anfallenden Kosten fallen nicht nur für die eigentliche Entwicklungsarbeit an. Verbunden mit der Produktentwicklung sind auch Kosten, die in anderen Bereichen eines Unternehmens entstehen, bis ein Produkt schließlich in den Markt eingeführt werden kann. Beispiele für Kosten, die bis zur Einführung eines Produktes im Markt in unterschiedlichen Bereichen anfallen können, sind:

Entwicklung

- Personalkosten
- Hilfsmittel (CAD, Simulationswerkzeuge, ...)
- Modell- und Prototypenbau (Designmodelle, Funktionsmodelle, ...)
- Prototyperprobung
- Akzeptanztests
- Dokumentation.

Produktion

- Gebäude, Maschinen, Werkzeuge
- Mitarbeitereinstellung und/oder Mitarbeiterschulung
- Beschaffungslogistik und Intralogistk
- Bereitstellung der neuen Produkte für den Vertrieb
- Einrichtung der Vertriebslogistik
- Serienanlaufkosten
- Qualitätskosten.

Vertrieb und Marketing

- Anzeigen, Internetauftritt, Prospekte, Messepräsentationen
- Anpassung/Aufbau der Vertriebsorganisation
- Mitarbeiterschulung.

Service und Kundendienst

- Schulung der Mitarbeiter
- Organisation der Service- und Kundendienstprozesse
- Aufbau der Ersatzteilversorgung.

Im Rahmen der Wirtschaftlichkeitsrechnung wird überprüft, inwieweit das neu zu entwickelnde Produkt in der Lage ist, die anfallenden Kosten wieder zu erwirtschaften. Die Wirtschaftlichkeitsrechnung liefert damit ein wichtiges Kriterium, um zu entscheiden, ob ein Produkt entwickelt werden soll oder aber nicht.

Nachfolgend werden zuerst wichtige Begriffe, die in Zusammenhang mit der Wirtschaftlichkeitsrechnung stehen, erläutert und anschließend gebräuchliche Verfahren der Wirtschaftlichkeitsrechnung vorgestellt.

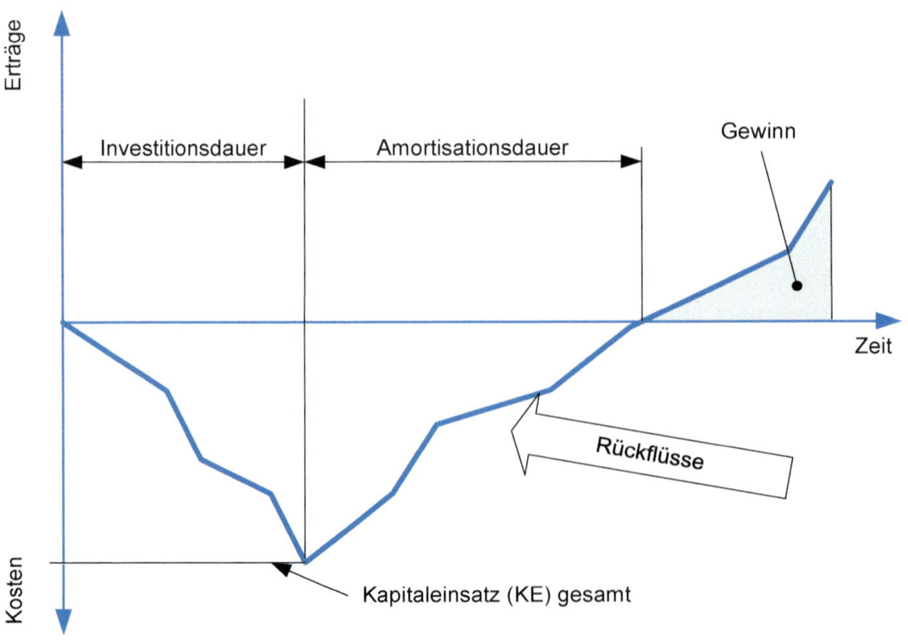

Bild 11.1: Erläuterung der Begriffe Investitionsdauer, Amortisationsdauer, Kapitaleinsatz, Gewinn

11.2 Investition, Amortisation und Wirtschaftlichkeit

Die in Zusammenhang mit der Produktentwicklung stehenden Kosten sind aus Sicht eines Unternehmens als Investition zu betrachten. Allgemein versteht man nach [Schlink, 2017] unter einer Investition die Verwendung finanzieller Mittel (Geld, Kapital) für die Beschaffung von Vermögensgegenständen.

Wichtige Merkmale einer Investition sind demnach

- die langfristige Bindung des Geldes,
- der hohe Geldbedarf und,
- dass Investitionen mit der Absicht verbunden sind, dass die heutige Verwendung des Geldes in Zukunft einen höheren Geldrückfluss einbringen soll.

Investitionen können nach ihrer Art unter anderem unterschieden werden in Realinvestitionen (Produktionsinvestitionen) und immaterielle Investitionen.

Bei der Produktentwicklung erfolgt die Investition verteilt über einen Zeitraum – Investitionsdauer, **Bild 11.1** – bis zum vollständigen Abschluss des Entwicklungsprojektes. Der Zeitpunkt des Abschlusses des Entwicklungsprojektes kann gleich sein mit dem Zeitpunkt der Einführung des Produktes im Markt, aber auch davon abweichen. Innerhalb dieses Zeitraums steigen die Kosten des Entwicklungsprojektes kontinuierlich an. Die Gesamtinvestition entspricht dem Kapitaleinsatz KE. Der Verlauf des Kapitaleinsatzes und die Höhe des gesamten Kapitaleinsatzes für ein Entwicklungsprojekt sind im Rahmen der Projektplanung mit Hilfe des Kostenplans abzuschätzen. Für ein Produktentwicklungsprojekt ist ein Kostenplan unbedingt erforderlich, da er ein wichtiges Instrument des Projektcontrollings darstellt. Bei größeren Projekten dient er zudem als Basis zur rechtzeitigen Kapitalbereitstellung für das Projekt. Im Verlauf des Entwicklungsprojektes ist es die Aufgabe der Projektleitung, regelmäßig die aktuellen Projektkosten zu ermitteln, darzustellen und mit dem Kostenplan abzugleichen. Ziel des Projektmanagements ist es, den aktuellen und den geplanten Kapitaleinsatz möglichst gut zur Deckung zu bringen.

Nach der Markteinführung des Produktes soll die Investition Gewinn erwirtschaften, um so schnell wie möglich die entstandenen Kosten wieder zu amortisieren und darüber hinaus einen Überschuss zu erzielen. Amortisation bezeichnet nach [Warnecke, 2003] die Wiedergewinnung der in den Investitionsobjekten gebundenen Werte. Mit dem durch das neue Produkt erzielten Einnahmeüberschuss soll das investierte Kapital wiedergewonnen und eine Verzinsung erreicht werden. Der Zeitraum bis zur Wiedergewinnung des eingesetzten Kapitals wird als Amortisationsdauer bezeichnet.

Der Verlauf der Einnahmeüberschüsse, auch als Rückflüsse bezeichnet, lässt sich wiederum als Kurvenverlauf darstellen. Schneidet der Kurvenverlauf der Rückflüsse die Nulllinie, so ist ab diesem Zeitpunkt die Investition amortisiert; das Unternehmen erwirtschaftet im Weiteren einen Überschuss mit dem entwickelten Produkt. Ob dieses möglich ist und wie lange es dauert, die Investition zu amortisieren, sollte schon frühzeitig im Produktentwicklungsprozess abgeschätzt werden. Dazu dienen die Verfahren der Wirtschaftlichkeitsrechnung.

Was wird nun unter der Wirtschaftlichkeit verstanden? Es wird nach [Warnecke, 2003] zwischen der absoluten und der relativen Wirtschaftlichkeit unterschieden.

Von absoluter Wirtschaftlichkeit wird gesprochen, wenn folgende Ungleichung erfüllt ist:

$$\frac{Ertrag}{Aufwand} > 1 \; oder \; \frac{Leistung\ (Umsatzerlöse)}{Kosten} > 1$$

Bei der relativen Wirtschaftlichkeit werden zwei oder mehr Entwicklungsvorhaben miteinander verglichen. Sind bei zwei Vorhaben die Erlöse gleich, so gilt Vorhaben A als wirtschaftlicher, wenn gilt:

$$\frac{Kosten\ A}{Kosten\ B} < 1$$

Bei gleichen Kosten für beide Vorhaben gilt entsprechend:

$$\frac{Ertrag\ A}{Ertrag\ B} > 1$$

Aus strategischen Gründen kann es für ein Unternehmen durchaus aber sinnvoll sein, einzelne Produkte zu entwickeln, die ihre Kosten nicht wieder erwirtschaften. Gründe dafür können sein:

- Realisierung eines Produktes als Technologieträger
- Türöffnerprodukt, um sich so neue Kunden für andere, bereits vorhandene Produkte zu erschließen.
- Abrundung des Produktprogramms, um als Komplettanbieter in einem Markt auftreten zu können.

Jede Investition ist mit einem Risiko verbunden. Für die Produktentwicklung gilt, dass das Risiko steigt, wenn der Neuigkeitsgrad des Produktes und die Entwicklungsdauer steigen. Risikofaktoren im Zusammenhang mit der Produktentwicklung sind beispielsweise:

- Kundenbedürfnisse, die sich während der Entwicklungszeit ändern. Das Produkt trifft dann bei der Markteinführung die Kundenbedürfnisse nicht mehr.
- Wettbewerber, die kurz vor der Markteinführung des eigenen Produktes ein ähnliches vielleicht sogar besseres Produkt in den Markt bringen.
- Technologien, die nicht wie geplant eingesetzt werden können, da sie noch nicht serienreif sind.
- Fertigungstechnologien für die Serienfertigung, die noch nicht zur Verfügung stehen.

Risiken können mit der Wirtschaftlichkeitsrechnung nicht beseitigt werden. Sie werden aber bei der Wirtschaftlichkeitsrechnung mittels Risikozuschlägen berücksichtigt. Zur Risikobewertung gibt es spezielle Verfahren, so beispielsweise das in [Engeln und Caspers, 2003] vorgestellte Verfahren für den Sondermaschinen- und Anlagenbau.

Die Wirtschaftlichkeitsrechnung beeinflusst zudem den Entwicklungsprozess. So kann sie helfen, den Prozess zu fokussieren, damit in angemessener Zeit ein marktfähiges Produkt entsteht.

11.3 Verfahren der Wirtschaftlichkeitsrechnung

Grundsätzlich werden zwei Klassen von Verfahren zur Wirtschaftlichkeitsrechnung unterschieden, die statischen Verfahren und die dynamischen Verfahren.

Statische Verfahren der Wirtschaftlichkeitsrechnung

Als statische Verfahren werden diejenigen Rechenmethoden bezeichnet, bei denen zeitliche Unterschiede beim Anfall der Kosten und Erträge – wie auch des Kapitaleinsatzes – nicht berücksichtigt werden [Warnecke, 2003].

Die wichtigsten Verfahren der statischen Wirtschaftlichkeitsrechnung sind:

- Kostenvergleichsrechnung
- Gewinnvergleichsrechnung
- Rentabilitätsrechnung
- Amortisationsrechnung.

Dynamische Verfahren der Wirtschaftlichkeitsrechnung

Bei dynamischen Verfahren werden durch Diskontierung die zeitlichen Unterschiede im Anfall von Kosten und Erträgen wertmäßig berücksichtigt [Warnecke, 2003].

Die Verfahren bewerten Erträge, die in den ersten Jahren nach der Investition anfallen, höher im Vergleich zu den Erträgen, die später anfallen. Danach muss es bei einem Produkt das Ziel sein, möglichst schnell nach seiner Markteinführung hohe Erträge zu erwirtschaften.

Wichtige Verfahren der dynamischen Wirtschaftlichkeitsrechnung sind:

- Kapitalwertmethode
- Annuitätenmethode
- Interne Zinsfußmethode
- Baldwin-Methode (Variante der Internen Zinsfußmethode)
- Dynamische Amortisationsrechnung
- MAPI-Methode.

Nachfolgend werden die am häufigsten angewendeten Methoden kurz beschrieben. Für die weiteren Methoden sei auf die entsprechende Fachliteratur hingewiesen, beispielsweise [Schlink, 2017], [Warnecke, 2003] oder auch [Hering, 2014].

11.3.1 Amortisationsrechnung

Ziel der Amortisationsrechnung ist es, den Zeitraum zu ermitteln, in dem das für eine Investition eingesetzte Kapital über die Erträge wiedergewonnen wird. Für die Investition muss gelten:

Amortisationsdauer < Nutzungsdauer

Für ein Produkt bedeutet dieses, dass seine Lebensdauer länger sein muss als die Amortisationsdauer. Je kürzer die Amortisationsdauer, umso geringer ist für ein Unternehmen das Risiko, das eingesetzte Kapital zu verlieren und umso früher erwirtschaftet die Investition in das neue Produkt Gewinn für das Unternehmen.

Die Berechnung der Amortisationszeit erfolgt anhand folgender einfacher Gleichung (11.1):

$$Amortisationsdauer\ [Jahre] = \frac{Kapitaleinsatz\ KE\ [€]}{\emptyset\ jährlicher\ Rückfluss\ [€/Jahr]} \tag{11.1}$$

Sind die Rückflüsse in anderen Zeiträumen gegeben, beispielsweise in Monaten, so kann auch die Amortisationsdauer in Monaten bestimmt werden. Unterschiedliche Produktkonzepte können durch den Vergleich der jeweiligen Amortisationsdauer bewertet werden.

Der Rückfluss berechnet sich nach [Warnecke, 2003] wie folgt:

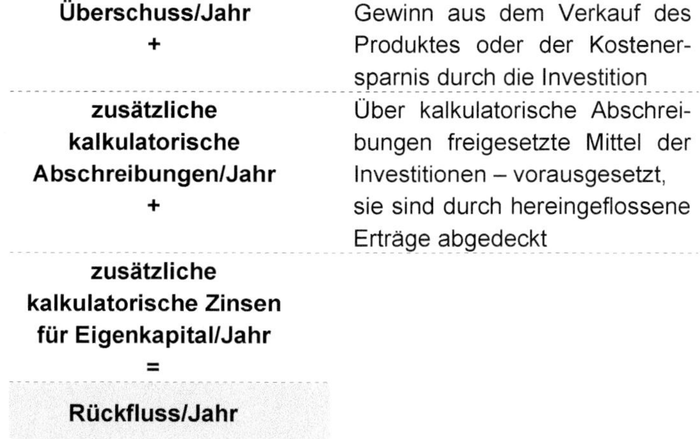

Überschuss/Jahr **+**	Gewinn aus dem Verkauf des Produktes oder der Kostenersparnis durch die Investition
zusätzliche kalkulatorische Abschreibungen/Jahr **+**	Über kalkulatorische Abschreibungen freigesetzte Mittel der Investitionen – vorausgesetzt, sie sind durch hereingeflossene Erträge abgedeckt
zusätzliche kalkulatorische Zinsen für Eigenkapital/Jahr **=**	
Rückfluss/Jahr	

Bei der Anwendung der Wirtschaftlichkeitsrechnung während der Produktentwicklung sind die Rückflüsse grundsätzlich nur Erwartungswerte, da die wirklichen Zahlen erst vorliegen, wenn das Produkt im Markt verkauft wird. Die Erwartungswerte müssen zur Anwendung der Wirtschaftlichkeitsrechnung im Rahmen der Produktentwicklung geschätzt werden. Dieses verlangt von den beteiligten Teammitgliedern entsprechende Erfahrungen, da ansonsten die Wirtschaftlichkeitsrechnung ein falsches Bild liefert.

Neben der Berechnung der Amortisationsdauer mit Hilfe der durchschnittlichen Rückflüsse gibt es einen weiteren Ansatz: die Kumulationsrechnung. Dabei werden die Rückflüsse der einzelnen Jahre so lange aufaddiert, bis sie den Kapitaleinsatz für die Investition ergeben, siehe Gleichung (11.2):

$$0 = KE - \sum_{1=1}^{n} r_i \qquad (11.2)$$

KE Kapitaleinsatz [€]

r_i Rückfluss im Jahr i nach dem Nutzungsbeginn der Investition [€]

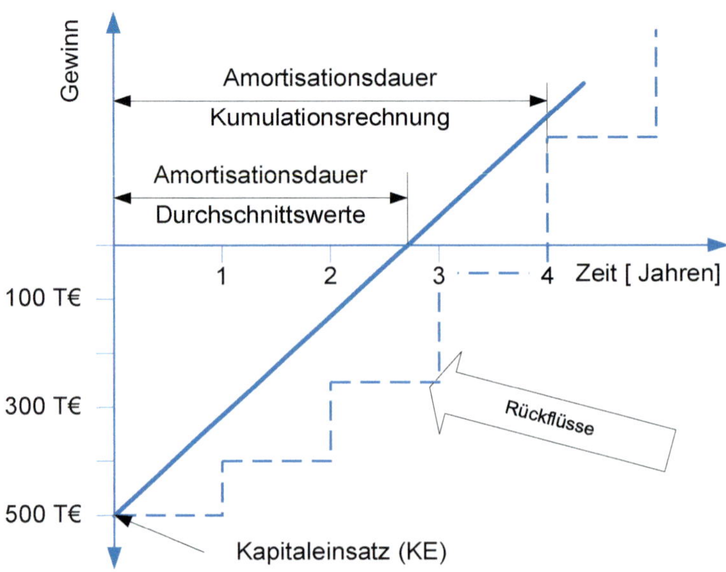

Investition [T€]	Rückfluss innerhalb von 5 Jahren [T€] (statisch)				
	r_1	r_2	r_3	r_4	r_5
500	100	150	200	250	200

Bild 11.2: Beispiel der Berechnung der Amortisationsdauer bei statischer Berechnung

Die Amortisationsdauer entspricht der Anzahl n der benötigten Jahre. Grafisch ist der Zusammenhang in **Bild 11.2** an einem einfachen Beispiel dargestellt. Bei der Berechnung der Amortisationsdauer mittels der durchschnittlichen Rückflüsse ergibt sich ein Unterschied im Ergebnis, ob hohe Rückflüsse am Anfang der Amortisationszeit anfallen oder erst später. Bei der kumulativen Berechnung zeigt sich dieses schon im Ergebnis. Hohe Rückflüsse am Anfang führen zu einer kürzeren Amortisationszeit.

Wie in der Übersicht dargestellt, wird bei den Verfahren der Wirtschaftlichkeitsrechnung zwischen statischen und dynamischen Verfahren unterschieden. Diesen Unterschied gibt es auch bei der Amortisationsrechnung. Bei der dynamischen Amortisationsrechnung sind die Rückflüsse mit dem Kalkulationszinssatz zu diskontieren (abzuzinsen).

Der Kalkulationszinssatz ist im Prinzip eine Forderung des Investors an die Investition, die sich nach seiner Auffassung mindestens mit diesem Zinssatz verzinsen soll [Schlink, 2017].

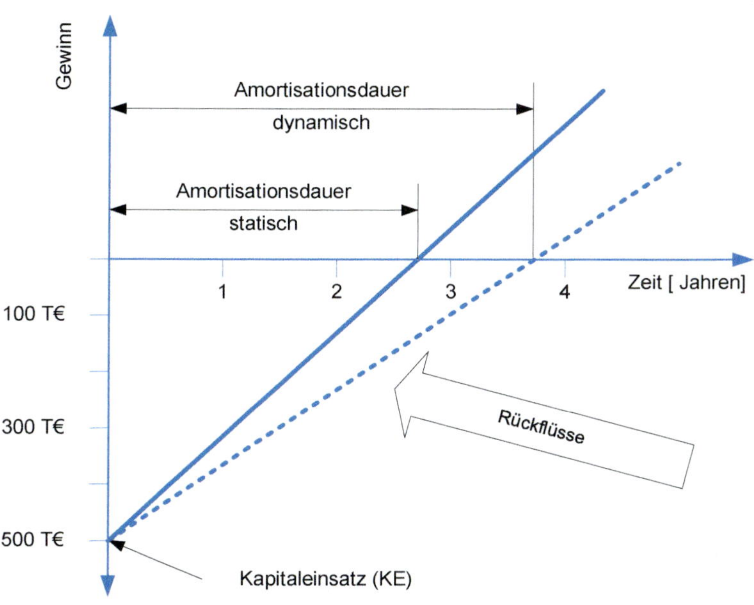

Investition [T€]	Rückfluss innerhalb von 5 Jahren [T€]					
	r_1	r_2	r_3	r_4	r_5	
500	100	150	200	250	200	statisch
	91	124	150	171	124	dynamisch*
*...Diskontiert mit einem Kalkulationszinssatz von 10 %						

Bild 11.3: Vergleich der Amortisationsdauer bei statischer und dynamischer Berechnung

Der Kalkulationszinssatz kann neben reinen (Re-)Finanzierungsaufwenden auch Risikoelemente beinhalten. Durch die Diskontierung wird der Wert des Rückflusses auf den Zeitpunkt des Nutzungsbeginns der Investition bezogen.

$$r_i = r_i * (1 + p)^{-i} \qquad (11.3)$$

r_{i0} [€] diskontierter Rückfluss im Jahr i nach dem Nutzungsbeginn

p [%] Kalkulationszinssatz zur Diskontierung der Rückflüsse

r_i [€] Rückfluss im Jahr i nach dem Nutzungsbeginn der Investition

Bei der dynamischen Berechnung ergibt sich durch die Abzinsung der Rückflüsse eine längere Amortisationsdauer, wie **Bild 11.3** zeigt. Zudem zeigt die dynamische

Berechnung ganz deutlich, dass es wichtig ist, möglichst früh hohe Rückflüsse zu erwirtschaften. Je später Rückflüsse erwirtschaftet werden, umso stärker werden diese diskontiert und verlieren damit an Wert für die Amortisation.

Ähnlich wie bei der statischen Amortisationsrechnung kann man auch bei der dynamischen Amortisationsrechnung das Kumulationsverfahren verwenden. Hier sind entsprechend die diskontierten Rückflüsse einzusetzen.

Der Kapitaleinsatz erfolgt im Rahmen der Produktentwicklung über der Zeit bis zum Abschluss der Entwicklungsarbeit. Die Kapitalaufwendungen sind auf den Betrachtungszeitraum zu beziehen, d. h. diese sind in der Regel entsprechend zu verzinsen.

11.3.2 Kapitalwertmethode

Bei der Kapitalwertmethode wird die Wirtschaftlichkeit einer Investition anhand des Kapitalwertes beurteilt. Dieser berechnet sich nach folgender Formel (11.4):

$$C_0 = -KE + \frac{r_1}{(1+p)} + \frac{r_2}{(1+p)^2} + \cdots + \frac{r_n}{(1+p)^n} \tag{11.4}$$

KE [€] eingesetztes Kapital (Investition)

r_i.[€] Rückfluss im Jahr i nach Investition

p [%] Kalkulationszinssatz zur Diskontierung der Rückflüsse

Dabei muss der Zeitraum der Betrachtung vorher festgelegt werden. Dieses ist meist der im Unternehmen vorgegebene Zeitraum für die Amortisation einer Investition. Es sind drei Fälle beim Kapitalwert zu unterscheiden:

C_0 = 0: Eine Investition mit einem Kapitalwert 0 amortisiert sich aus ihren Rückflüssen und erzielt eine Verzinsung in Höhe des angesetzten Kalkulationszinssatzes. Die Investition ergibt eine genau so hohe Verzinsung wie eine Kapitalanlage mit gleichem Zinssatz.

C_0 > 0: Eine Investition mit einem Kapitalwert größer 0 erzielt neben der Rückgewinnung des eingesetzten Kapitals eine Verzinsung, die über dem angesetzten Kalkulationszinssatz liegt. Die Investition ist einer gleich verzinsten Kapitalanlage vorzuziehen.

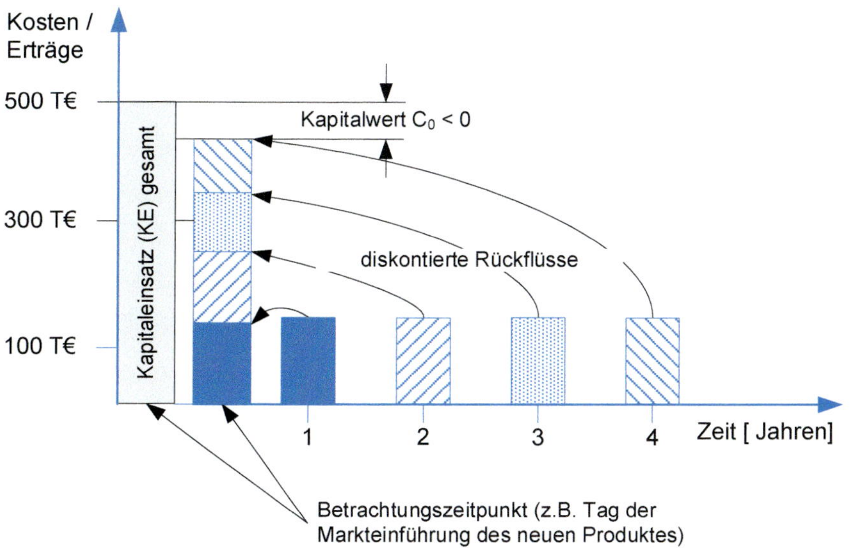

Investition [T€]	Rückfluss innerhalb von 5 Jahren [T€]				
	r_1	r_2	r_3	r_4	
500	150	150	150	150	statisch
	136	124	113	102	diskontiert*
*...Diskontiert mit einem Kalkulationszinssatz von 10 %					

Bild 11.4: Beispiel zur Berechnung des Kapitalwertes C_0

C_0 < 0: Eine Investition mit einem Kapitalwert kleiner 0 erreicht dagegen die geforderte kalkulatorische Verzinsung des Kapitaleinsatzes nicht, bzw. erreicht noch nicht einmal die Amortisation des eingesetzten Kapitals.

Wie bei den vorher beschriebenen Verfahren so gilt auch hier, dass insbesondere im frühen Stadium der Entwicklung die Berechnung noch mit großen Unsicherheiten verbunden ist, da sowohl der notwendige Kapitaleinsatz als auch die Rückflüsse nicht gesichert vorliegen und im Wesentlichen auf Schätzungen basieren, siehe **Bild 11.4**.

11

11.3.3 Methode des Internen Zinsfußes

Die interne Zinsfuß-Methode kehrt die Kapitalwertmethode um. Mit dieser Methode wird der Kalkulationszinssatz p für den Grenzfall

$C_0 = 0$

berechnet. So ergibt sich eine Aussage über die Verzinsung des eingesetzten Kapitals, Gleichung (11.5):

$$C_0 = -KE + \frac{r_1}{(1+p)} + \frac{r_2}{(1+p)^2} + \cdots + \frac{r_n}{(1+p)^n} = 0 \tag{11.5}$$

Die Bestimmung des Zinssatzes erfolgt iterativ. In [Warnecke, 2003] wird zudem eine grafische Lösungsmöglichkeit und eine Näherungsformel zur Berechnung von p angegeben.

Der Vergleich unterschiedlicher Produktalternativen erfolgt über den Vergleich der jeweiligen Zinssätze.

Neben der nachfolgend kurz vorgestellten Annuitätenmethode wird die interne Zinsfuß-Methode in der Praxis am häufigsten angewendet.

11.3.4 Annuitätenmethode

Wie die Interne Zinsfuß-Methode so baut auch die Annuitätenmethode auf der Kapitalwertmethode auf. Die Kapitalwertmethode liefert zur Beurteilung einer Investition den Kapitalwert C_0. Die Annuitätenmethode rechnet den Kapitalwert in gleichbleibende, jährliche („annuum") Beträge, Annuität A, um, siehe **Bild 11.5** und Gleichung (11.6):

$$A = C_0 * \frac{1}{a_n} = C_0 * \frac{(1+p)^n * p}{(1+p)^n - 1} \tag{11.6}$$

p [%] Kalkulationszinssatz

n Anzahl der betrachteten Jahre

$1/a_n$ Kapitalwiedergewinnungsfaktor

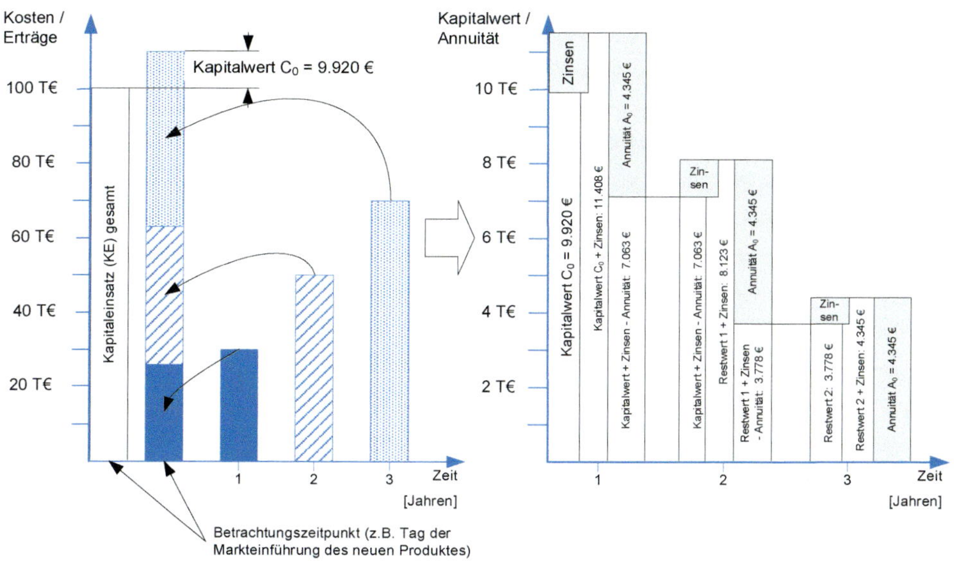

Investition [T€]	Rückfluss innerhalb von 3 Jahren [T€]			
	r_1	r_2	r_3	
100	30	50	70	statisch
	26,0	27,8	46,0	diskontiert*
* diskontiert mit einem Kalkulationszinssatz von 15 %				
Kapitalwert C_0 = 9.920 €		Annuität A = 4.345 €		

Bild 11.5: Beispiel zur Berechnung Annuität eingesetzten Kapitals

Die Annuität bezeichnet den Wert, den das Unternehmen im Betrachtungszeitraum aufgrund der Investition jährlich zusätzlich entnehmen kann. Je höher der Wert ist, umso lohnender ist die Investition.

Wie beim Kapitalwert so werden auch bei der Annuitätenmethode drei Fälle unterschieden:

A > 0: Die Investition lohnt sich für das Unternehmen. Beim Vergleich von Alternativen ist die Alternative zu wählen, die bei gleichem Betrachtungszeitraum die höchste Annuität ergibt.

A = 0: Die Investition bringt über die angesetzte Verzinsung hinaus keinen zusätzlichen Ertrag.

A < 0: Die Investition lohnt sich für das Unternehmen nicht.

11

Beim Vergleich von Entwicklungsprojekten liefert die Annuitätenmethode die gleiche Aussage wie die Kapitalwertmethode.

11.4 Anwendung der Wirtschaftlichkeitsrechnung im Produktentwicklungsprozess

Zu welchem Zeitpunkt innerhalb des Produktentwicklungsprozesses sollte die Berechnung der Wirtschaftlichkeit durchgeführt werden? Sicher lässt sich die Wirtschaftlichkeit der Entwicklung eines neuen Produktes erst dann zuverlässig bewerten, wenn genaue Informationen über die zu erwartenden Rückflüsse durch das Produkt vorliegen. Dann ist es allerdings zu spät, um noch Einfluss zu nehmen.

Die Wirtschaftlichkeitsrechnung sollte deshalb erstmals bereits nach dem Abschluss der Produktdefinition angewendet werden. Zu diesem Zeitpunkt liegen geschätzte Zahlen über den zu erwartenden Absatz vor, der Zielmarktpreis ist definiert und der erwartete Gewinn pro verkauftem Produkt ist bestimmt. Außerdem ist auf Basis der Projektplanung für das Entwicklungsprojekt der Kostenplan mit den geschätzten Projektkosten vorhanden. Auf dieser Basis kann mit Hilfe der genannten Verfahren eine erste Wirtschaftlichkeitsrechnung durchgeführt werden und die Wirtschaftlichkeit der Investition beurteilt werden. Bei mehreren Projektalternativen kann so entschieden werden, welche Projektalternative wirtschaftlich sinnvoller ist.

Im weiteren Verlauf des Entwicklungsprojektes kann die Wirtschaftlichkeitsrechnung wiederholt werden, wenn die Zahlenbasis genauer wird. Nachdem das Produkt in der bestehenden Form vom Markt genommen wurde, ist auf jeden Fall nochmals eine Wirtschaftlichkeitsrechnung durchzuführen, die dann auf Basis gesicherter Zahlen eine abschließende Beurteilung des Produktes ermöglicht.

In einem Entwicklungsprojekt sollten immer alternative Lösungskonzepte erarbeitet werden, was in der Regel auch zu unterschiedlichen Investitionen für die Alternativen führt. Gleiches gilt auch für die zu erwartenden Rückflüsse.

Bild 11.6 zeigt, wie mit der weiter oben eingeführten einfachen Darstellung von Investition und Amortisation anschaulich ein Vergleich von Alternativen durchgeführt werden kann. Das Bild zeigt zwei alternative Produktkonzepte: Konzept 1 mit geringerem Kapitaleinsatz und kürzerer Amortisationszeit, Konzept 2 mit höherem Kapitaleinsatz und längerer Amortisationszeit. Ab dem dargestellten Break-Even-Punkt ist der zu erwartende Gewinn dann durch Konzept 2 aber höher im Vergleich zu Konzept 1.

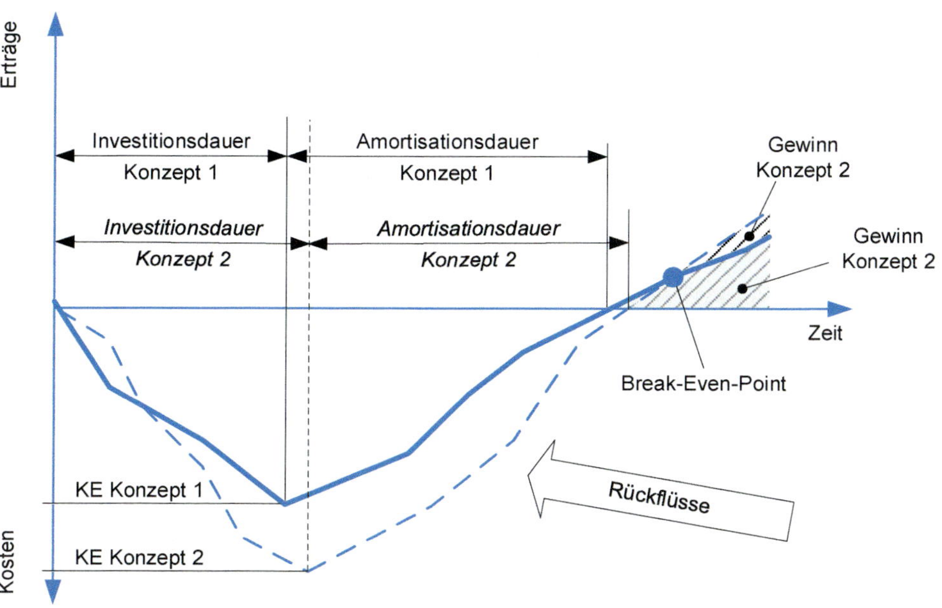

Bild 11.6: Grafischer Vergleich von Investitionen und Rückflüssen alternativer Produktkonzepte

Mit Hilfe der einfachen Darstellung kann so sehr schnell die Wirtschaftlichkeit verschiedener Alternativen im Rahmen der Produktentwicklung veranschaulicht werden.

Im Rahmen einer kostenorientierten Produktentwicklung sind während des Entwicklungsprozesses vielfach Entscheidungen notwendig, welche Alternative nun die wirtschaftlichere ist. Dazu wird die Wirtschaftlichkeitsrechnung in der beschriebenen Form nicht eingesetzt, da dies zu aufwendig wäre. Dazu werden Verfahren der Kostenschätzung eingesetzt, von denen einige im nachfolgenden Kapitel beschrieben werden.

12 Kostenschätzung bei Produktentwicklungsprojekten

Bei der Entwicklung von Produkten gilt es, vorgegebene Herstellkostenziele zu erreichen. Das setzt voraus, dass während der Entwicklungsarbeit die notwendigen Informationen über die zu erwartenden Herstellkosten vorliegen. Zudem gilt es, während der Entwicklung eines Produktes häufig zwischen alternativen Lösungskonzepte zu entscheiden, wobei die Herstellkosten ein wesentliches Entscheidungskriterium sind, was ebenfalls die notwendigen Kosteninformationen erfordert.

Für die nachfolgende Darstellung wird der Begriff der Komponente verwendet. Er soll als Überbegriff für Baugruppen, Bauteile sowie Software genutzt werden.

Ob die Ziel-Herstellkosten erreicht werden, wird anhand eines Vergleichs von Ist- und Ziel-Funktionenkosten, **Bild 12.1**, überprüft. Die Ermittlung der Ziel-Funktionenkosten ist in Kapitel 6 beschrieben, zur Ermittlung der Ist-Funktionenkosten wird die Funktionen-Kosten-Matrix, Kapitel 7, genutzt. Werden die Zielkosten der einzelnen Funktionen erreicht, so werden auch die Ziel-Herstellkosten des Produktes als Summe der Ziel-Funktionenkosten erreicht. Abweichungen nach oben oder unten bei den einzelnen Funktionenkosten sind durchaus zulässig, nur in der Summe müssen die Funktionenkosten kleiner gleich den Ziel-Herstellkosten sein.

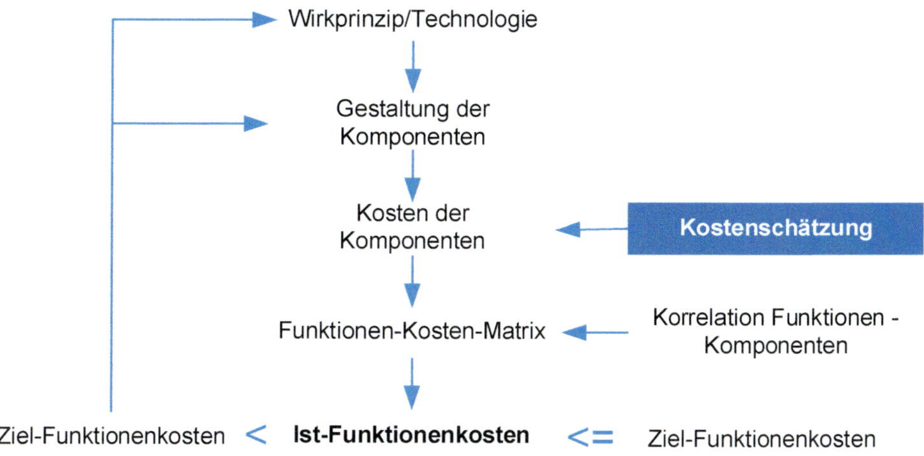

Bild 12.1: Vorgehensweise zum Vergleich von Ziel- und Ist-Funktionenkosten

In der Praxis zeigt sich aber, dass es für die Entwickler nicht so einfach ist, die benötigen Informationen zu bekommen, um die Ist-Funktionenkosten zu berechnen. Gerade auch, da Produktentwicklung ein iterativer Prozess ist, bei dem mit Alternativlösungen gearbeitet wird und sich die finale Lösung in der Regel in einem iterativen Prozess ergibt. Das setzt aber voraus, dass auch die benötigten Kosteninformationen für die Produktkomponenten vorliegen müssen, auch wenn diese noch nicht im Detail fertig entwickelt sind. Leider ist es in Unternehmen aber häufig so, dass die eigene Produktion, potenzielle Lieferanten, der Einkauf und das Controlling die benötigen Kosteninformationen erst bereitstellen, wenn die Lösungen für Komponenten schon detailliert ausgearbeitet sind.

Das passt allerdings nicht zu den heute notwendigen Vorgehensweisen, wie Produkte entwickelt werden. Gefordert sind heute schnelle Kosteninformationen, auch auf Basis unvollständiger Informationen.

Bei der agilen Entwicklung von Produkten ist es nicht möglich und nicht zielführend beispielsweise für ein Bauteil eine technische Zeichnung mit allen Bemaßungen und Toleranzangaben zu erstellen, damit auf dieser Basis ein Lieferant oder die eigene Produktion dann eine Kostenschätzung abgeben kann. Die Kosteninformationen liegen dann erst nach mehreren Tagen vor, wohl wissend, dass sich das Bauteil im Laufe der weiteren Entwicklung noch mehrfach ändern kann.

Deshalb sind für die Produktentwicklung Verfahren notwendig, mit denen Kosten schnell anhand weniger Informationen geschätzt werden können.

12.1 Herstellkosten ähnlicher Komponenten

Fast alle Unternehmen nutzen heute ERP-Systeme (Enterprice-Resource-Planing), in denen für die Produktentwicklung wichtige Informationen wie Herstellkosten, Preis, Stückzahlen, Lieferanten und ähnliches abgelegt sind. Ein solches System gehört heute wie selbstverständlich auch zu den in der Produktentwicklung genutzten Systemen wie CAD-Systeme, Simulations- oder Berechnungsprogramme.

Die wohl einfachste Form der Abschätzung der Herstellkosten neuer Komponenten ist der Rückgriff auf die Herstellkosten ähnlicher Komponenten, die das Unternehmen schon selbst herstellt oder von Lieferanten bezieht. Entsprechende Kosteninformationen sollten dann im Unternehmen verfügbar sein. Diese Form der Kostenermittlung wird in [Ehrlenspiel et al., 2014] als Such- oder Ähnlichkeitskalkulation bezeichnet. Die Frage ist nur, wie bei der Vielzahl von Komponenten, die Unternehmen bereits entwickelt haben und die verwaltet werden, die relevanten Informationen schnell gefunden werden können. Nur wenn diese Möglichkeit gegeben ist, macht es auch Sinn, nach den entsprechenden Informationen zu suchen.

Es ist also notwendig, die Komponenten mit eindeutigen Merkmalen zu versehen, um so die Komponenten und die zugehörigen Kosteninformationen schnell und sicher zu finden. Unterstützen können dann geeignete Suchalgorithmen der ERP-Systeme. Die Suche nach ähnlichen Komponenten hat aber nicht nur den Vorteil, dass Kosteninformationen genutzt werden können. Teilweise ist es dann sogar möglich, die ähnlichen Komponenten für das neue Produkt zu nutzen und auf neue Komponenten zu verzichten. Zur sinnvollen Nutzung von Informationen bereits entwickelter Komponenten sollte ein Unternehmen deshalb ein geeignetes Wissensmanagement [Probst et al., 2012] etablieren.

12.2 Kostenschätzung auf Basis von Merkmalen des Produktes oder seiner Komponenten

Die Herstellkosten einer Komponente werden allgemein mittels einer Kostenfunktion bestimmt, Gleichung (12.1):

$$H_K = f(x_1, x_2, \dots x_n) \tag{12.1}$$

Dabei kommt als Kalkulationsverfahren häufig die Zuschlagskalkulation zur Anwendung, die unterschieden wird in:

- Summarische Zuschlagskalkulation
- Differenzierte Zuschlagskalkulation.

Mit Hilfe der Zuschlagskalkulation werden die Vollkosten eines Produktes oder seiner Komponenten berechnet. Aufgrund der bei der Zuschlagskalkulation genutzten prozentualen Gemeinkostenzuschläge ist dieses Verfahren zwar einfach, aber auch ungenau. Einen genaueren Ansatz zur Berechnung der Kosten einer Komponente oder eines Produktes bietet die Kombination aus

- Platzkostenrechnung und
- Prozesskostenrechnung.

Dabei kommt die Platzkostenrechnung bei den direkt produktiven Bereichen, in der Produktion, zur Anwendung, die Prozesskostenrechnung bei den indirekt produktiven Bereichen wie Vertrieb, Entwicklung, Buchhaltung, Versand. In der Regel bleibt auch bei diesem Ansatz der Kostenrechnung noch immer ein kleiner Teil an Gemeinkosten übrig, der nicht direkt zugeordnet werden kann und über eine entsprechende Umlage verteilt werden muss, um die Vollkosten eines Produktes oder seiner Komponenten zu berechnen.

Allen diesen Verfahren ist gemein, dass durch die nicht direkt zuordenbaren Umlagen Fehler bei der Kostenrechnung entstehen.

Neben der Vollkostenrechnung gibt es noch die Teilkostenrechnung. Bei der Teilkostenrechnung werden nur die Kosten berechnet, die direkt einer Komponente oder einem Produkt zugeordnet werden können. Dieser Ansatz ist für die Produktentwicklung der bessere Ansatz, wenn die Kosten in die Berechnung einbezogen werden, die durch Entscheidungen bei der Produktentwicklung auch direkt beeinflusst werden können. Ein wichtiger Begriff im Zusammenhang mit der Teilkostenrechnung ist der Deckungsbeitrag. Dieser wird nach [Reichhardt, 2019] wie folgt berechnet:

- *Deckungsbeitrag/Stück* = *Preis – variable Kosten pro Stück*
- *Deckungsbeitrag/Produkt* = *Umsatzerlös für ein Produkt – variable Kosten des Produktes*

Bei der Deckungsbeitragsrechnung wird zwischen variablen Kosten und fixen Kosten unterschieden. Die variablen Kosten werden als durch Entscheidungen beeinflussbare Kosten gesehen. Die Fixkosten gilt es durch den Deckungsbeitrag zu „decken“. Beträgt der Deckungsbeitrag 100 %, so werden damit die anfallenden Fixkosten gedeckt. Ist der Deckungsbeitrag kleiner 100 %, so ergibt sich ein Verlust, ist er größer 100 % ein Gewinn.

In diesem Buch soll nicht weiter auf die spezifischen Verfahren der Kostenrechnung eingegangen werden. Dazu sei auf entsprechende Fachliteratur wie beispielsweise [Horsch, 2018], [Reim, 2019], [Reichhardt, 2019] oder [Wöhe et al., 2016] verwiesen werden.

Die Berechnung der Herstellkosten von Komponenten und Produkten anhand dieser Verfahren ist zu langwierig, um in einem Entwicklungsprojekt schnell Alternativen zu bewerten. Idealerweise kann eine Kostenschätzung auf Basis von einem oder mehreren, bei der Entwicklung festgelegter Merkmale M des Produktes oder der Komponenten erfolgen. Die Herstellkosten können dann abgeschätzt werden mittels:

$$H_K \approx f(M_1, M_2, \dots M_k) \qquad (12.2)$$

Merkmale M_i eines Produktes oder von Komponenten können beispielsweise sein:

- Abmessungen
- Gewicht
- Leistung
- Anzahl Funktionen
- Kräfte / Momente
- Anzahl Zeilen Code bei Software
- ...

Allerdings gelten für die Verfahren der Kostenschätzung folgende Voraussetzungen:

- Eine ausreichende Anzahl an Vergangenheitsdaten ähnlicher Produkte oder Komponenten muss vorliegen.
- Es muss sichergestellt sein, dass die Kostenschätzung auf der Basis von Vergangenheitsdaten auch für die Zukunft Gültigkeit besitzt.

12.2.1 Kostenschätzung auf Basis eines Merkmals

Die einfachste Form der Kostenschätzung nutzt nur ein Merkmal, um die Kosten des Produktes oder einzelner Komponenten zu schätzen. Das Kostenfunktional (12.3) lautet in diesem Fall:

$$H_K \approx f(M) \tag{12.3}$$

Voraussetzungen für die Anwendung dieses Verfahrens sind:

- Die Komponenten/Produkte müssen ähnlich sein in ihrer Struktur, den Produktionsverfahren, der Stückzahl, den eingesetzten Materialien.
- Es müssen entsprechende Herstellkosteninformationen über bereits entwickelte und produzierte Komponenten/Produkte vorhanden sein.
- Eine ausreichend gute Korrelation zwischen dem Merkmal und den Herstellkosten muss gegeben sein.

Der Zusammenhang zwischen dem Merkmal und den Herstellkosten kann mittels Regressionsanalyse ermittelt werden. Mit der berechneten Regressionsfunktion können dann die Herstellkosten der neu zu entwickelnden Komponenten / des neu zu entwickelnden Produktes geschätzt werden. **Bild 12.2** zeigt als Beispiel die Regressionsfunktion für zwei unterschiedliche Varianten eines elektrischen Kleinmotors. Für den Motor Typ I lässt sich ein linearer Zusammenhang zwischen Leistung und Herstellkosten ermitteln, für den Motor Typ II beschreibt eine logarithmische Funktion besser diesen Zusammenhang.

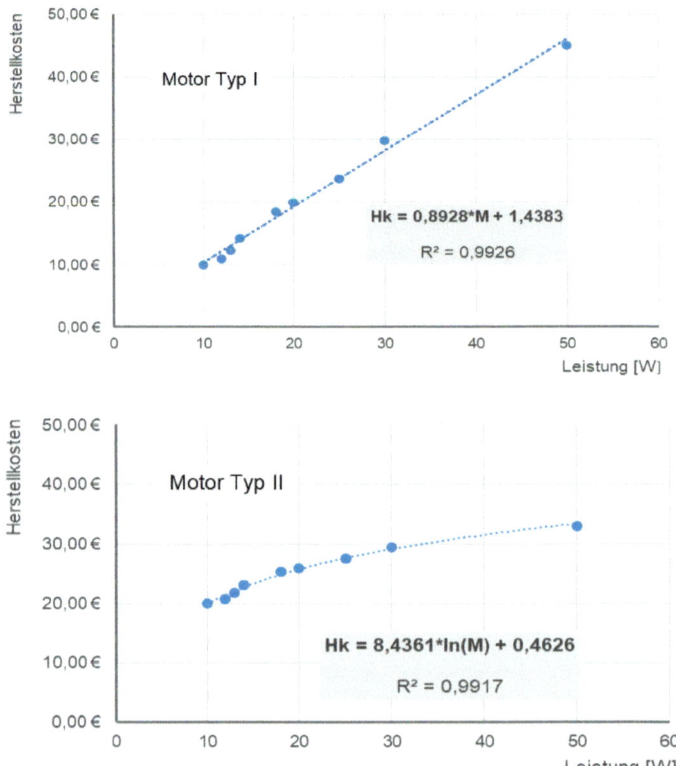

Bild 12.2: Zusammenhang zwischen Leistung und Herstellkosten zweier Typen eines elektrischen Kleinmotors mit unterschiedlicher Regressionsfunktion

Neben der Regressionsfunktion ist in Bild 12.2 jeweils noch das Bestimmtheitsmaß R^2 angegeben, welches eine Aussage zur Anpassungsgüte der ermittelten Regressionsfunktion macht. Je höher der Wert für das Bestimmtheitsmaß ist, umso genauer ist auch die Kostenschätzung, wenn die oben genannten Voraussetzungen erfüllt sind.

Soll jetzt beispielsweise vom Motor Typ I eine Variante mit 40 Watt Leistung entwickelt werden, so würden die mittels der angegebenen Regressionsfunktion geschätzten Herstellkosten bei 37 € liegen.

Neben den in Bild 12.2 dargestellten linearen und logarithmischen Regressionsfunktionen sind zur Beschreibung der Korrelation auch Exponentialfunktionen, Potenzfunktionen oder Polynome möglich. Entscheidend ist für die Auswahl der Korrelationsfunktion ein möglich hohes Bestimmtheitsmaß.

Bei dieser Form der Kostenschätzung ist zu beachten, dass Extrapolationen über den betrachteten Bereich hinaus zu Fehlschätzung führen können. Für die beiden Beispiele in Bild 12.2 bedeutet dieses, dass der Ansatz nicht für die Schätzung der Herstellkosten für Motoren mit einer Leistung kleiner 10 Watt und größer 50 Watt genutzten werden kann.

12.2.2 Kostenschätzung auf Basis von zwei und mehreren Merkmalen

Natürlich kann das Verfahren auch zur Herstellkostenschätzung genutzt werden, wenn mehr als ein Merkmal relevant für die Kosten ist. Das Kostenfunktional (12.4) lautet bei zwei Merkmalen:

$$H_K \approx f(M_1, M_2) \tag{12.4}$$

Das macht dann Sinn, wenn es unterschiedliche Varianten eines Produktes/einer Komponente gibt, die in sich nochmals Varianten besitzen. Bezogen auf das Beispiel der Elektromotoren kann es die unterschiedlichen Motortypen jeweils noch mit unterschiedlichen Drehzahlbereich geben. Für die Kostenschätzung wären dann beispielsweise Leistung und Drehzahlbereich maßgeblich.

Natürlich gelten auch hier die im vorherigen Kapitel genannten Voraussetzungen, die erfüllt sein müssen, damit grundsätzlich auf diese Weise eine Kostenschätzung vorgenommen werden kann.

Zur Anwendung kommt in dem Fall die multiple Regression. Sie ermöglicht die Bestimmung des Einflusses mehrere Auslegungsparameter auf die Herstellkosten. Ein Beispiel zeigt **Bild 12.3**. Dabei handelt es sich um einen elektrischen Kleinmotor mit zwei wesentlichen Auslegungsmerkmalen, der Leistung und der Drehzahl, die signifikant sind für die Herstellkosten.

Bei zwei Merkmalen bieten sich zwei unterschiedliche Darstellungsformen an, die allerdings beide nicht mehr so anschaulich sind, wie bei der Kostenschätzung mit nur einem Parameter.

Mittels multipler, linearer Regression wurde für das Beispiel folgende Regressionsfunktion (12.5) berechnet:

$$H_K \approx 2{,}0759 * P[W] + 0{,}0078 * n[min^{-1}] - 11{,}1037 \tag{12.5}$$

$$Bestimmtheitsmaß\ R^2 = 0{,}8935$$

$$Adjungiertes\ Bestimmtheitsmaß = 0{,}8758$$

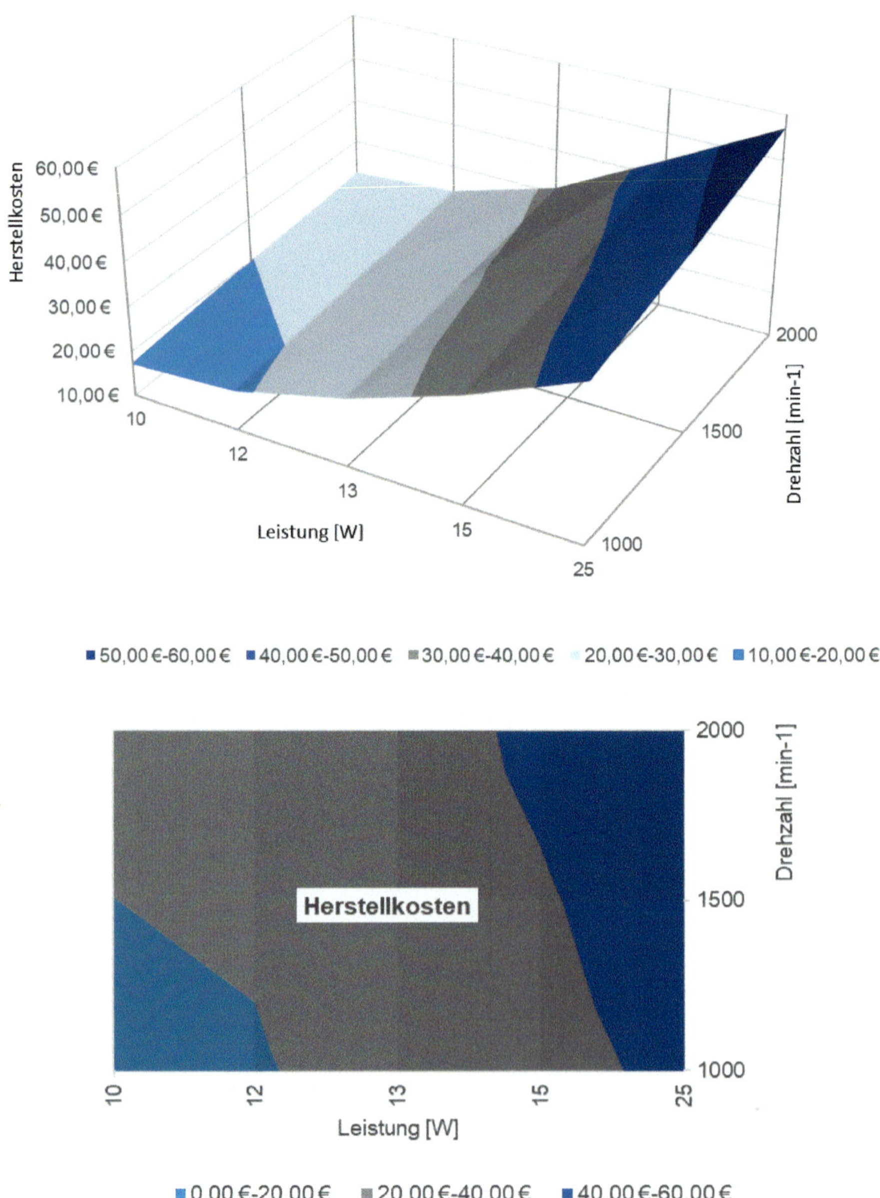

Bild 12.3: Zusammenhang zwischen Leistung, Drehzahl und Herstellkosten eines elektrischen Kleinmotors in unterschiedlichen Darstellungen

Wäre jetzt beispielsweise ein Motor mit einer Leistung von 11 Watt und einer Drehzahl von 1.400 min^{-1} zu entwickeln, so ergäben sich geschätzte Herstellkosten von ca. 23 €.

Für einfache Berechnung der multiplen Regression, insbesondere der linearen, multiplen Regression, kann auf vorhandenen Standardtools der Datenanalyse zurückgegriffen werden. Für genauere Berechnungen und nichtlineare Regressionen müssen aber spezifische Statistiktools genutzt werden.

12.3 Weitere Verfahren der Kostenschätzung im Rahmen der Produktentwicklung

Nachfolgend sollen noch einige Verfahren zur Kostenschätzung im Rahmen der Produktentwicklung genannt werden. Ausführlichere Informationen zu den genannten Verfahren finden sich unter anderem in [Ehrlenspiel et al., 2014]. Das Verfahren zur Kostenschätzung mittels neuronaler Netzwerke wird außerdem in [Simen, 2015] genauer beschrieben.

Kostenwachstumsgesetz

Im Zusammenhang mit den Baureihen wurden die Ähnlichkeitsgesetze beschrieben. Merkmale von Baureihenprodukten sind:

- Gleiche Funktionen
- Gleiche technische Lösungen
- Möglichst gleiche Fertigung
- Unterschiedliche Größen.

So lässt sich für Baureihenprodukte unterschiedlicher Größe der Stufensprung der Länge definieren zu Gleichung (12.6):

$$\varphi_L = \frac{Länge_{Folgeentwurf}}{Länge_{Grundentwurf}} \tag{12.6}$$

Trifft diese Beziehung für alle geometrischen Abmessungen des Folge- und Grundentwurfs zu, so handelt es sich um geometrisch ähnliche Produkte oder Komponenten, weicht dieses Verhältnis bei einer oder mehreren Abmessungen ab, so spricht man von halbähnlichen Elementen.

12

Für die Herstellkosten eines ähnlichen Folgeentwurfs kann jetzt vielfach eine Funktion der Form (12.7)

$$\varphi_{HK} = \frac{HK_{Folgeentwurf}}{HK_{Grundentwurf}} = f(\varphi_L) \tag{12.7}$$

abgeleitet werden. Für halbähnliche Folgeentwürfe kann entsprechend ein funktionaler Zusammenhang (12.8)

$$\varphi_{HK} = f(\varphi_L^1;\ \varphi_L^2;\ \dots\ \varphi_L^n) \tag{12.8}$$

ermittelt werden, wenn n unterschiedliche Stufensprünge der Länge vorkommen.

Unterschieden wird hierbei noch zwischen einem summarischen und einem differenzierten Kostenwachstumsgesetz. Beim summarischen Kostenwachstumsgesetz werden alle zur Herstellung der Komponente benötigen Produktionsverfahren über einen Faktor erfasst. Bei differenzierten Kostenwachstumsgesetzen werden unterschiedliche Produktionsverfahren einzeln berücksichtigt. Die differenzierten Kostenwachstumsgesetze sind somit genauer, aber auch aufwendiger in der Anwendung.

Neuronale Netze

Die Nutzung neuronaler Netze zur Herstellkostenschätzung bei der Produktentwicklung ist nicht neu, wie beispielsweise in [Schaal, 1992] beschrieben. Allerdings haben diese Ansätze bis heute nur wenig Anwendung in der Praxis gefunden. Es ist aber zu erwarten, dass mit fortschreitender Digitalisierung solche Ansätze zukünftig in der Praxis deutlich mehr Anwendung finden werden. In [Simen, 2015] wird dazu ein neuerer Ansatz beschrieben.

Was sind nun neuronale Netze? Neuronale Netze sind nach [Kruse et al., 2012]:

(Künstliche) neuronale Netze (artificial neural networks) sind informationsverarbeitende Systeme, deren Struktur und Funktionsweise dem Nervensystem und speziell dem Gehirn von Tieren und Menschen nachempfunden sind. Sie bestehen aus einer großen Anzahl einfacher, parallel arbeitender Einheiten, den sogenannten Neuronen. Diese Neuronen senden sich Informationen in Form von Aktivierungssignalen über gerichtete Verbindungen zu.

Bild 12.4 zeigt ein einfaches neuronales Netzwerk mit gewichteten Verbindungen w_{ij}. Die einzelnen Neuronen werden aktiviert, wenn das Eingangssignal einen

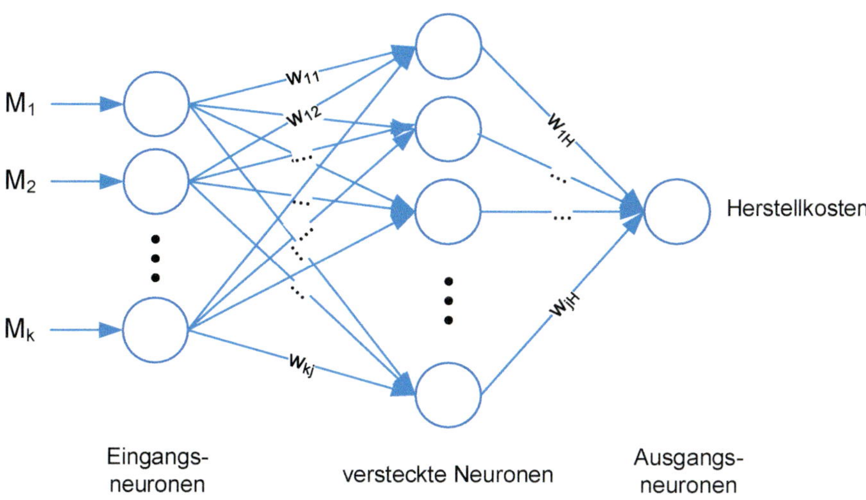

Bild 12.4: Beispiel eines neuronalen Netzwerks in Anlehnung an [Simen, 2015]

bestimmten Schwellwert übersteigt. Sie sind beliebig untereinander verschaltet. Überschreiten die an den Eingangsneuronen anliegenden Informationen M_i den Schwellwert, so gibt das Neuron entsprechend der Verschaltung des Netzwerks ein Signal an die nachfolgenden versteckten Neuronen weiter. Die versteckten Neuronen, die aus mehreren Lagen bestehen können, geben entsprechend Signale weiter bis hin zu den Ausgangsneuronen. Der dort anliegende Wert ist dann der Repräsentant des gesuchten Wertes, beispielsweise für die Herstellkosten.

Damit ein künstliches neuronales Netz zur Kostenschätzung eingesetzt werden kann, muss es trainiert werden. Dazu müssen geeignete Lernverfahren zur Verfügung stehen, wie beispielsweise die Fehler-Rückpropagation [Kruse et al., 2012]. Gelernt wird anhand bekannter Datensätze, durch die das Netz entsprechend verschaltet wird und die Gewichtungsfaktoren bestimmt werden. Das Gelernte lässt sich allerdings nicht, wie bei den anderen beschriebenen Verfahren in Form von Funktionen wiedergeben, sondern findet sich in den Verbindungen und Verbindungsgewichtungen und somit in Form von reellen Zahlen in einer Matrix entsprechend der Größe des neuronalen Netzes. Das Gelernte ist somit oft schwer verständlich und nicht direkt nachvollziehbar.

Trotzdem ist zu erwarten, dass die Anwendung neuronale Netze in der Zukunft für solche Aufgabenstellungen zunehmen wird.

13 Produktentwicklung und Digitalisierung

Die Produktentwicklung wird sich in der Zukunft wohl deutlich verändern. Veränderte Randbedingungen werden neue Formen der Aufbau- und Ablauforganisation sowie neue Vorgehensweisen wie agiles Arbeiten erfordern. In der Produktentwicklung hat man aber in der Vergangenheit gelernt, mit solchen Veränderungen umzugehen und sich darauf einzustellen. Größere Veränderungen wird die Digitalisierung mit sich bringen.

Die sogenannte digitale Transformation wird sich auf alle Prozesse eines Unternehmens, **Bild 13.1**, und das Leistungsangebot der Unternehmen auswirken und somit auch auf die Produktentwicklung.

13.1 Produktdigitalisierung

Digitalisierung der Produkte als solches

Bei einer Vielzahl von Produkten sind schon heute Funktionen durch Elektronik und Software realisiert, sind also mechatronische Produkte. Die Digitalisierung der Produkte ist für viele Unternehmen deshalb schon gelebte Praxis. Das zur

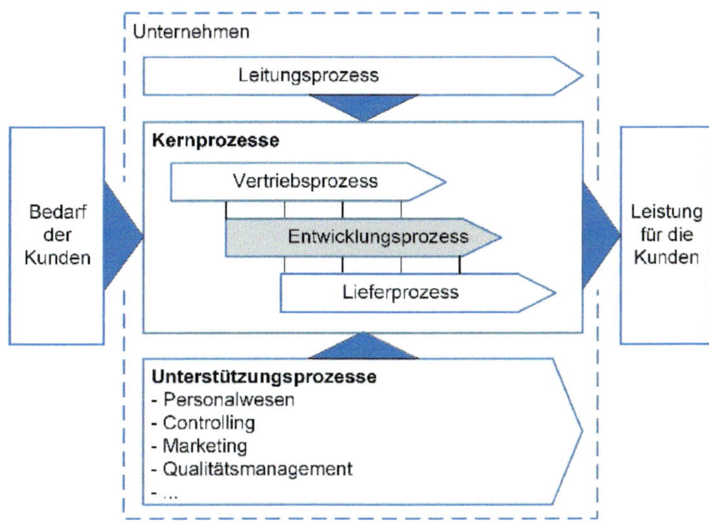

Bild 13.1: Zentrale Prozesse in einem Unternehmen

Entwicklung solcher Produkte notwendige interdisziplinäre Vorgehen ist erprobt, wenn auch häufig noch mit Problemen behaftet.

Es ist davon auszugehen, dass der Anteil an Elektronik, Sensorik und Software durch neue Funktionen der Produkte, wie beispielsweise zur Vernetzung von Produkten untereinander, weiter deutlich zunimmt. Das heißt dann aber, dass die Fähigkeit zur interdisziplinären Zusammenarbeit in den Unternehmen bei der Entwicklung von Produkten gestärkt werden muss.

Vernetzung von Produkten

Die Vernetzung gleicher oder unterschiedlicher Produkte ermöglicht eine nächste Stufe der Automatisierung, die Autonomisierung technischer Systeme. So können sich diese selbst organisieren, Arbeitsabläufe selbst koordinieren, Arbeitsinhalte autonom verteilen und Prozesse optimieren. Zudem können solche Produkte in eine intelligente Systemumgebung eingebettet sein, die sie bedarfsgerecht mit Energie, Informationen und Materialien versorgt.

Die Entwicklung der Produkte hin zu cyberphysischen Systemen stellt weitreichende Anforderungen an die Entwicklung dieser Produkte. Erforderliche Sensorik, Datenschnittstellen, Kommunikationsprotokolle, interne Produktfunktionen müssen definiert und implementiert werden.

13.2 Neue Leistungsangebote der Unternehmen

Mit der Digitalisierung sind neue Leistungsangebote der Unternehmen möglich, die dazu neue Produkte benötigen. Ein Beispiel sind digitale Produktmodelle (**Bild 13.2**), auch als digitaler Zwilling bezeichnet, siehe [Shatfo et al., 2010], [Bauernhansl et al., 2016] oder Barth in [Engeln, 2019]. Digitale Zwillinge sind digitale Modelle physischer Produkte, welche die gleichen Funktionen, Eigenschaften und Verhaltensweisen der physischen Produkte aufweisen. Mit ihrer Hilfe lässt sich so in einem Entwicklungsprozess die Erfüllung vieler Anforderung überprüfen, ohne dass das Produkt physisch vorhanden sein muss. Sie können aber auch genutzt werden, um beispielsweise bei kundenspezifischen, teuren Produkten die Inbetriebnahmezeiten zu verkürzen oder mögliche zukünftige Varianten existierender Produkte in einem frühen Stadium der Produktentwicklung zu testen. Außerdem sie können zu einem eigenständigen Bestandteil des Leistungsangebots eines Unternehmens werden, in dem die Modelle an Kunden verkauft werden.

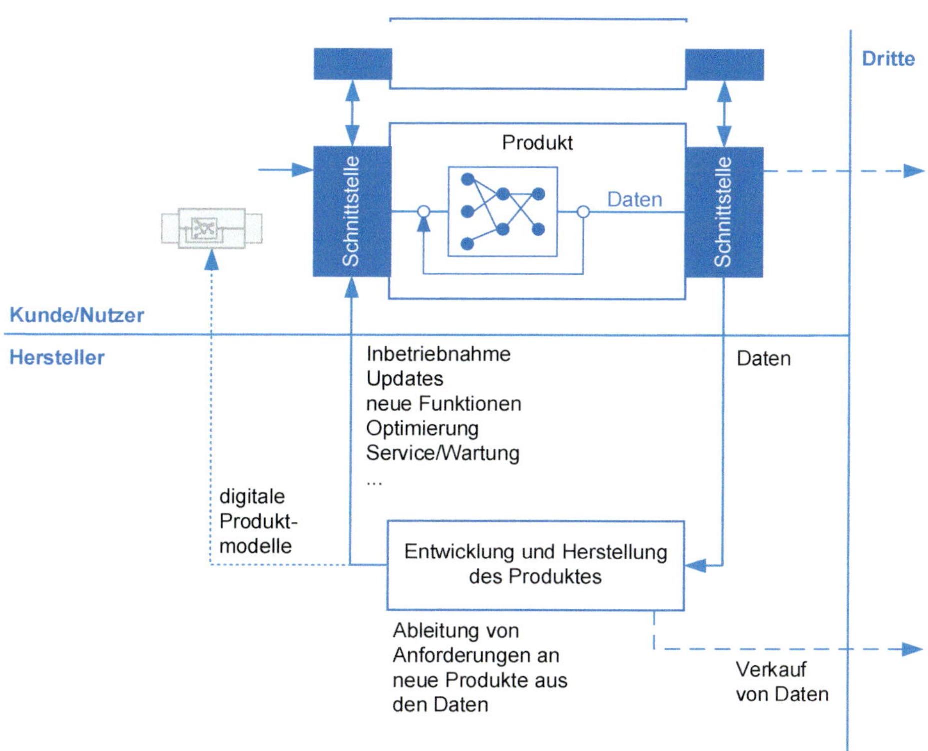

Bild 13.2: Neue Leistungsangebote von Unternehmen im Zuge der Digitalisierung

Beispiele dafür sind:

- Hersteller von Systemkomponenten, z. B. Sensoren oder Aktoren, können die Modelle der Komponenten an Anlagenhersteller liefern, damit diese sie in Anlagenmodelle integrieren können, um das Anlagenverhalten zu simulieren.
- Anlagenbauer können die digitalen Zwillinge an ihre Kunden liefern, sodass diese anhand der Modelle Produktionsabläufe planen oder die Inbetriebnahme vorbereiten können.

Allerdings müssen auch die digitalen Zwillinge zuerst einmal entwickelt werden, womit ein entsprechender Ressourcenbedarf und entsprechende Kosten verbunden sind. Es muss also auch bei digitalen Zwillingen genau betrachtet werden, ob die Entwicklung für die Erreichung der Unternehmensziele sinnvoll ist oder nicht.

Mit Sensorik ausgestattete Produkte produzieren große Mengen an Daten. Diese Daten liefern Informationen über die Nutzung der Produkte, deren Zustand oder auch über das Umfeld, in dem die Produkt genutzt werden. Mit der Integration der

Produkte in Netzwerke stehen diese Daten auch an anderer Stelle zur Verfügung. Diese Daten können für schon eher klassische Anwendungen wie

- Funktionsüberwachung,
- vorbeugende Wartung und Instandhaltung,
- Fernwartung

genutzt werden, oder, entsprechend aufbereitet, wiederum als eigenständiges Produkte an Dritte verkauft werden. So können beispielweise Daten, die ein Werkzeugmaschinenhersteller von seinen Maschinen sammelt und aufbereitet, für die Komponentenlieferanten interessant sein oder für Unternehmen, die Infrastruktur für Fertigungsstätten planen und bauen.

Wie schon weiter oben beschrieben, können anhand solcher aufbereiteten Daten auch die Anforderungen an neue Produkte besser und präziser formuliert werden.

Durch die Vernetzung der Produkte besteht auch die Möglichkeit, von außen auf die Produkte Einfluss zu nehmen, beispielsweise durch:

- Inbetriebnahmeunterstützung
- Updates für bestehende Funktionen
- Bereitstellung neuer Funktionen.

Voraussetzung ist aber, dass die Produkte bereits für diese neuen Leistungen entwickelt wurden und vorbereitet sind und dass die Produkte ausgestattet sind mit:

- Sensoren, die die gewünschten Daten liefern
- Erforderliche Hard- und Software zur Datenaufbereitung
- Notwendige Schnittstellen zur Kommunikation der Maschine mit der Umwelt.

Im Kontext mit den neuen additiven Fertigungsverfahren können Daten aber auch Fertigungsdaten für Produktkomponenten oder ganze Produkte sein. In dem Fall, dass Entwicklung und Fertigung in der Form getrennt sind, dass die Fertigung der Komponenten bei Bedarf bei den Kunden selbst erfolgt, verkauft das entwickelnde Unternehmen die Druckdaten für ein Produkt und somit sind die Daten die Produkte des Unternehmens und nicht mehr die physischen Produkte.

13.3 Digitalisierung des Entwicklungsprozesses

Die Digitalisierung wird sich aber nicht nur auf die Produkte und das Leistungsangebot von Unternehmen auswirken, sondern auch auf das Wie der Entwicklung von Produkten. Eng verbunden mit der Digitalisierung ist der Einsatz von Künstlicher

Intelligenz. Für eine genaue Erläuterung des Begriffs Künstliche Intelligenz und deren unterschiedliche Ausprägungen sei auf entsprechende Fachliteratur wie [Buxmann und Schmidt, 2019], [Ertel, 2013] oder [Kruse et al., 2012] verwiesen. An dieser Stelle soll nur eine Definition der Intelligenz eines Systems gegeben werden:

„Ein System heißt intelligent, wenn es selbstständig und effizient Probleme lösen kann. Der Grad der Intelligenz hängt vom Grad der Selbstständigkeit, dem Grad der Komplexität des Problems und dem Grad der Effizienz des Problemlösungsverfahrens ab." [Mainzler, 2019]

Produktentwicklung ist größtenteils die Verarbeitung von Information und Daten. Im Schwerpunkt geht es um

- Beschaffen,
- Verarbeiten,
- Erzeugen,
- Auswerten und
- Entscheiden auf Basis der vorhandenen Daten und Informationen.

Dazu gehören Informationen und Daten zu Kundenbedürfnissen, Wettbewerbsprodukten und -unternehmen, Produkt- und Produktionstechnologien, Produktkosten, Versuchsergebnisse, Kundenrückmeldungen, Gesetze, Materialien und deren Eigenschaften, Normen und Richtlinien, aber auch die Strategie des eigenen Unternehmers. Diese Informationen liegen heute in der Regel digitalisiert vor und sind somit auch prädestiniert für eine digitale Verarbeitung. Hinzu kommt heute

13

- die große Menge an zugänglichen Daten und Informationen im Internet oder spezifischen Datenbanken,
- Daten- und Information im Feld befindlicher, vernetzter Produkte.

In [Mainzler, 2019] heißt es *„...verdoppelt sich nach aktuellen Schätzungen das weltweite Datenmeer alle zwei Jahre."*

Es wird für Menschen schwer, bei der großen Menge an Daten und Informationen auf dem aktuellen Stand zu bleiben, sie zu analysieren, zu strukturieren und die richtigen Schlüsse daraus zu ziehen. Gerade in der Produktentwicklung müssen häufig zeitkritische Entscheidungen unter Zeitdruck getroffen werden.

Die Menge an Daten und Informationen wird also schnell ansteigen und für Menschen ist die Verarbeitung dieser Flut nur schwer möglich. Auf der anderen Seite steigen aber Rechnerleistungen, verfügbarer Speicherplatz und die Leistungsfähigkeit intelligenter Algorithmen signifikant an und das bei nur moderatem Anstieg der Kosten.

Das wird zwangsläufig dazu führen, dass intelligente Algorithmen Schritt für Schritt vermehrt Einzug in der Produktentwicklung halten werden. In einem ersten Schritt sind es sicherlich Algorithmen, welche große Datenmengen analysieren und strukturieren und dann den Personen in der Entwicklung diese zur Verfügung stellen. Die Algorithmen würden dann beispielsweise genutzt, um

- Wettbewerbsanalysen durchzuführen,
- Kundenbedürfnisse zu ermitteln,
- Anforderungen zu definieren,
- Technologien zu bewerten,
- entwicklungssynchron Kostenermittlung,
- Ideen zu managen,
- die Entwicklung bei Gestaltung der Produkte zu unterstützen.

Aber mit weiterer Zunahme der Leistungsfähigkeit der Algorithmen sind viel weitergehende Verwendungen möglich, so beispielsweise

- Empfehlungen zu geben, welche neuen Produkte zu entwickeln sind,
- bis hin zur autonomen Entwicklung von Bauteilen oder ganzen Baugruppen.

Unabdingbare Voraussetzungen dafür wären aber:

- Es müssen die benötigten Daten und Informationen für die Algorithmen zur Verfügung stehen.
- Die Qualität der Daten und Informationen muss sichergestellt sein. Denn auch solche Algorithmen können auf Basis falscher oder schlechter Daten und Informationen, ähnlich wie ein Mensch, keine richtigen Entscheidungen treffen.
- Die Sicherheit der Algorithmen muss gegeben sein.

Zwangsläufig würde sich bei der autonomen Entwicklung von Komponenten schnell die Frage der Verantwortung für deren korrekte und sichere Funktion stellen.

Allerdings wird, wie eingangs in diesem Buch geschrieben, aufgrund der demographischen Entwicklung in vielen Ländern, in einigen Jahren nicht mehr ausreichend qualifiziertes Personal für die Produktentwicklung zur Verfügung stehen. Um aber die anstehen Entwicklungsaufgaben bearbeiten zu können, werden die Unternehmen zwangsläufig in der Produktentwicklung Prozesse stärker automatisieren und autonomisieren müssen.

Stichwortverzeichnis

A

B

C

D

L

M

N

O

P

Q

R

S

Literaturverzeichnis

Akao, Yoji; Mazur, Glenn H. (2003): The leading edge in QFD. Past, present and future. In: International Journal of Quality & Reliability Management 20 (1), S. 20-35. DOI: 10.1108/02656710310453791.

Akao, Yōji (1992): QFD. Quality function deployment ; wie die Japaner Kundenwünsche in Qualität umsetzen. Landsberg/Lech: Verlag Moderne Industrie.

Altschuller, G. S.; Seljuckij, A. B.; aus dem Russischen von Korniljew, L. (1983): Flügel für Ikarus. Über die moderne Technik des Erfindens. 1. Auflage. Moskau, Leipzig: MIR; Urania-Verlag.

Anderson, Philip (1999): Application of complexity theory to organization science. Linthicum, MD: Institute for Operations Research and the Management Sciences (Organization science, Vol. 10, Nr. 3 (may-june)).

Arbinger, Roland (2015): Psychologie des Problemlösens. Eine anwendungsorientierte Einführung. Sonderausgabe. Darmstadt: Wissenschaftliche Buchgesellschaft (WBG-Bibliothek).

Ashby, Michael F. (2017): Materials selection in mechanical design. Fifth edition. Amsterdam, Boston, Heidelberg, London, New York, Oxford, Paris, San Diego, San Francisco, Singapore, Sydney, Tokyo: Butterworth-Heinemann (Elsevier).

Bailom, F.; Hinterhuber, H. H.; Matzler, K.; Sauerwein, E. (1996): Das Kano-Modell der Kundenzufriedenheit. In: Marketing ZFP 2, S. 117-126.

Barthlott, W.; Neinhuis, C. (1997): Purity of the sacred lotus, or escape from contamination in biological surfaces. In: Planta 202 (1), S. 1-8. DOI: 10.1007/s004250050096.

Bauernhansl, T.; Krüger, J.; Reinhart, G.; Schuh, G. (2016): WGP-Standpunkt Industrie 4.0. Darmstadt: WGP, Wissenschaftliche Gesellschaft für Produktionstechnik.

Bergsmann, Johannes; Unterauer, Markus (2018): Requirements Engineering für die agile Softwareentwicklung. Methoden, Techniken und Strategien. 2., überarbeitete und aktualisierte Auflage. Heidelberg: dpunkt.verlag.

Biegert, Hansjoerg (1971): Die Baukastenbauweise als technisches und wirtschaftliches Gestaltungsprinzip. Karlsruhe, Univ., Diss., 1971.

Blackwell, A. F.; Wilson, L.; Street, A.; Boulton, C.; Knell, J. (2009): Radical innovation: crossing knowledge boundaries with interdisciplinary teams. University of Cambridge – Computer Laboratory (Technical Report, 760). Online verfügbar unter www.cl.cam.ac.uk/techreports/UCAM-CL-TR-760.html, zuletzt geprüft am 03.02.2020.

Blasche, Siegfried; Mittelstrass, Jurgen (2004): Enzyklopädie Philosophie und Wissenschaftstheorie. Stuttgart, Weimar: J. B. Metzler.

Bleicher, Knut (2011): Das Konzept Integriertes Management. Visionen – Missionen – Programme. 8., überarbeitete Auflage. Frankfurt am Main: Campus Verlag GmbH (Business 2011).

Boehm, Barry W. (1986): A Spiral Model of Software Development an Enhancement. In: ACM SIGSOFT Software Engineering Notes Volume 11 (Issue 4), S. 14-24.

Bongulielmi, Luca (2003): Die Konfigurations- & Verträglichkeitsmatrix als Beitrag zur Darstellung konfigurationsrelevanter Aspekte im Produktentstehungsprozess. Zugl.: Zürich, Diss., Technische Wissenschaften ETH Zürich, Nr. 14904, 2003. Düsseldorf: VDI Verlag (Fortschritt-Berichte VDI. Reihe 16, Technik und Wirtschaft, Nr. 151).

Borowski, Karl-Heinz (1961): Das Baukastensystem in der Technik. Hannover, Techn. Hochsch., Diss., 1960.

Boy, Jacques; Dudek, Christian; Kuschel, Sabine (2003): Projektmanagement. Grundlagen, Methoden und Techniken, Zusammenhänge. 11. Auflage. Offenbach am Main: Gabal Verlag.

Brockhaus-Enzyklopädie. In 24 Bänden (1991). Mannheim: Brockhaus.

Brockhoff, Klaus (1999): Produktpolitik. 4., neu bearbeitete und erweiterte Auflage. Stuttgart: Lucius & Lucius (Grundwissen der Ökonomik Betriebswirtschaftslehre, 1079).

Bruns, Michael (1991): Systemtechnik. Ingenieurwissenschaftliche Methodik zur interdisziplinären Systementwicklung. Berlin, Heidelberg: Springer Berlin Heidelberg.

Buggert, Willi; Wielpütz, Axel Ullrich (1995): Target costing. Grundlagen und Umsetzung des Zielkostenmanagements. München: Hanser Verlag.

Bullinger, Hans-Jörg; Spath, Dieter; Warnecke, Hans-Jürgen; Westkämper, Engelbert (Hrsg.) (2009): Handbuch Unternehmensorganisation. Strategien, Planung, Umsetzung. 3., neu bearbeitete Auflage. Berlin, Heidelberg: Springer (VDI-Buch).

Buxmann, Peter; Schmidt, Holger (Hrsg.) (2019): Künstliche Intelligenz. Mit Algorithmen zum wirtschaftlichen Erfolg. Berlin, Heidelberg: Springer Berlin Heidelberg.

Caesar, Christoph (1991): Kostenorientierte Gestaltungsmethodik für variantenreiche Serienprodukte. Variant mode and effects analysis (VMEA). Zugl.: Aachen, Techn. Hochschule, Diss. Als Ms. gedr. Düsseldorf: VDI-Verlag (Fortschritt-Berichte / VDI @Reihe 2, Fertigungstechnik, 218).

Cooper, R. G.; Edgett, S. J.; u. a.: Optimizing the State Gate Process – What Best Practice Companies are Doing – Part I. In: Research Technology Management, 45 (2002) 5, Bd. 45, S. 21-27.

Cooper, Robert G. (2002): Top oder Flop in der Produktentwicklung. Erfolgsstrategien; von der Idee zum Launch. 1. Auflage. Weinheim: Wiley-VCH Verlag.

Dahmus, Jeffrey B.; Gonzalez-Zugasti, Javier P.; Otto, Kevin N. (2001): Modular product architecture. In: Design Studies 22 (5), S. 409-424. DOI: 10.1016/S0142-694X(01)00004-7.

Däumler, Klaus-Dieter (2003): Grundlagen der Investitions- und Wirtschaftlichkeitsrechnung. Mit Aufgaben und Lösungen, Tests und Tabellen ; Anwendersoftware auf CD-ROM. 11., neu bearbeitete Auflage. Herne: Verlag Neue Wirtschafts-Briefe (Betriebswirtschaft in Studium und Praxis).

Diethelm, Gerd; Bernhard, Thomas (2000-2001): Projektmanagement. Herne: Verlag Neue Wirtschafts-Briefe.

DIN 2330:2013-7: Begriffe und Benennungen.

DIN 69901-5, 2009: Projektmanagement – Projektmanagementsysteme Teil 5: Begriffe.

DIN EN 60812:2006, November 2006: Analysetechniken für die Funktionsfähigkeit von Systemen – Verfahren für die Fehlzustandsart- und -auswirkungsanalyse (FMEA).

DIN EN 60812:2015-8 (Entwurf): Fehlerzustands- und -auswirkungsanalyse (FMEA).

DIN EN ISO 9000:2015-11: Qualitätsmanagementsysteme – Grundlagen und Begriffe.

DIN EN ISO 9241-11, 2018: Ergonomie der Mensch-System-Interaktion – Teil 11: Gebrauchstauglichkeit: Begriffe und Konzepte.

Ehrlenspiel, K.; Kiewert, A.; Lindemann, U.; Mörtl, M. (2014): Kostengünstig Entwickeln und Konstruieren. Kostenmanagement bei der integrierten Produktentwicklung. 7. Auflage. Berlin: Springer Vieweg (VDI-Buch).

Ehrlenspiel, K.; Meerkamm, H. (2013): Integrierte Produktentwicklung. Denkabläufe, Methodeneinsatz, Zusammenarbeit. 1. Auflage. München: Carl Hanser Fachbuchverlag.

EN 1325:2014 Deutsche Fassung: Value Management – Wörterbuch – Begriffe.

Engeln, Werner (2014): Kürzere Innovationszyklen durch schlanke Produktentwicklung. Baden-Badener Business Club. Baden-Badener Business Club. Baden-Badener Business Club, 25.09.2014, 2014.

Engeln, Werner (2019): Produktentwicklung. Herausforderungen, Organisation, Prozesse, Methoden und Projekte. 1. Auflage. Essen: Vulkan Verlag.

Engeln, Werner; Caspers, Edgar (2003): Nutzen- und Risikobewertung von Aufträgen im Sondermaschinen- und Anlagenbau. In: PPS Management, (2/2003); GITO-Verlag, S. 62-65.

Eppinger, Steven D.; Browning, Tyson R. (2012): Design structure matrix methods and applications. Cambridge, Mass: MIT Press (Engineering systems). Online verfügbar unter http://lib.myilibrary.com/detail.asp?id=365529.

Erixon, Gunnar (1998): Modular function deployment. A method for product modularisation. Zugl.: Stockholm, Kungl. Tekn. Högsk., Diss., 1998. Stockholm: The Royal Inst. of Technology Dept. of Manufacturing Systems Assembly Systems Division (TRITA-MSM, 98,1).

Ertel, Wolfgang (2013): Grundkurs Künstliche Intelligenz. Eine praxisorientierte Einführung. 3. Auflage. 2013. Wiesbaden: Springer Fachmedien Wiesbaden.

Feldhusen, Jörg; Grote, Karl-Heinrich (Hrsg.) (2013): Pahl/Beitz Konstruktionslehre. Methoden und Anwendung erfolgreicher Produktentwicklung. 8., vollständig überarbeitete Auflage. Berlin, Heidelberg: Springer Vieweg.

Fiedler, Harald; Kaltenborn, Tim; Lanwehr, Ralf; Melles, Torsten (2017): Conjoint-Analyse. 2., verbesserte und erweiterte Auflage. Hrsg. v. Wenzel Matiaske und Martin Spieß. Augsburg, München: Rainer Hampp Verlag (Sozialwissenschaftliche Forschungsmethoden, Band 7).

Fink, Alexander; Schlake, Oliver; Siebe, Andreas (2002): Erfolg durch Szenario-Management. Prinzip und Werkzeuge der strategischen Vorausschau. 2. Auflage. Frankfurt/Main: Campus-Verlag

Freitag, Egon (2018): Lexikon der Kreativität. Grundlagen – Methoden – Begriffe. Renningen: expert verlag.

Gausemeier, Jürgen; Ebbesmeyer, Peter; Kallmeyer, Ferdinand (2001): Produktinnovation. Strategische Planung und Entwicklung der Produkte von morgen. [Elektronische Ressource]. München: Hanser Verlag.

Gierse F. J. (1990): Funktionen und Funktionenstrukturen – Zentrale Werkzeuge der Wertanalyse: VDI-Verlag (VDI-Bericht, 849).

Göbbert, Martina; Zürl, Karl-Heinz (2006): FMEA. Grundlagen. 1. Auflage. Wöllstadt: Narten (Wissen vermitteln).

Godau, Marion (Hrsg.) (2003): Produktdesign. Eine Einführung mit Beispielen aus der Praxis. Basel: Birkhäuser (Edition Form).

Graner, Marc (2013): Der Einsatz von Methoden in Produktentwicklungsprojekten. Eine empirische Untersuchung der Rahmenbedingungen und Auswirkungen. Zugl.: Cottbus, Techn. Univ., Diss., 2012. Wiesbaden: Springer Gabler (Springer Gabler Research).

Gutenberg, Erich (1979): Grundlagen der Betriebswirtschaft Bd. 1. Die Produktion. 18. Auflage. Berlin: Springer Verlag, Berlin.

Hab, Gerhard; Wagner, Reinhard (2017): Projektmanagement in der Automobilindustrie. Effizientes Management von Fahrzeugprojekten entlang der Wertschöpfungskette. 5., aktualisierte und überarbeitete Auflage. Wiesbaden: Springer Gabler.

Hacker, Winfried (2002): Denken in der Produktentwicklung. Psychologische Unterstützung der frühen Phasen. Zürich: Vdf, Hochsch.-Verlag an der ETH (Mensch Technik Organisation, Bd. 33).

Herb, Rolf; Herb, Thilo; Kohnhauser, Veit (2000): TRIZ. Der systematische Weg zur Innovation: Werkzeuge, Praxisbeispiele, Schritt-für-Schritt-Anleitungen. Landsberg/Lech: mi Verlag Moderne Industrie.

Herbig, Norbert (2016): Nutzwertanalyse. Eine Methode zur Bewertung von Lösungsalterativen und zur Entscheidungsfindung. 2. Auflage. Norderstedt: BoD – Books on Demand.

Hering, Ekbert (2014): Investitions- und Wirtschaftlichkeitsrechnung für Ingenieure. Wiesbaden: Springer Vieweg (essentials).

Hering, Ekbert; Schloske, Alexander (2019): Fehlermöglichkeits- und Einflussanalyse. Methode zur vorbeugenden, systematischen Qualitätsplanung unter Risikogesichtspunkten (essentials).

Herr, Gunther (Hrsg.) (2017): Die Unlogik der Innovation. Wie Sie durch Widersprüche Leadership meistern. Frankfurter Allgemeine Buch. 1. Auflage. Frankfurt am Main: Frankfurter Allgemeine Buch.

Horsch, Jürgen (2018): Kostenrechnung. Klassische und neue Methoden in der Unternehmenspraxis. 3., überarbeitete Auflage. Wiesbaden: Springer Gabler. Online verfügbar unter https://doi.org/10.1007/978-3-658-20030-5.

Hubka, Vladimir (1973): Theorie der Maschinensysteme. Grundlagen einer wissenschaftlichen Konstruktionslehre. Berlin, Heidelberg: Springer Verlag (Hochschultext).

ISO 16355-1:2015-12: Anwendung von statistischen und verwandten Methoden für neue Technologie und für den Produktentwicklungsprozess – Teil 1: Allgemeine Grundsätze und Perspektiven der QFD-Methode.

Kamiske, Gerd F. (Hrsg.) (2015): Handbuch QM-Methoden. Die richtige Methode auswählen und erfolgreich umsetzen. 3., aktualisierte und erweiterte Auflage. München: Hanser Verlag.

Kano, N.; Seraku, N.; Takahashi, F.; Tsuji, S. (1984): Attractive Quality and Must be Quality. In: Quality Journal 14 (2), S. 39-48.

King, Bob (1994): Doppelt so schnell wie die Konkurrenz. St. Gallen: gfmt Ges. für Management und Technologie AG (Quality function development).

Koller, Rudolf (1998): Konstruktionslehre für den Maschinenbau. Grundlagen zur Neu- und Weiterentwicklung technischer Produkte mit Beispielen. Neu bearbeitete und erweiterte Auflage. Berlin, Heidelberg: Springer Berlin Heidelberg.

Kotler, Philip; Keller, Kevin Lane; Opresnik, Marc Oliver (2017): Marketing-Management. Konzepte – Instrumente – Unternehmensfallstudien. 15., aktualisierte Auflage. Hallbergmoos: Pearson.

Kruse, Rudolf J.; Borgelt, Christian; Klawonn, Frank; Moewes, Christian; Ruß, Georg; Steinbrecher, Matthias (2012): Computational Intelligence. Eine methodische Einführung in Künstliche Neuronale Netze, Evolutionäre Algorithmen, Fuzzy-Systeme und Bayes-Netze. Wiesbaden: Vieweg + Teubner (Studium).

Linde, H.; Drews, R. (1995): Innovationen gezielt provozieren mit WOIS – Erfahrungen aus der Automobilindustrie. In: Konstruktion 47 (10), S. 311-317.

Loewy, Raymond (1953): Häßlichkeit verkauft sich schlecht. Die Erlebnisse des erfolgreichsten Formgestalters unserer Zeit. Düsseldorf: Econ Verlag.

Lörz, Holger; Techt, Uwe (2015): Critical Chain. Beschleunigen Sie Ihr Projektmanagement. 3. Auflage. Freiburg: Haufe-Lexware.

Mainzer, Klaus (2019): Künstliche Intelligenz – Wann übernehmen die Maschinen? 2. Auflage 2019. Berlin, Heidelberg: Springer Berlin Heidelberg (Technik im Fokus).

Martin, Mark V.; Ishii, Kosuke (2002): Design for variety. Developing standardized and modularized product platform architectures. In: Res Eng Design 13 (4), S. 213-235.

Meffert, Heribert; Burmann, Christoph; Kirchgeorg, Manfred; Eisenbeiß, Maik (2019): Marketing. Grundlagen marktorientierter Unternehmensführung : Konzepte – Instrumente – Praxisbeispiele. 13., überarbeitete und erweiterte Auflage. Wiesbaden: Springer Gabler (Lehrbuch).

Milberg, Joachim; Reinhart, Gunther (Hrsg.) (1998): Rapid prototyping. Effizienter Einsatz von Modellen in der Produktentwicklung; Augsburg, 14. Oktober 1998. Seminar. München: Utz Verlag Wiss (Seminarberichte / Iwb, Institut für Werkzeugmaschinen und Betriebswissenschaften, 38).

Müller, Johannes (2012): Arbeitsmethoden der Technikwissenschaften. Systematik, Heuristik, Kreativitat. [S.l.]: Springer Verlag.

Müller, Johannes. (1968): Ansatz zu einer systematischen Heuristik. In: DZfPh 16 (6), S. 698-718.

Myklebust, T.; Hellandsvik, A.; Hanssen, G. K.; Eriksen, J.-A. (2018): The Agile FMEA Approach. Published by the Safety-Critical Systems Club. Online verfügbar unter www.researchgate.net/profile/Thor_Myklebust/publication/323244381_The_Agile_FMEA_Approach/links/5c642003a6fdccb608bfe2c2/The-Agile-FMEA-Approach.pdf, zuletzt geprüft am 10.12.2019.

Nachtigall, Werner; Wisser, Alfred (2013): Bionik in Beispielen. 250 illustrierte Ansätze. Berlin: Springer Spektrum.

Neumann, Dieter (1993): Bionik. Technologieanalyse. Düsseldorf: VDI-Technologiezentrum Physikalische Technologie (Zukünftige Technologien, 4).

Nöllke, Matthias (2015): Kreativitätstechniken. Freiburg: Haufe-Lexware GmbH & Co. KG (Haufe TaschenGuide).

Piller, Frank T. (2008): Mass Customization. Ein wettbewerbsstrategisches Konzept im Informationszeitalter. Zugl.: Würzburg, Univ., Diss., 1999 u.d.T.: Kundenindividuelle Massenproduktion (mass customization) als wettbewerbsstrategisches Modell industrieller Wertschöpfung in der Informationsgesellschaft. 4., überarbeitete und erweiterte Auflage, Nachdruck. Wiesbaden: Dt. Univ.-Verlag (Gabler Edition Wissenschaft Markt- und Unternehmensentwicklung).

Plattner, Hasso; Meinel, Christoph; Weinberg, Ulrich (2011): Design Thinking. Innovation lernen, Ideenwelten öffnen. Nachdruck. Landsberg: Verlag modere industrie.

Pohl, Klaus (2010): Requirements engineering. Fundamentals, principles, and techniques. Berlin: Springer-Verlag.

Porter, Michael E. (2008): Wettbewerbsstrategie. Methoden zur Analyse von Branchen und Konkurrenten. 11. Auflage. Frankfurt am Main: Campus Verlag GmbH (Business Backlist).

Prandl, Stefan (2014): Open Innovation. Ein Vergleich zwischen Investitions- und Konsumgüterindustrie mit Praxisbeispielen von Siemens, Telefónica Germany, Krones, Maschinenfabrik Reinhausen, Strama-MPS und Hyve. Hamburg: Diplomica-Verlag.

Pressestelle der TU Berlin (Hrsg.) (1998): Haifischhaut hilft Sprit sparen. Online verfügbar unter https://archiv.pressestelle.tu-berlin.de/tui/98apr/haihaut.htm, zuletzt geprüft am 06.10.2019.

Probst, Gilbert J. B.; Raub, Steffen P.; Romhardt, Kai (2012): Wissen managen. Wie Unternehmen ihre wertvollste Ressource optimal nutzen. 7. Auflage. Wiesbaden: Springer Gabler.

Rathnow, Peter J. (1993): Integriertes Variantenmanagement. Bestimmung, Realisierung und Sicherung der optimalen Produktvielfalt. Göttingen: Vandenhoeck & Ruprecht (Innovative Unternehmensführung, 20).

Regius, Bernd von (2006): Qualität in der Produktentwicklung. Vom Kundenwunsch bis zum fehlerfreien Produkt. 1. Auflage. München: Carl Hanser Fachbuchverlag.

Reichhardt, M. (2019): Kosten- und Leistungsrechnung. Ein Überblick mit Fragen, Beispielen, Übungen und Lösungen. 1. Auflage. Wiesbaden: Springer-Gabler.

Reim, Jürgen (2019): Kosten- und Leistungsrechnung: Instrumente, Anwendung, Auswertung. Anschaulicher Einstieg für Studium und Praxis. Wiesbaden: Springer-Gabler.

Robertson, D.; Ulrich, K. (1998): Planing for Product Platforms. In: Sloan Management Review 39 (4), S. 19-31.

Rupp, Chris; Die SOPHISTen (2014): Requirements-Engineering und -Management. Aus der Praxis von klassisch bis agil. 6., aktualisierte und erweiterte Auflage. München: Carl Hanser Verlag.

Rustler, Florian (2019): Denkwerkzeuge der Kreativität und Innovation. Das kleine Handbuch der Innovationsmethoden. 9. Auflage. St. Gallen, Zürich: Midas Management Verlag AG.

Saatweber, Jutta (2018): Kundenorientierung durch Quality Function Deployment. Produkte und Dienstleistungen mit QFD systematisch entwickeln. 4. Auflage. Kissing: symposion.

Saaty, Thomas Lorie (1980): The analytic hierarchy process. Planning, priority setting, resource allocation. New York, NY [u.a.]: McGraw-Hill.

Salcher, Ernst F. (1995): Psychologische Marktforschung. 2., neu bearbeitete Auflage. Berlin, New York: de Gruyter (Marketing Management, 4).

Schaal, Stefan (1992): Integrierte Wissensverarbeitung mit CAD am Beispiel der konstruktionsbegleitenden Kalkulation. Zugl.: München, Techn. Univ., Diss., 1991. München: Hanser Verlag (Konstruktionstechnik München, 8).

Scheller, Torsten (2017): Auf dem Weg zur agilen Organisation. Wie Sie Ihr Unternehmen dynamischer, flexibler und leistungsfähiger gestalten. München: Franz Vahlen.

Schlicksupp, Helmut (2004): Innovation, Kreativität und Ideenfindung. 6. Auflage. Würzburg: Vogel.

Schlink, Haiko (2017): Wirtschaftlichkeitsrechnung für Ingenieure. Grundlagen für die Entwicklung technischer Produkte. 2., überarbeitete und ergänzte Auflage. Wiesbaden: Springer Gabler.

Schuh, Günther: Strategisches Produktionsmanagement – Expansion durch Konzentration. In: NC-Gesellschaft (Hrsg.); NCG-Jahreskongress 1994. Umdenken-Wandeln-Bestehen: Führungs- und Fachkompetenz sichert Industrieproduktion.

Schuh, Günther; Riesener, Michael (2018): Produktkomplexität managen. Strategien – Methoden – Tools. Unter Mitarbeit von Stefan Breunig, Christian Dölle, Manuel Ebi, Michael Gerrit Schiffer, Sebastian Schloesser und Elisabeth Schrey. 3., vollständig überarbeitete Auflage. München: Hanser Verlag.

Schweizer, Peter (2002): Systematisch Lösungen finden. Ein Lehrbuch und Nachschlagewerk für Praktiker. 2. Auflage. Zürich: vdf Hochschul-Verlag an der ETH.

Shatfo, Mike; Conroy, Mike; Doyle, Rich; Glaessgen, Ed; Kemp, Cris; LeMoigne, Jacqueline; Wang, L.ui (2010): Draft Modelling, Simulation, Information Techology & Processing Roadmap. National Aeronautics and Space Administration (NASA). Technology Area 11.

Sidky, Ahmed (2015): The secret to achieving sustainable Agility at scale. Online verfügbar unter https://de.slideshare.net/AgileNZ/ahmed-sidky-keynote-agilenz, zuletzt geprüft am 29.12.2017.

Simen, Jan-Philipp (2015): Schätzung betrieblicher Kostenfunktionen mit künstlichen neuronalen Netzen. @Hohenheim, Univ., Diss., 2015. Online verfügbar unter http://nbn-resolving.de/urn:nbn:de:bsz:100-opus-11110.

Smith, Preston G.; Reinertsen, Donald G. (1998): Developing products in half the time. New rules, new tools. New York: Wiley.

Snowden, David J.; Boone, Mary E. (2007): A leader's framework for decision making. Wise executives tailor their approach to fit the complexity of the circumstances they face. In: Harvard business review: HBR 85 (11), S. 68-76.

Stamatis, D. H. (2003): Failure mode and effect analysis. FMEA from theory to execution. Second edition. Milwaukee, Wisc.: ASQ Quality Press.

Sullivan, L. H. (1896): The tall office building artistically considered. In: Lippincott's Monthly Magazine (March 1896).

Sun, Wu (2017): Die Kunst des Krieges. Unter Mitarbeit von Volker Klöpsch. 7. Auflage. Frankfurt am Main: Insel Verlag (Insel-Taschenbuch, 3416).

Takeuchi, Hirotaka; Nonaka, Ikujiro (1986): The New New Product Development Game. Stop running the realy race and take up rugby. In: Harvard Business Review (Januar).

Ulrich, Hans; Probst, Gilbert J. B. (1995): Anleitung zum ganzheitlichen Denken und Handeln. Ein Brevier für Führungskräfte. 4., unveränderte Auflage. Bern: Haupt.

Ulrich, Karl; Eppinger, Steven (2019): Product Design and Development. New York: McGraw-Hill Education.

van Aaken, Dominik; Schreck, Philipp (2015): Theorien der Wirtschafts- und Unternehmensethik. Berlin: Suhrkamp (Suhrkamp Taschenbuch Wissenschaft, 2164).

VDI-Richtlinie 2206, 2004: Entwicklungsmethodik für mechatronische Systeme.

VDI-Richtlinie 2221 Blatt 1, 2019-11: Entwicklung technischer Produkte und Systeme – Modell der Produktentwicklung.

VDI-Richtlinie 2221 Blatt 2, 2019-11: Entwicklung technischer Produkte und Systeme – Gestaltung individueller Produktentwicklungsprozesse.

VDI-Richtlinie 2519 Blatt 1, 2001: Vorgehensweise bei der Erstellung von Lasten-/ Pflichtenheften.

VDI-Richtlinie 2803 Blatt 1, 2019: Funktionenanalyse, Grundlagen und Methoden.

VDI-Richtlinie 2807, 2019: Teamarbeit – Anwendung in Wertanalyse-/ Value-Management-Projekten.

von Hippel, Eric (1988): The source of innovation. New York, Oxford: Oxford University Press.

von Hippel, Eric; Franke, Nikolaus; Prügl, Reinhard (2009): Pyramiding. Efficient search for rare subjects. In: Research policy : policy, management and economic studies of science, technology and innovation 38 (9), S. 1397-1406.

von Hippel, Eric; Thomke, Stefan; Sonnack, Mary (1999): Creating breakthroughs at 3M. In: Havard Business Review (September – October 1999).

Wagner, Philipp; Piller, Frank T. (ca. 2010): Mit der Lead-User-Methode zum Innovationserfolg. Ein Leitfaden zur praktischen Umsetzung. Hrsg. v. Ralf Reichwald. Leipzig: CLIC (CLIC executive briefing, No. 20).

Warnecke, Hans-Jürgen (2003): Wirtschaftlichkeitsrechnung für Ingenieure. Mit 3 ausführlichen Fallstudien. 3., überarbeitete Auflage. München: Hanser Verlag (Hanser-Studienbücher).

Werdich, Martin (2011): FMEA – Einführung und Moderation. Durch systematische Entwicklung zur übersichtlichen Risikominimierung (inkl. Methoden im Umfeld). 1. Auflage. Wiesbaden: Vieweg+Teubner Verlag / Springer Fachmedien Wiesbaden GmbH Wiesbaden.

Wiegers, K. E.; Johannis, D.; Löffelmann, K.; Thiemann, U. (2005): Software requirements. Deutsche Ausgabe der 2. Ed. Unterschleissheim: Microsoft Press (Safari Books Online).

Wilms, Falko E. P. (2006): Szenariotechnik. Vom Umgang mit der Zukunft. 1. Auflage. Bern: Haupt.

Wöhe, Günter; Döring, Ulrich; Brösel, Gerrit (2016): Einführung in die allgemeine Betriebswirtschaftslehre. 26., überarbeitete und aktualisierte Auflage. München: Verlag Franz Vahlen (Vahlens Handbücher der Wirtschafts- und Sozialwissenschaften).